Sowing Grains Study on History of Crops in China

播厥百谷

中国作物史研究

主　编　杜新豪

副主编　王宇丰　宋元明

 中国农业科学技术出版社

图书在版编目（CIP）数据

播厥百谷：中国作物史研究 / 杜新豪主编. --北京：中国
农业科学技术出版社，2022.11
ISBN 978-7-5116-6001-5

Ⅰ.①播⋯　Ⅱ.①杜⋯　Ⅲ.①作物－农业史－研究－中
国　Ⅳ.①S5-092

中国版本图书馆CIP数据核字（2022）第 207901 号

责任编辑	朱　绯
责任校对	李向荣
责任印制	姜义伟　王思文

出 版 者	中国农业科学技术出版社
	北京市中关村南大街 12 号　　邮编：100081
电　　话	（010）82109707（编辑室）　　（010）82109702（发行部）
	（010）82109709（读者服务部）
网　　址	https: // castp.caas.cn
经 销 者	各地新华书店
印 刷 者	北京捷迅佳彩印刷有限公司
开　　本	170 mm × 240 mm　1/16
印　　张	15
字　　数	286 千字
版　　次	2022 年 11 月第 1 版　　2022 年 11 月第 1 次印刷
定　　价	68.00 元

中国科学院青年创新促进会会员项目
"作物历史与中国社会"（2020157）
资助出版

目　录

Contents

导言：以作物为中心的农史研究

杜新豪　宋元明　王宇丰

战国时期吕不韦及其门客所纂《吕氏春秋》中的"上农""任地""辨土""审时"四篇历来被视为中国传统农学的奠基之作，其中"审时"篇里提到："夫稼，为之者人也，生之者地也，养之者天也。"①从该句概括出的天、地、人"三才"理论更被视为中国农业生产的核心指导思想，也是历代农学著作的重要立论依据。②但需要注意的是，其中的天、地、人"三才"服务或作用的对象是"稼"，其原意是指禾的穗实，即"禾之秀实为稼"，后被用来当作农作物的泛称。③在天时方面，"得时之稼兴，失时之稼约"④；在地利方面，"稼欲生于尘而殖于坚"⑤；在人力方面，农人需"知稼"，因为"不知稼者，其耨也，去其兄而养其弟，不收其粟而收其秕。上下不安，则禾多死"。⑥故而，"稼"即农作物，在中国传统农学中居于绝对中心地位。

作物栽培构成中国传统农学的主旋律，历代农书的撰者皆将其置于写作的核心。《汉书·食货志》里说："辟土殖谷曰农"⑦，故而"耕田种谷"便是中国人关于农业的最基本概念，而所谓的"农学"也就是关于"耕田种谷"的学问。此处所说的"谷"并非指狭义的谷类作物，而是对所有农作物的统称，其中最为重要的是"五谷"，指的是黍、稷、麦、菽、稻等几种主要的粮

---

① 吕不韦. 吕氏春秋集释[M]. 许维遹撰. 北京：中华书局，2009：696.
② 董恺忱，范楚玉. 中国科学技术史·农学卷[M]. 北京：科学出版社，2000：9.
③ 《吕氏春秋》里的"稼"就是对农作物的统称，如"审己"篇中的"稼生于野而藏于仓，稼非有欲也，人皆以之也"。
④ 吕不韦. 吕氏春秋集释[M]. 许维遹撰. 北京：中华书局，2009：700.
⑤ 吕不韦. 吕氏春秋集释[M]. 许维遹撰. 北京：中华书局，2009：694.
⑥ 吕不韦. 吕氏春秋集释[M]. 许维遹撰. 北京：中华书局，2009：695.
⑦ 班固. 汉书·卷二十四上 食货志第四上[M]. 点校本. 颜师古注释. 北京：中华书局，1962：1118.

食作物。此外，还有"六谷"与"九谷"之说，《周礼·天官·膳夫》里提到："凡王之馈，食用六谷"①，即指稻、黍、稷、粱、麦、苽这六种作物。《周礼·天官·大宰》中提到"三农生九谷"，"九谷"是指黍、稷、秫、稻、麻、大豆、小豆、大麦、小麦，另有一种说法是其中无秫和大麦，而有粱、苽。除了"五谷""六谷"与"九谷"以外，还有"百谷"的说法，杨泉在《物理论》中对此概念解释道："粱者，黍、稷之总名；稻者，溉种之总名；菽者，众豆之总名。三谷各二十种，为六十；蔬、果之实助谷，各二十，凡为百种。故诗曰：'播厥百谷'也。"②即将"百谷"视作所有农作物之总称，他的注解被后世农家者流广泛接纳，贾思勰、陈旉皆对此概念进行过引用，王祯更是将其《农书》中有关作物栽培学的部分命名为"百谷谱"，该部分共4卷11篇，分谷属、蓏属、蔬属、果属、竹木、杂类论述了80余种作物的栽培知识与法则，从中可见当时对农作物（即"百谷"）的分类体系。除农书外，中国传统作物的分类准则也可以从日用类书这类文体的书籍中窥见，如上海图书馆藏明刊《便民纂》中的作物分类方法就颇具代表性，它将关于作物种植的"树艺类"分作3卷，上卷为"农桑"，主要讲述以水稻为主的粮食作物与以桑树为代表的纤维作物的栽培技术，中卷为"草木花实"，论述果树、花草、竹木等园艺作物的栽莳知识，下卷为"蔬菜"，记载了诸色蔬菜类作物的种植方法。

　　作物作为人类生存与繁衍的首要物质基础，它不仅满足了人们充饥饱腹与蔽体御寒的最基本需求，不同作物在种植规模、耕作技术、产量收成、制作加工与食用味道等多方面的差异也在潜移默化地影响着社会的发展与变革，一些重要作物的变迁甚至会在某种程度上影响历史的进程。相较于世界上其他的古代文明，中国没有两河流域与尼罗河流域因冲积和泛滥带来的沃土，且东亚大陆相对寒冷、春季少雨的气候状况也不利于作物生长。所幸黄河流域的先民在长期的渔猎采集过程中驯化了抗旱与抗寒能力较强的稷和黍，《礼记》将稷称为"首种"，《淮南子》将其视作"首稼"，周王朝的始祖弃因善种庄稼而被称作"后稷"，祭祀土神与谷神的"社稷"也被用来代指国家，这些都反映出稷这种主粮作物的驯化与种植成为华夏文明的滥觞。1492年欧洲航海家哥伦布发现美洲后，原产于美洲新大陆的各种农作物被人们带到旧大陆的各个地

① 周礼·仪礼[M]. 崔高维校点. 沈阳：辽宁教育出版社，1997：6.
② 贾思勰. 齐民要术校释[M]. 第2版. 缪启愉校释. 北京：农业出版社，1998：54.

区，明代以降，甘薯、玉米、辣椒、马铃薯、花生等近30种新大陆作物被陆续引入中国，在一定程度上使中国突破了人口的马尔萨斯困境，带来了农业生产力的发展和人口的迅速增殖，有些学者甚至认为它们是造就"康乾盛世"的重要物质推手。"南稻北旱"的农业生产格局对中国的历史、社会甚至民众心理产生了重要影响，游修龄认为，伴随着历史上几次北方人口的南迁，南方地区在人口数量与素质方面皆有重要提升，而背后的功臣就是水稻这种主粮作物，它在应付大批人口增长带来的粮食压力方面，"具有其他作物难以比拟的应付潜力"。[①]不同于游修龄的积极评价，白馥兰（Francesca Bray）则反思了人口南迁与水稻规模种植的潜在负面影响，她认为早期中国北方以旱地作物种植为代表的庄园经济具有强大的生产潜力和规模效率，但随着经济重心的南移与主粮作物的改变，南方地区技术烦琐且相对高产的水稻生产将人们牢牢束缚在土地上，导致中国失去了发生欧洲式农业革命的契机，中西方历史亦呈现出"大分流"式的不同走向。[②]近来托马斯·托尔汉姆（Thomas Talhelm）等学者更是试图从中国南北方水稻和小麦耕作种植方式的不同来分析南北方人在行为与心理等方面所存在的差异，他们认为历史上种植水稻的地区会让当地文化更具相互依存性，而种植小麦则会让文化更加独立，这些农业社会的遗留问题时至今日仍在潜移默化地影响中国人的心理状态与行为准则。[③]

　　水稻是我国第一大粮食作物，稻米自古以来一直是南方人的主食。公元1000年前后，稻米已养活了半数以上的中国人口，明末根据宋应星的估计："今天下育民人者，稻居十七"[④]。稻米不仅是中国人日常生活中最重要的口粮，它还转化为人们的精神食粮，对文化产生了深远的影响。[⑤]在漫长的历史进程中，南方各地区依据不同的自然禀赋造就了多样的稻作生态。本书中的3篇论文分别从不同切入点聚焦于或涉及南方的山地稻作，还有1篇则以稻田的伴生杂草——稗子为鉴，最终目的仍是为了观照水稻。因为几位作者都进行了横向的对比分析，我们从中可以看到山地稻作与低地稻作（平原稻作）、稗与

---

① 游修龄. 稻和人口[J]. 中国稻米，1996（3）.

② BRAY F. Science and Civilisation in China. Volume 6 Part II: Agriculture[M]. Cambridge University Press，1984: 553-616.

③ TALHELM T，ZHANG X，OISHI S，et al. Large-Scale Psychological Differences within China Explained by Rice Versus Wheat Agriculture[J]. Science，2014，344（May. 9 TN. 6184）: 603-608.

④ 宋应星. 天工开物译注[M]. 潘吉星译注. 上海：上海古籍出版社，2016: 6.

⑤ 游修龄. 稻米：从物质到精神的深远影响[J]. 饮食文化研究，2008（2）.

播厥百谷：中国作物史研究

Sowing Grains: Study on History of Crops in China

稻、旱稻与水稻、浙西晚粳与江西早籼之间的差异。同时，也可见到主粮作物集中化、南方稻作精细化、内卷化、畬田梯田化和圩田小型化等纵向发展的趋势。

南方稻作区内部异质性强，根据地势高低可划分为原生的山地稻作和次生的低地稻作两大类型。山地稻作又可分为早期山地稻作和晚期山地稻作，前者可与后来的低地稻作并列为一对考察南方稻作全貌的理想类型，后者则是糅合了低地稻作元素的山地稻作样态。王宇丰副教授的《概谈中国南方的两种稻作文化——山地稻作文化与低地稻作文化》一文认为：山地稻作与低地稻作各自拥有对应的工具技术、组织制度和精神心理，先后形成了山地稻作文化和低地稻作文化，今天强势的低地稻作文化实际上是从早期山地稻作文化中分化而来，近代江南汉族地区的稻作文化仅是传统低地稻作文化的代表，而南方广大山区各民族的稻作文化形态也具有重要研究价值。他从宏观角度将自1万年前诞生以来至今的南方稻作文化按照时间顺序依次划分为5个发展阶段：单一稻作文化（早期山地稻作文化）时期、单一稻作文化向两种稻作文化过渡时期、低地稻作文化形成与发展时期、晚期山地稻作文化形成与发展时期、传统稻作技术向现代稻作技术过渡时期，从中或许可对李根蟠等人的"原始农业起源于山地"[①]、詹姆斯·斯科特（James C. Scott）的"逃跑作物""文明缘何难上山"[②]等观点进行对照、商榷或反思。

在传统作物史研究中，有一类经常被人们忽略乃至遗忘的跨界植物。它们身份尴尬，有时上升为"苗"（作物），有时则沉沦为"草"（杂草），被农学界称为"孤儿作物"。曾雄生研究员的《在苗与草之间——稗子的故事》一文眼光独到，关注的正是这样一种跨界植物——稗。与稻的命运不同，这种常见的禾本科植物在历史上时常徘徊在"禾之卑贱者"和"草之似谷者"之间，在一段时期或有的地方，它被当作是粮食作物来栽培，而在另一段时期或别的地方，它又被当作危害农作物的伴生杂草来清除。该文通过考察包括2 185种地方志在内的大量史料，重建了稗子在不同时期或不同地区的角色。这是一个冲破当代人眼光局限去动态考察作物史的例证，跳出了只注重主粮作物的藩篱，关注稗和农业起源、发展之间的密切关系，考察了稗对人类意义的

---

① 李根蟠，卢勋. 中国南方少数民族原始农业形态[M]. 北京：农业出版社，1987：150-153.
② 詹姆斯·斯科特. 逃避统治的艺术[M]. 王晓毅译. 北京：生活·读书·新知三联书店，2016：64-113，227-253.

变迁过程，最后还将研究对象扩展到黄（穄）[①]、穈等与稗相类的植物，让我们能更深入地理解从"百草"到"五谷"的内在机制。此外，也为今天探索重新发展这类作物提供了有益参考，游修龄就曾特别指出"（对一些被淘汰忽视的作物）给予再评价，结合农史是大有可探索的内容的"。[②]

畲田，最初是指以刀耕火种方式来耕种的田地，它在商周时期就已经出现，曾是中国历史上一种重要的农业形态。畲田往往是"山麓之陆田"，最初种植的作物皆为旱地作物，畲稻并不是稻的一个品种，而是指畲田中的旱稻。[③]陈桂权博士的《南方山区的畲田与畲稻》先从清代陈大授引种"畲粟"的故事说起，引出了农史研究中一个比较有趣的话题。该文梳理了畲田发展演变的历程，发现畲田范围逐渐向南、向西偏移，其走向与中央王朝的开边进程和走向一致。在出现不断缩减态势的同时，畲田种植的精细化程度不断提高。接着讨论了畲田中种植的农作物（粟、黍、豆类、麦类、玉米、甘薯、甘蔗等），重点探究了畲稻的特性、产量以及流变情况。文章敏锐地注意到畲田梯田化之后畲稻含义的扩大，不仅指旱稻，也可指水稻。文章最后得出这样的结论：南方山区农民种植畲稻是农业技术、种植习惯与环境调适的结果。种植畲稻是山区农业应对旱情的技术手段之一，对山区土地开发利用发挥了积极作用。

同为南方稻作区，宋代江西的农业发展水平曾一度媲美浙西，后期两地却出现了"大分流"。罗振江博士的《宋代南方稻作生态比较研究——以浙西、江西为例》超越了人类中心主义叙事模式的局限，从农业生态系统的角度出发，探讨了宋代浙西、江西不同的稻作发展历程，着重探讨稻种在其中的贡献，分析它如何影响耕作技术和消费者数量（人口）的变动，准确阐明了两宋时期江西、浙西选择不同农业路径的原因，深化了我们对于两宋时期南方开发的理解。他认为，江西与浙西虽在气候上类似，但在地貌上却差异巨大。面对域外早籼稻的传入，属冲积平原区的浙西坚持栽培晚粳，以丘陵及山地为主的江西等地则大量种植适应当地自然环境的早籼（成实早、耐贫瘠、耐水旱）。而要发挥晚稻的优势必须重视水利建设并采取精耕细作的经营模式，选择早籼

---

① 中国古代历来有"五谷不熟，不如稊稗"的说法，参见：黎靖德. 朱子语类[M]. 北京：中华书局，1986：1417.

② 游修龄. 农史研究的方法论问题[J]. 中国农史，1988（1）.

③ 曾雄生. 唐宋时期的畲田与畲田民族的历史走向[J]. 古今农业，2005（4）.

也就等于选择了粗放经营的路径。稻作生态最终影响人地关系。早稻生态系统造成江西可耕地资源的快速消耗，后期逐步陷入困境；而晚稻生态系统可持续性好，支撑了浙西地区近千年的稳定增长。

除稻米以外，粟、小麦、豆类等旱地作物也是中国传统农业中重要的粮食作物，它们不但在北方地区的农业生产中占据着绝对主导的地位，宋代以降，随着以稻麦两熟为代表的复种多熟制度的大力推广，它们在南方稻作区也日益发挥着重要作用。南宋陈旉在其以讲述南方稻作技术为主的《农书》里独辟一章，取名为"六种之宜篇"，根据曾雄生的考证，其中的"六种"即"陆种"之意，是对南方农业生产中与水稻相对应的旱地作物之统称①，可见旱地作物之重要。本书中有2篇论文分别对小麦与豆类这两种旱地作物进行论述，其特点有二：一是二者皆选择长时段的宏观性视野，研究的时间跨度较大，分别为史前至秦汉、魏晋至明清；二是它们都是对同一种或科作物内部之间的不同品种进行对比性研究，分别关注春小麦与冬小麦、大豆与杂豆之间的差异，厘清二者在历史时期不同的种植规模，并尝试探究其种植广泛抑或不广的深层原因。此外，本部分还收录了1篇对历史时期西南地区山地作物的品种类型、耕作技术与分布状况进行解读的文章，虽然该文中涉及水稻、芋类、果树等多种作物类型，但因该地的山地作物在两汉时期以粟为主，宋元时期也多为小麦、粟、豆等旱地作物，故而将此文放在本部分一并论述。

从西亚传来的小麦无疑是中国历史上最为成功的外来作物，它在漫长的本土化过程中逐渐取代了北方的粟与黍，并塑造了"北麦南稻"的农业生产格局。②小麦按播种期的不同可分为冬小麦与春小麦，二者属于生殖隔离类型，不能互换播种时间。学界现有研究倾向于：汉代之前中国种植的小麦皆为冬小麦，春小麦则是在汉代经由丝绸之路从西方国家传入的，最早被记载于西汉晚期的《氾胜之书》中。杜新豪副研究员的《公元1世纪之前中国的冬、春小麦种植》一文，通过对相关史料的重新梳理与释读，发现根据《诗经·豳风·七月》等文献的相关记载，春小麦至迟在西周时就已在中国境内种植。同时结合科技考古的最新研究成果，推测冬小麦向春小麦的转化极有可能是在其由新月地带传入中国的途中在高海拔山区发生的，而非学界认为的只有新月地带往欧洲北部传播的一条单线演化路径。西汉时，在防汛避灾、轮作多熟与水利兴修

① 曾雄生.六道、首种、六种考[J].自然科学史研究，1994（4）.
② 曾雄生.论小麦在古代中国之扩张[J].中国饮食文化，2005（1）.

的复合背景下，冬小麦（宿麦）由于自身的生理特征而在当时农业生产中的地位得到显著上升，对其种植也从民间行为上升到政府层面，旋麦（春小麦）名称的出现仅仅是官方在劝农催种时为了将其与宿麦相区别，并不能被视作春小麦首次在中国种植的证据。

豆类作物在中国古代被统称为菽，其根瘤菌具有固氮作用，能够维持土壤肥力，特别是其中的大豆，因富含蛋白质，且能加工成多种食品，在保障中华民族的繁荣与健康方面起到极大作用。[①]王保宁、耿雪珽的《历史时期华北地区主要豆类作物的嬗替》以长时段视角审视了华北地区历史时期的豆类作物种植状况，发现该地区的豆类作物种植格局曾发生过两次大规模的嬗替：一是在魏晋时期，随着中央与地方集约化农业管理模式与旱地保墒技术的发展，农业生产结构从"粟主麦辅"逐渐向"粟麦兼种"的方向发展，之前为备荒而粗放种植的大豆在精耕细作的背景下失去了存在的意义，而杂豆却能很好地融于粟麦轮作制度，及时补充因轮作而消耗的地力，所以杂豆代替大豆成为华北地区农业轮作中的重要组成部分。二是在明清时期，以豆饼为核心的肥料投入成为明清时期江南地区农业迅速发展的重要物质保障，但江南地区并非传统豆作区，只能依赖外部地区输入的大豆，在市场经济的刺激下，大豆取代杂豆成为华北地区最主要的夏播作物。与学界传统的"人口压力—提高复种—引入大豆"阐释模式有所不同[②]，该文跳出区域史的窠臼，将外部市场的刺激因素引入，以全新的视角阐释了明清时期华北地区大豆种植规模扩大的深层机制。

李根蟠、卢勋等前辈学者对西南地区的原始农业技术、耕作制度、栽培作物进行过深入研究，认为南方许多少数民族的农业均起源于山地旱作农业。[③]但对于该地区山地农业在后世的继续发展状况，他们并没有进一步追踪与描述。吴昊博士的《历史时期西南地区山地作物的种植分布研究》一文，详细论述了两汉至明清时期西南山地地区作物的引种、种植与推广过程，在时间序列上恰好与李、卢二人的研究相衔接，让我们能更好地审视历史时期山地作物种植技术发展的完整脉络。他认为，中原王朝在两汉时期就已经对西南的山地进行农业开垦，彼时山区以种植粟等旱地作物为主，只是零星式开发。魏晋

① 郭文韬.中国大豆栽培史[M].南京：河海大学出版社，1993：68.

② 李令福.论华北平原二年三熟轮作制的形成时间及其作物组合[J].陕西师大学报（哲学社会科学版），1995（4）.李令福.再论华北平原二年三熟轮作复种制形成的时间[J].中国经济史研究，2005（3）.

③ 李根蟠，卢勋.中国南方少数民族原始农业形态[M].北京：农业出版社，1987：150-153.

时期，南中地区山地作物的种植在两汉零星分布的基础上得以进一步发展，除旱地作物外，农民也开始在山地上种植水稻和茶、荔枝等经济作物。唐代云南的一些山地开发出了以水田为主的梯田，时人赞曰"蛮治山田，殊为精好"，山地农业开始往精细化方向发展。两宋时期，山地作物因受益于水利设施的建设，在产量上得到进一步提升。明末清初，随着玉米、马铃薯与甘薯自外地传入云贵地区，因其耐旱高产、适于山地种植而很快得到推广，为山区人民解决温饱问题与发展经济提供了有效途径。

我国古代从域外引进了种类繁多的作物，在秦汉、唐宋与明清时期形成了所谓的三次引种高潮，其中美洲作物的引入与种植是明清时期农业发展的一个新面向。据统计，当时从国外引入的新大陆作物约有30种，涵盖粮食作物、油料作物、纤维作物、嗜好作物、果树与蔬菜六大类。[①]尤其是玉米、甘薯等高产粮食作物的引进，在扩大耕地利用、缓解粮食紧张方面起到重要作用，甚至有学者声称，从全球视角来看，"旧世界内，再也没有比中国更快接纳美洲作物的大群人口了"[②]。针对这些"神农未闻，本草不载"的外来新作物在传入路径、引种时间以及本土化过程中的各类研究上，学界均已取得颇丰的相关成果。[③]本书中有2篇文章涉及此领域，一篇是以甘薯为研究个案，探讨这种美洲作物早期的传入时间与经由路径，以史源学的方法来考察相关文本的生成与递嬗，试图克服相关文献记载的混乱；另一篇则是采用综合透视视角，宏观地分析域外作物的引入给当地所带来的诸种影响，以及它们在技术、经济、社会、文化等层面上是如何与本土相融合的。

关于甘薯早期传入的历史，因为其文献记载的家族荣誉性质，后人总是过度夸大甚至虚构其先祖在获取这种新作物时所付出的努力，如陈世元的《金薯传习录》等文献不厌其烦地数次强调当时的甘薯种植国严令禁止甘薯出口，致使"此种禁入中国"[④]，其实只是后人建构的虚幻故事。[⑤]李昕升副教授的《究竟何人传入番薯——番薯入华问题发覆》一文，对番薯入华的三个基本问

① 闵宗殿. 中国农业通史. 明清卷[M]. 北京：中国农业出版社，2016: 414.
② 艾尔弗雷德·W. 克罗斯比. 哥伦布大交换：1492年以后的生物影响和文化冲击[M]. 郑明萱译. 北京：中信出版集团股份有限公司，2018: 167.
③ 李昕升，王思明. 近十年来美洲作物史研究综述（2004—2015）[J]. 中国社会经济史研究，2016（1）.
④ 农业出版社编辑部. 金薯传习录、种薯谱合刊[M]. 北京：农业出版社，1982: 17.
⑤ 查尔斯·曼恩. 1493：物种大交换开创的世界史[M]. 朱菲，王原等译. 北京：中信出版集团股份有限公司，2016: 196.

题：路线、时间、方式进行了全面辨析，利用新发现史料、结合田野调查，对番薯入华缘何成为一个学术问题以及究竟何人传入甘薯进行了拨云见日的探究。他认为，番薯入华并非一人之功劳，而是多人、多路径的引种才最终完成了其本土化。陈振龙将菲律宾的番薯引入福州长乐是其中最为重要、影响最大的一个路线，但自此之后，各方不断将此故事演绎，建构了一个又一个的全新路径，最终形成了番薯引种的多路径观。这些路径除了万历间从东南亚传入舟山普陀山的可能性稍高以外，其他路径均是存疑或证伪。作者秉承"追寻其史源，考证其谬误"①的态度对番薯传入的诸路线逐一分析，为我们展示了史源学在作物史研究中的重要作用。

受地理环境、温度、降水、季节变化等诸种因素的制约，作物资源在全球的分布是不均衡的，历史上作物经常随着贸易、战争、灾害、传教等因素所导致的人员迁徙而有意或无意地从原产地被携带至他处，其中亦不乏跨国界范围的作物长距离引种传播。②朱绯副编审的《域外作物在中国：传播与驯化中的政治融入与文化融合》一文认为，中国历史上因对粮食保障的需要、对手工业发展的需求以及对安全保障的需求等原因而引进了大量域外作物，这些域外作物不仅在物质层面丰富了我们的饮食图谱，缔造了舌尖上的美味；改变了中国传统的种植结构，繁荣了社会经济。同时，它们也在文化、精神层面慢慢融入并逐渐得到认同，在引入过程中，因某些作物的特征和特点与中国传统文化、审美深度融合，并在一定程度上，塑造了一些人的独特精神气质。此外，域外作物在未来也大有可为，利用现代科技手段，进一步开展优质种质资源的研发，或可为今后的粮食安全提供重要保障。

除粮食作物之外，果蔬、花草、茶树、林木等诸类作物皆为传统中国重要的作物种类。果树在古代被称作"木奴"，人们认为"木奴千，无凶年"③，是可以充饥救荒的重要物资之一；蔬菜亦是中国人的主要食物来源之一，民间有"菜不熟曰馑"的说法；茶是中国最重要的饮品，唐代陆羽《茶经》以降，随着饮茶风气的日益盛行，茶树栽培与管理开始成为农书的一个专门章节；虽然贾思勰的《齐民要术》曾耻于谈论花卉栽培技术，认为"花草

---

① 陈垣. 陈垣史源学杂文[M]. 北京：人民出版社，1980：1.

② BRAY F. Cropscapes and History[J]. Chinese Annals of History of Science and Technology，2018（2）：1-10.

③ 贾思勰. 齐民要术校释[M]. 第2版. 缪启愉校释. 北京：农业出版社，1998：282.

之流，可以悦目，徒有春花，而无秋实，匹诸浮伪，盖不足存"①，但宋代以降，随着士人群体的崛起与审美意识的提高，花卉种植异军突起，代表性如宋人对牡丹嫁接的重视及当时大量谱录性农书的出现，迨至明代，花卉种植形成专类知识，时人甚至觉得花卉类书籍"当与农书、种树书并传"②。本书收录了3篇关于园艺作物的论文，1篇是关于"花草果蔬"作为明代士人间互赠礼物的通论性研究，其余2篇为围绕白菜结球性状出现时间、茶叶加工消费工具的专题性论文，3篇论文论述的时间线皆在宋至清，这也是蔬菜、水果、花卉、茶树等作物得到重视并在种莳技艺上获得高度发展的时期。

　　古代文人经常通过互赠礼物来传递情谊，拉近人与人之间的关系，所馈赠的礼品多为书籍、画作、笔墨、食品与花草等，既往研究多关注书画、笔墨等高雅物件作为士人之间礼物的流通过程，对花草等作物作为媒介的馈赠行为则鲜有关注。③葛小寒博士的《明代士人礼物交换中的"花草果蔬"——以日记、书札为中心》一文认为：在明代士人的礼物相赠行为中，存在着大量赠送花茶、草木、果蔬等"花草果蔬"的情形。这一"花草果蔬"在社交空间中的流动现象，与以往以权力为核心的政治型流动和与以金钱为核心的经济型流动不同，可称之为以人情为核心的文化型流动。明人日记、书札所记载的大量"花草果蔬"相赠的资料，一方面证明了彼时植物社会流动的普遍性，另一方面揭示了作为礼物的"花草果蔬"的自身特点。而从赠礼者与受赠者关系来看，西方礼物交换理论中所强调的核心"利益"——并不是"花草果蔬"交换的主题。相反，士人在"花草果蔬"相赠所形成的社交场域中，更多的是感情的交流与对自然的亲近。进一步来看，被迫作为礼物纳入这种社交场域的"花草果蔬"却不再自然，它们在实体层面受到士人的加工，在符号层面又被赋予各种意义。该文突破了以往对"花草果蔬"类作物史研究中集中于诞生（栽培技术）与消亡（品鉴、欣赏、食用）之两端的藩篱，从物质文化史与日常生活史的角度，对"花草果蔬"在诞生与消亡之间的中间流通环节给予了全新关注。

① 贾思勰. 齐民要术校释[M]. 第2版. 缪启愉校释. 北京：农业出版社，1998：19.
② 陈继儒. 读《花史》题词[M]//王路纂修，李斌校点. 花史左编. 南京：江苏凤凰文艺出版社，2018.
③ 张升. 以书为礼：明代士大夫的书籍之交[J]. 北京师范大学学报（社会科学版），2017（5）.
　　林欢. "钱塘黄易摹碑之墨"初探——兼谈乾嘉年间士人笔墨交往[M]//故宫博物院. 黄易与金石学论集. 北京：故宫出版社，2012：323-336.

白菜在中国古代被称作菘，原产于南方地区，因其高产、优质且耐储藏等一系列优点，约在14世纪中叶后十多年的时间内，迅速取代被称作"百菜之主"的葵菜，成为中国蔬菜中的绝对霸主。①尽管目前学界对大白菜的演化过程已有诸多研究，但由于缺乏足够的史料支撑，学者们在大白菜起源与演化等问题上尚存争议，尤其是对结球大白菜的出现时间有13世纪、明中叶、清代等多种不同说法。龚珍博士与王思明教授的《从图画资料看中国结球大白菜的性状演化》，利用之前大白菜栽培史研究中较少被注意到的图像材料，即传统本草书、农书及文人果蔬画中的白菜图，试图从中找出能为白菜性状演变研究提供更为直观的材料支撑，以判断结球大白菜出现的具体时间段。他们通过对历代本草书、农书及文人果蔬图中的白菜图像按照绘制时间序列进行地毯式搜查，认为清代"扬州八怪"李鱓（1686—1756）花果册中出现的白菜是目前所见最早结球大白菜的形象。他们认为虽然图像资料也有滞后性的缺点，但以明末清初大白菜图画脉络清晰的序列作为参考，可以审慎地推断结球大白菜出现的时间当在李鱓的花果册前不久的17世纪中叶，这与扬州当地的自然及人文地理情况有着千丝万缕的联系。

谷类作物收获之后是带皮的，"稻以糠为甲，麦以麸为衣。粟、粱、黍、稷毛羽隐焉"，故需要脱壳或磨粉，即所谓的"播精而择粹"，而粮食的加工需要借助一定的器具，即依靠"杵臼之利"来实现。②水磨是传统时代一种典型的水力加工机械，主要用于谷物加工，以制粉磨面为主要功能。方万鹏副教授在《水磨与北宋茶叶的加工消费》一文中，从元人胡行简对水磨"饮食恒所资"诗句的"饮"字入手，引申出石磨的另一个重要功能，即它在茶叶加工中所起的重要作用。北宋时期饮茶之风日盛，饼茶、末茶构成了其时成品茶叶的主要形态，茶在生产与消费环节皆须利用臼、碾、磨等机械来进行碾碎处理，彼时大量茶叶的消费需求使得水磨这一高效率的加工工具参与到相关加工环节中。文章认为，水磨在制茶领域多用于生产环节而非消费环节，即多用于碾碎茶叶制成茶饼而非将茶饼磨制成末茶。宋元以降随着茶叶成品形态的变化，尤其是明代朱元璋下令将团茶改为芽茶，相应的制茶水力加工机械技术形态亦在变化，其中的历史细节与具体缘由还有待学人进一步探索。

概而观之，本书有以下两个突出特点：一是研究内容较为全面。从类型

---

① 曾雄生.史学视野中的蔬菜与中国人的生活[J].古今农业，2011（3）.

② 宋应星.天工开物译注[M].潘吉星译注.上海：上海古籍出版社，2016：34.

学上来说，所收文章对谷类作物、豆类作物、薯蓣作物、蔬菜作物、果树、观赏作物以及经济作物皆有涉及，叙述比重也与它们在传统农业中的地位基本一致，即"稻居十七，而来、牟、黍、稷居十三……"①，并杂以其他作物。从作物的生命史角度来说，既关注作物的"诞生"（种植史，即如何通过种植来生产这些作物），又关注作物的"消亡"（加工消费史，即如何加工、品鉴与食用这些作物），此外还对介于"诞生"与"消亡"之间的作物作为馈赠礼品的流动史有所涉及。二是研究成果颇具创新性。在研究方法上，既有通过社会文化史视角来探究"花草果蔬"作为士人礼物交换媒介的论述，也有通过图像证史手段来搜寻历史时期大白菜性状演化证据的探究；在研究对象上，既有对之前被视为杂草的稗子之作为作物历史的钩沉，也有对畬稻、山地稻作等前人较少纳入研究视野的稻种/稻作类型的考辨；在研究结果上，既有对既往研究成果的进一步深化，亦有对前人研究的颠覆性创新，这集中体现在春小麦传入时间的考辨、明清时期华北地区扩种大豆之动因分析、番薯入华路线的重新梳理以及茶叶加工工具的技术阐述上。当然，囿于撰稿时间、文章篇幅以及每位研究者专业背景的限制，本书中讨论的话题仍然较为分散，对纤维作物等在中国历史上起过重要作用的作物类型也未找到合适的作者来撰文论述，我们关于作物史的研究才刚刚起步，其成果也仅属于抛砖引玉。未来的作物史研究还有更多充满魅力的话题有待研究者们去做进一步的探索，如探究谷类作物（地上作物）与块根作物（地下作物）在塑造政治、经济、科技模式中的不同影响②，以流动作物特别是其中的跨国作物为中心而进行跨国史与全球史的写作③，等等。这就要求研究者们打破作物史研究的现有范式，一方面把研究对象向粮食作物与经济作物以外的其他作物拓展④，另一方面将研究视角从狭义的作物种植技术史向广义的社会文化史等大历史转换⑤。

① 宋应星.天工开物译注[M].潘吉星译注.上海：上海古籍出版社，2016：6.
② SCOTT J C. Against the Grain: A Deep History Of The Earliest States[M]. New Haven: Yale University Press，2017. BRAY F. Underground Inspirations: Tuber Sciences and Their Histories[J]. Isis，2021，112（3）：548-563.
③ BRAY F. Cropscapes and History[J]. Chinese Annals of History of Science and Technology，2018（2）：1-10.
④ 李昕升，王思明.评《中国古代粟作史》——兼及作物史研究展望[J].农业考古，2015（6）.
⑤ Hahn B，Saraiva T，Rhode P W，et al. Does Crop Determine Culture[J]. Agricultural History，2014，88（3）：407-439.

概谈中国南方的两种稻作文化
——山地稻作文化与低地稻作文化

王宇丰

言及南方稻作，人们往往想到的是"苏湖""湖广"，无论是江南水乡还是荆楚大地，其水稻栽培皆为平原地区的低地稻作，四川盆地、鄱阳湖平原等几大产稻区亦是如此。南方低地稻作早已成为稻作的代表，历史更为悠久的山地稻作却常被忽视。与罕有山地稻作的北方不同，南方的山地稻作分布十分广泛，至今是许多南方少数民族的重要生计。两种稻作及其文化经历万年积淀，均承载着特别丰富的环境变迁史、技术进化史与文化发展史的信息，很值得我们研究。

一、稻作的起源与类型分化

谷物栽培之艰难远甚于渔猎和采集生计，实现这步跨越的第一批农人必是受到了相当的环境迫力，该迫力也促使谷物发生对人有益的基因突变，稻麦等最早被驯化的粮食作物正是起源于具备这种压力的时期与地域。细考催生人工栽培的边缘时空，可以分为两大层次四个条件：宏观层次上的时间条件是末次冰期，空间条件是中纬度地区；微观层次上的时间条件是气候异常的年份，空间条件是特殊的地理小环境。以往的稻作起源论述多关注宏观的时空范围，例如新石器时代的长江流域中部与东部。但要进一步明晰具体的发生机制和起源过程，就不得不探讨微观的时空条件。笔者认为，稻的种植很可能起源于我国东南丘陵，约1.2万年前这里是亚热带与温带交界地带，当时气候剧烈变动

作者简介：王宇丰（1973—），江西安福人，华南农业大学社会学系副教授，研究方向为稻作史和少数民族农业文化遗产。

的某几年是迈向栽培的突破口。

山地稻作应该是最早的稻作形态。本文所指的山地包括低平地区近水的台地和山丘。稻作起源之前很可能存在过水陆未分化的原始稻类型，而云南和东南亚的山地上至今分布着野生稻群落。先民在低平地带能发现并采集成片的野生稻，但真正完成驯化却不在最适宜水稻生长的地方，而是在靠近该地的山区或高地，进一步说，应该是最易开辟的山林边沿和隙地。[①]这些地方野生稻生长不太茂盛，却在农业先驱的稚嫩技术能力范围之内。[②]稻作发端于山地边缘的丘陵地带，其后才顺着河流向低地扩展。值得注意的是，新石器时代的涉稻遗址几乎都位处山地与平地的交界线或过渡地带（表1），这类遗址的地名中"山""岗""岭""墩""岩"等用字高频出现[③]，距今6 000年以降，才零星出现带"桥""湾""滩""泽""河"字的遗址。而且，随着考古发现的进展，至少在同一流域（限于支流），往往能看出相关遗址是按年代先后顺序自上游向下游降阶排布（如：澧水流域、浦阳江流域）。在世界农业史上，农业起源于山区并非孤立的现象。无论是在西亚的新月地带，还是在中美洲和南美洲，农作物驯化中心都位处山区。[④]

表1 史前南方重要涉稻遗址的地形

遗址名称	遗址及邻近地区地形	出土遗存
江西万年仙人洞	赣北丘陵低山区。大源盆地边缘。遗址位于高约100米的小河山（石灰岩山岭）山脚，距文溪水70米	稻植硅体（兼具野生、籼、粳特点）（14 000—11 000年BP）
江西万年吊桶环	赣北丘陵低山区。大源盆地边缘。遗址位于高不足100米小山（石灰岩山岭）的岩厦，相对高度30米，山下有文溪水	同上
湖南道县玉蟾岩	南岭北坡边缘地带。宽谷平原与石灰岩残丘相间地区。玉蟾岩为石灰岩残丘，遗址相对高度5米，山下有螺海等湖塘	稻谷（兼具野生、籼、粳特点）、稻植硅体（12 000—10 000年BP）

① 李根蟠，卢勋.中国南方少数民族原始农业形态[M].北京：农业出版社，1987：53.
② 饭沼二郎.古代旱农在世界农业史上的地位[M]//平准学刊（第5辑）.北京：光明日报出版社，1989：689-722.
③ 游修龄.中国稻作史[M].北京：中国农业出版社，1995：26.
④ 斯宾塞·韦尔斯.潘多拉的种子：人类文明进步的代价[M].戴震泽译.桂林：广西师范大学出版社，2013：63.

遗址名称	遗址及邻近地区地形	出土遗存
浙江浦江上山	龙门山脉与金衢盆地之间丘陵区。浦阳江上游河谷盆地边缘的山前台地。遗址位于浦阳江畔小山丘，相对高度3～5米	稻壳印痕、稻壳、稻植硅体、稻作农具（石刀、石磨盘）（11 000—9 000年BP）
广东英德牛栏洞	南岭南坡中央偏北。喀斯特蚀余丘陵山地。遗址位于狮子山（石灰岩孤峰）南麓，山下南侧有一条宽约25米的古河道经过	稻植硅体（11 000—8 000年BP）
湖南澧县彭头山	武陵山脉东北余脉与洞庭湖环湖平原之间过渡地带。澧阳平原二级阶地。遗址位于澧水岸边低于50米山冈上，相对高度4.5米	稻谷（非籼非粳非野生）、稻壳、稻草、稻壳印痕、稻植硅体（9 000—7 500年BP）
浙江余姚河姆渡—田螺山	丘陵与平原过渡缓坡。四明山和慈溪南部山地间河谷平原上。遗址紧邻姚江	稻谷（非籼非粳非野生）、稻作农具（骨耜）（7 000年BP）
江苏吴县草鞋山	草鞋山（土墩）相对高度10.5米，北距阳澄湖650米	稻谷（非籼非粳非野生）、稻田（7 000—6 000年BP）
湖南澧县城头山	武陵山脉东北边缘。澧阳平原二级阶地。遗址位于徐家岗（低丘），南边有澹水流经	稻谷（非籼非粳非野生）、稻田（6 500年BP）
浙江余杭良渚*	天目山余脉与杭嘉湖平原接壤地带。丘陵间谷地偶有相对高度30米以下孤丘，东苕溪流经。距今7000年时为沼泽平原，洪水期是湖泊，枯水季则是沼泽	稻谷（粳、籼，以粳为主）、稻田、粮仓、稻作农具（石犁、石刀。附近钱山漾遗址有耘田器、谷箩）（5 300—4 200年BP）

*注：良渚为遗址群。古稻田在茅山遗址，古粮仓在莫角山遗址，炭化稻在莫角山、池中寺等多个遗址有发现。

　　如果代入南方先民的处境，就能理解这一点。他们生产力水平低下，缺乏斧斤，开垦邻近低地的山谷地带比开垦水边沼泽湿地和深山老林都要容易得多；他们还不能脱离狩猎和采集，"一山分四季"的山区动植物种类较多，近山麓更能兼有"川泽山林之饶"，食物供应方面更有保障；此外，他们还能同时利用低山区地形的多样性和转移的便利性，进可攻退可守，找到更多更安全的居所。其实，山地不仅是人类的避难所，同样也庇护着各种动植物。人们发现，当某种植物在平旷低地遭遇无法躲避的恶劣条件时，它在山中的同类却往往能安然存活下来，这些植物可以随着寒暑干湿的气候转变，进驻低地或退守山区。从山地稻作向低地（本文所言低地也包括山区中的平坝与河谷）稻作发展存在几大障碍：一是湿地无法放火烧荒，[①]难以辟出稻田；二是原始工具无力建排灌设施，没有沟洫、拦水堤和蓄水塘就难以调节并稳定水位。别说没法抵御低地常遇的洪水，甚至无力做到大面积田面的平整，而田面维持水平是水田耕作的基本要求；三是原始工具无力根除草滩下的地下根茎，难以避开水生杂草危害；四是无法避开具攻击性的水生动物或两栖动物，如水蛭、螃蟹、龟、鳖等，人们难以在水中长期劳作。还有鳄鱼危害，如果水蛭只是癣疥之疾，那水泽之中大个头的鳄鱼就是性命大患了；五是湿热地带瘴气多，难以克服疫病（包括水中的血吸虫、疟原虫）对农人的侵袭；六是在建造干栏技术、掘壕筑墙技术及夯筑高台技术发明前，先民更无法向远离山地的平原腹地开拓和定居；最大的障碍还在于缺乏驱动力，低洼湿地拥有丰富的食物资源，植物性淀粉类食物有莲藕、莲子、菰米、芡实、菱角、慈姑、荸荠、稗米、薏米、水芋等，动物性蛋白质类食物有鱼、虾、蟹、蚌、蚬、螺、蛙、龟、鳖、水鸟等。所以说，先民会优先把湿地作为上佳的采集渔猎场所，而非费力地把它改造为单一而低产的稻田。后来，随着生产工具的改进和人群组织水平的提高，人们才逐渐获得了开发低地农业的能力，当遭受某种压力离开洞穴、树巢，走下旷野时，这才诞生了低地稻作。这是新石器时代末期的事情，之后稻米在南方食物结构中占比越来越大。可以概括地说，稻作起源于山地（南岭—武夷山一线），但发扬于低地（长江中下游平原）。

南方地形复杂、生态多样、族群众多，稻作在传播和传承过程中不断分化变异。因此，并没有铁板一块的南方稻作。不同时代、不同地域、不同族群的稻作都不相同，同一地区不同海拔、同一民族不同地域的稻作类型有差异亦属常见。当中，山地稻作与低地稻作的区分非常明显。两大稻作类型首先是分属不同的稻作技术体系，工具和技术上的差异对生产制度和生活习俗有了不同的要求，进而又塑造了各自的精神心理。人与稻经过漫长的协同进化，两种不同的稻作文化就产生了。后起的低地稻作文化从原生的山地稻作文化中分离出来，并很快就随着低地稻作的迅速发展而彰显起来，历代汉文文献在用墨上轻

---

① 李根蟠，卢勋.我国原始农业起源于山地考[J].农业考古，1981（1）.

视和忽略山地稻作，加之今天大量低地技术已经渗透进山地稻作，以至于很多人认为只有一种稻作文化，那就是低地稻作文化，而不知有山地稻作文化。现今南方民族地区依然保留着判然有别的三大稻作文化类型：畲田陆稻农业（旱地稻作）、梯田水稻农业（梯田稻作）、盆地河谷水稻农业（坝区稻作）。[①]前两者为山地稻作文化，后者为低地稻作文化。

二、山地稻作文化的特点

如今的南方山地稻作内部也是一个高度异质性的集合体，本文尽量介绍早期普遍采用的山地稻作形态。山地稻作文化体系十分博大，此处也无法包罗一切山地稻作样式，而会重点着墨红米稻文化、糯稻文化和陆稻文化。下列特点并非所有山地稻作必然全数拥有，虽在变化万千的农业实践场景中会不时出现例外，但这些特点在统计上仍是比重最大的。

1. 工具与技术

（1）稻种

山地稻作最大的特色体现在稻种的选取上。由于山区海拔高气温低，水肥和光照条件也不如平原平坝，所栽品种一般要能耐寒、耐旱、耐瘠及耐阴。因此，山区尤其是高山区的稻田里常见抗逆性强的色稻、糯稻、陆稻、麻壳稻和长芒稻。民族地区的实地调查表明，传统的山地栽培稻多半是感光性强（中晚稻）、高秆、生育期长、单产不高、种子具有休眠性、不耐肥的品种。现今的云贵高原，山地种粳稻、平坝种籼稻，泾渭分明。粳稻短圆的谷粒形状的确令其比细长的籼谷更耐寒。籼亚种最早出现在印度恒河平原，远没有粳亚种那么古老。但鉴于几大平原产稻区都有长期的粳稻栽培史，故此不列入山地稻作的特点。

有色稻的果皮和种皮中含有花青素等色素，使米粒呈现绿、褐、红、紫、黑等多种颜色，最常见的是红米稻（即赤米）。野生稻多为红米稻，红米

---

① 尹绍亭. 云南江河与文明[M]//谭宏，徐杰舜. 人类学与江河文明 人类学高级论坛2013卷. 哈尔滨：黑龙江人民出版社，2014：88. 管彦波. 云南稻作源流史[M]. 北京：民族出版社，2005：138.

稻栽培种保持着极强的抗逆力。"赤米,今俗谓红霞米,田之高仰者种之,以其早熟且耐旱也。"[1]"赤米稻多被种植于或因灌溉不便而干旱,或因高海拔而寒冷的山地,而且山地多瘠薄,多虫兽害,而赤米的抗瘠、抗病虫害的性能,也使山民在施肥、除病虫能力不强的情况下,也能有一定的收成。"[2]江西井冈山的红米饭声名远播,现只少量种植于一些山高水寒的冷浆田里。20世纪80年代初,贵州海拔800米以下地区,红米品种仅占该海拔地区籼稻品种数的11.78%,在1 300米以上地区红米品种占比则上升至59.80%。[3]云南是种植红米稻大省,在种植面积迅速缩减的大势下,红米稻依然是高山梯田的主打稻种。根据2006—2007年对海拔1 380~1 934米的30个元阳哈尼村寨的在种稻种调查,显示红米稻品种数量占传统品种的59%。[4]此外,紫米稻也多产自西南山地,著名的梯田紫米稻品种有湖南紫鹊界的贡米和云南墨江的紫糯。

再说糯稻。糯米的胚乳淀粉中只含支链淀粉而几乎不含直链淀粉,其糊化所需温度比粘稻(非糯稻)更低,所需时间也更短,这就是耐低温的一种表现。清代黔东南的地方志记载:"水田皆宜稻,冷水田独宜糯。"[5]民国时期民族学家陈国钧发现:"(西南苗族)所居的地方是寒冷的高原,在高原上种粘稻,无法使它生长;只有种糯稻,才易于成熟。"[6]当代农技工作者也从实践中总结出"与粘稻品种相比,糯稻品种一般较耐阴、耐寒、耐酸和耐瘠。"[7]黔东南山区的地方稻种"禾"耐阴、冷、烂、锈田,当中多达93.75%的品种是糯禾[8],占了绝大多数。渡部忠世所提"糯稻栽培圈"的主体就在中国西南和东南亚的高原山地范围之内。

陆稻(旱稻)是水稻的特异生态型,又名陵稻、山旱、山禾、畲禾,其米又名云子、山米,表明其是山地旱作,能生长于地表水源贫乏和灌溉条件不佳的山坡地,先民在气候恶化的年份里敏锐地发现并利用了水稻的这一变异。

① 徐元诰.国语集解[M].王树民,沈长云点校.北京:中华书局,2002:555.

② 俞为洁.赤米考[J].农业考古,2005(1).

③ 张再兴.贵州地方稻种资源分布及其与生态环境的关系[J].贵州农业科学,1983(3).

④ 徐福荣等.中国云南元阳哈尼梯田种植的稻作品种多样性[J].生态学报,2010(12).

⑤ (光绪)黎平府志·卷3 食货志·农桑物产[M]//中国地方志集成·贵州府县志辑 第17辑.成都:巴蜀书社,2006:237.

⑥ 吴泽霖,陈国钧,等.贵州苗夷社会研究[M].贵阳:贵州人民出版社,2011:106.

⑦ 章清杞,陈志雄.我国糯稻的研究与利用概况[J].福建稻麦科技,2000(3).

⑧ 黔东南州黎从榕三县禾考察队.黎平、从江、榕江"禾"考察报告[J].贵州农业科学,1981(5).

在江西，陆稻皆种于"耕熟之山地"。在广东，稻"生畲田者曰山禾"。[①]海南和滇南山区至今仍是著名的陆稻分布区。

长芒稻指谷芒较长，相对的是无芒稻和短芒稻，山地稻种多数具有长芒。冰露雪霜凝结在谷芒上而非谷壳上，可以避免稻谷直接遭受冻害，同时能够防御鸟兽。安徽休宁有"黄萌栗、矮黄、野猪愁者，（芒）长谷多，山田皆种，以避野猪、田鼠、山猴、禽兽之害。"[②]福建建阳也有"芒长二三寸"的"野猪啼"。[③]浙江东阳有"芒甚尖长"的红芒糯，"山中人谓之野猪哽，盖穷源僻坞中以备山兽之嚼啮者。"[④]浙江浦江有乌芒糯，"山乡稻熟，兽辄食之，此稻秆高芒硬，兽不食，故多种焉"。[⑤]浙江象山的"野猪怕"、福建建瓯的"野猪呛"（"长芒禾"）、江西长宁的"山猪畏"、江西万载和湖南浏阳的"鹿见愁"（"须占"）、贵州晴隆的"大毛稻"、广西合浦的"大毛禾"、广东阳春的"长须糯"均属此类长芒稻种。[⑥]

麻壳稻是相对于白壳稻而言的，贵州的麻壳稻分布在海拔1 000米以上的地区。[⑦]红壳稻、黑壳稻、以红或黑为主色的花壳稻也多见于阴山、冷水田。[⑧]实际上，南方高原稻种往往兼具上述几种性状表现，例如：红皮糯性陆稻，或长芒麻壳粳型糯稻。

无论是红米稻、糯稻、陆稻、长芒稻还是麻壳稻，都是由特定基因决定的，属于分子生物学水平上对特定生长环境的适应。由于定向的自然选择和牢固的文化传承，山地稻种自起源至今少有改变，使得这些稻种较多地保持了原始农业时期的状态。

（2）工具

排除后来引进的部分，今天在山地稻作中仍可见到的独特农具却是驯化

① 屈大均. 广东新语·卷14 食语[M]//明代社会经济史料选编. 福州：福建人民出版社，1980：24.
② （弘治）休宁志·卷1 租税[M]//王达等. 中国农学遗产选集 甲类 第一种 稻 下编. 北京：农业出版社，1993：286.
③ （道光）建阳县志·卷4 物产[M]//王达等. 中国农学遗产选集 甲类 第一种 稻 下编. 北京：农业出版社，1993：639.
④ （康熙）东阳县志[M]//陈汉章. 象山县志 中. 北京：方志出版社，2004：649.
⑤ （光绪）浦江县志[M]//游修龄. 中国稻作史. 北京：中国农业出版社，1995：192.
⑥ 陈宏发. 农业、农村文化遗产保护[M]. 天津：天津科学技术出版社，2017：70.
⑦ 张再兴. 贵州地方稻种资源分布及其与生态环境的关系[J].贵州农业科学，1983（3）.
⑧ 黔东南州黎从榕三县禾考察队.黎平、从江、榕江"禾"考察报告[J].贵州农业科学，1981（5）.

时期稻作仅有的工具。这套古老式样的农具及设施的特点是：制式简单、功能多元、个人化、适合女性操作、适合小规模对象、与其他生计相结合、响器较多等。

湘黔桂交界地区的苗族、侗族糯稻生产工具体系是山地稻作工具集群的典型代表。尽管该体系本身也有历时演变和族际差异，但其内部分化程度要远小于粘稻工具体系中所表现出来的多样性。当地糯作特有的农具包括：摘禾刀（又名禾剪）、摘禾篓、晾禾架（又名禾廊）、方扁担、禾仓等，糯食特有的炊具有烤桶、甑笼、饭盆、饭钵，不用筷子，加工器具还有踏碓、杵臼等。[1]苗侗人民收糯禾只割穗不割茏，摘禾刀就是用来掐断稻穗，并不用镰刀。这种小巧的刀具是很古老的收获工具，最早的原型可追溯到新石器时代的石片刀及蚌刀。一般是在镶板上嵌入一片铁刃或铜刃，再在镶板孔眼上安一竖棍或拴一绳套以便用手把握。收割时将绳套套于右腕，木棍握于手掌，置摘禾刀于中指和无名指之间，两指向内压，将禾穗切断。侗家摘禾刀多装竹柄或木柄，苗家的多套绳。杉木制晾禾架分三类：两柱栏杆式、六柱棚架式、九柱仓房式。还需指出，这里的干栏式禾仓不是存放稻谷的谷仓，更不是存放冬季春就的稻米的米仓，而是存放稻穗的颖仓。侗族的起源歌中串联了糯稻耕作中的一系列特有工具：

> 再请何人去造摘禾刀？
> 再请哪个去造扁担挑？
> 再请什么样人来造晾禾架？
> 有谁想过秋收时节背着竹篓摘糯稻？

> 我猜留津去造摘禾刀，
> 我猜留宜去造扁担挑，
> 我猜留办来造晾禾架，
> 钱宕想过秋收时节背着竹篓摘糯稻。[2]

---

① 王宇丰.论黔东南侗乡稻作文化遗产的文化结构及其价值功能[J].古今农业，2013（3）.
② 侗族史诗——起源之歌[M].杨权，郑国乔整理、译注.沈阳：辽宁人民出版社，1988：224.

苗侗地区的传统耕具还有踏犁和木牛。[1]在山区，用踏犁掘土比用锄头刨土更省力，用人挽犁（木牛、公婆犁）比用牛拉犁更方便。故此，"黔中爷头苗在古州耕田，全用人力，不用牛。"[2]

海南黎族山栏稻（属陆稻）生产工具体系也富有特色，包括：点种棒、摘禾刀、山栏架（即晾禾架）、响器、敲砸器、杵臼（粗木杵和大木槽）等。这套工具中有的和苗侗地区水田稻作所用很相似，有的则是"砍山栏"（一种刀耕火种）农业独有。其中响器是低地稻作中少见的，用以驱赶从山林中溜出来为害庄稼的野猪。"有多种形式，一种是竹片响具，在树或木杆上横拴若干竹片，当风吹来时竹片叮当鸣响；一种是竹筒响具，在树上或木杆上吊若干小竹筒，竹筒由藤圈围拢，海风拂来，竹筒相击作响；还有一种是搭一个临时棚子，在棚梁上吊三根木杠，三者上下交错，风吹时互相撞击可叮当作响，也可以人力牵动吊绳，使木杠相击作响。"[3]

另外，还有便于在山高坡陡地区搬运的打谷工具——打谷船，[4]可以边收割边脱粒，稻割到哪里，打谷船就拖到哪里，常见于云南哈尼族山乡。它可能是一种后来才发明的面向梯田籼稻的农具。

（3）技术

新石器时代前期的水田整地措施可能是象耕鸟耘牛踏田，即所谓的"蹄耕"。《史记·货殖列传》在两千多年前记述"楚越之地，地广人希，饭稻羹鱼，或火耕而水耨……"，"火耕水耨"正是那时通行于整个南方的稻作技术，其特点是"以火烧草，不用牛耕；直播栽培，不用插秧；以水淹草，不用中耕。"[5]先后运用了刀耕火种技术和水田技术，这样管理虽然单产不高，但劳动生产率却不低。《后汉书》载南方多地"不知牛耕"，这与大型耕畜在面积狭小且形状不规则的山地稻田里难以回旋有关。魏晋以后，南下的汉族移民在土著耕制中加入了铁犁牛耕、育秧移栽、中耕除草、灌溉施肥等多项复杂而先进的工序及技法，江南地区率先走上了精耕细作的道路，并逐渐传遍了包括四川盆地、洞庭湖平原、鄱阳湖平原、珠江三角洲在内的南方平原地区。水火

① 宋兆麟. 侗族的农具和耕作技术[J]. 中国农史，1983（1）.
② 阮福. 耒耜考[M]// 《中华大典》工作委员会，《中华大典》编纂委员会. 中华大典·理化典·物理学分典1. 济南：山东教育出版社，2018：522.
③ 李露露. 海南黎族的"砍山栏"——古老的火耕方式[J]. 古今农业，1998（1）.
④ 杨宇明. 中国竹文化与竹文化产业[M]. 昆明：云南大学出版社，2019：187.
⑤ 彭世奖. 火耕水耨新考[M]//陈文华，渡部武. 中国稻作起源. 东京：六兴出版社，1989.

并用治理杂草的耕作模式跟随着土著民族退守包括江南丘陵和云贵高原在内的广大山区。直到20世纪苗侗地区依然不用牛耕。"这倒不是因为缺乏耕牛，他们很早就养牛了，水牛、黄牛都有。如解放前后（贵州）从江县占里寨有156户，有牛276头，几乎每户都养牛，但主要用来供祭祀、斗牛和做酸肉之用。"①这与《后汉书》中会稽一带"民常以牛祭神"的描述一致。本来，牛驯化之初就为食肉，农业经济发展之后才变成以役用为主。

上述"火耕水耨"的特点中似乎还可加上"一年一造，不用连作。"《史记》时代的南方原住民族并没有推进一年几熟或稻旱连作的动力。一是因为地广人稀田亩多，人均稻田面积大；二是耕种着水源无忧、最为肥沃的低地良田，相对于山区来说单产比较高；三是其他食物来源充足，渔猎和采集仍占据生计的重要位置。进入山地的稻作民族面临的是寒凉的气候和贫瘠的地力，适宜山区种植的稻种生育期又特别长，并无太大的连作空间，只能继续维持一年一造的制度。在此引用清代的两条史料。乾隆年间湖南湘潭"田为艺稻，一熟之外土不复耕。"②嘉庆年间贵州巡抚福庆曾上奏："黔省地土瘠薄，民间田亩凡系种植秋禾者不能兼种春花。"③

山地农业中，能有效利用的年度耕作时间难以延长，但在空间上却可以实现间作和套养，以增加收获的种类和总产量。例如：在畬耕中同时播植旱稻和多种杂谷，在水田中同时种养稻、鱼和鸭。广谱栽培和立体种养在很大程度上影响了山地稻作的技术策略，使得稻农不仅要考虑稻作自身，还要兼顾其他谋食安排。例如：黔东南的糯作选择了高秆的稻种，一来可以避免田鸭啄食稻穗，一来可以提供冬季的喂牛草料（或者收稻后原地作肥）；又选择了耐阴的稻种，就是为了少砍树木维护林业及水源；稻田蓄深水，常年不排干，则是为了方便养田鱼，与之因应的技术措施是培育耐淹稻种和站立水中割稻。

湘黔桂苗族、侗族和滇之哈尼族皆从事梯田水稻栽培，再来看黎族的坡地陆稻耕作。明代文献记载"儋耳境，山百倍于田，土多石少，虽绝顶亦可耕植。黎俗四五月晴霁时，必集众斫山木，大小相错，更需五七日，酷烈则纵火，自上而下，大小烧尽成灰，不但根干无遗，土下尺余亦且熟透矣。徐徐锄

① 宋兆麟.侗族的农具和耕作技术[J].中国农史，1983（1）.

② （乾隆）湘潭县志[M]//湘潭市地方志编纂委员会.湘潭市志 第4册.北京：中国文史出版社，1993：84.

③ 中国科学院地理科学与资源研究所，中国第一历史档案馆.清代奏折汇编—农业·环境[M].北京：商务印书馆，2005：352.

转，种棉花，又曰具花；又种旱稻，曰山禾，米粒大而香，可食。连收三四熟，地瘦弃置之，另择地所，用前法别治。"[①] "山禾，黎人伐山种之，曰刀耕火种。早割艺之，三月即熟。"[②] 该耕作方式一直延续到20世纪末。具体的农事年历在《砍山栏歌》里得到了完整体现：

正月打把新钩刀，
勤的来砍懒的看，
高高低低着欠砍，
高高低低砍到没。

二月来到砍园起，
回去商量去砍它，
高高低低着欠砍，
砍来砍去砍到圮。

三月到来放树下，
放树不离斧与刀，
去到半路碰见伴，
问树放下阿是不。

四月到来人烧山，
不想遇到雨下大，
因园草青浇不着，
公也去搬婆去搬。

五月来到人播种，
种子出地叶尾尖，
去到半路碰见伴，
问稻出齐不出齐。

① 顾岕.海槎余录[M].台北：台湾学生书局，1985：383.
② （万历）儋州志 卷8 土产上[M]//万历儋州志.海口：海南出版社，2004：30.

六月来到勤拔草，
左手拔来右手抛，
去街买把镰刀刈，
要想丰收拔草头。

七月来到禾发青，
咱要到园去看下，
园坁园角围密密，
不给鸡鹿入来爬。

八月来到稻发光，
勤除稻虫园不葳，
园坁园角围密密，
不给猪鹿入扰园。

九月来到着赶鸟，
鸟仔成群不开交，
手拉弓箭射不及，
园坁做个看鸟寮。

十月来到着刈稻，
手捻稻谷赶快收，
粒粒稻谷都收回，
免得风来打游游。

十一月来挑稻回，
担稻不了请乡亲，
请来乡亲担足足，
谁都齐扬这坩园。

十二月到人过年，

春米做酒试新味，

旧衣旧裤换下染，

媳妇子儿回过年。①

明代广西"横之农甚逸……又有畲禾，乃旱地可种者，彼人无田之家并瑶僮人，皆从山岭上种此禾。亦不施多工，亦惟薅草而已，获亦不减水田。"②清代湖南蓝山瑶族"田稻惟种红米，种于山地，岁以谷雨前后，刨土分畦，每隔尺许，施谷一掬，如种菜然，不先播种而后分秧也，亦不施肥，以时去草而已。于秋分寒露间收获，不用镰刈，以手抹穗，取实而遗秆，米质故劣，而常藏之以供客。"③现代广东连山瑶族的陆稻种植仍需烧山（又名赶山），但并不妨碍林业生产或森林保护。过山瑶的传统稻种"地禾糯"既是陆稻，又是糯稻，还是红米稻。成材林伐后留下的空地上，先放火清理地面，再种下松树幼苗，3月在树苗间的隙地播种，此后不再管理，直至10月收割。松树长大后就停止种稻，同一块地的再次播种须等到15年后。④可见耕作之粗放。

山区地形的复杂性、高度的差异性导致了小气候的多样性，进一步决定了栽培稻的品种多样性。1982年，云南澜沧拉祜族自治县拥有各种陆稻品种124个。⑤21世纪初，云南西盟佤族自治县"有陆稻品种64个。每个村寨至少有七八个陆稻品种，其中必须有耐肥和耐瘠、耐冷和耐热、早熟、中熟和晚熟品种以及饭稻和糯稻。"⑥云南元阳哈尼族的农家糯稻品种也是成系列的，从适应海拔高度1 900米的耐寒品种"冷水糯"到低至150米的耐热品种"麻糯"，一应俱全。贵州高仟侗寨平均每户保留稻种10个以上，每年实际播2～4个。⑦现今黄岗侗寨还保留着20余个传统糯稻品种，每年都播下15个以上。一

---

① 苏庆兴.三亚黎族民歌[M].上海：学林出版社，2011：21-23.

② 王济.君子堂日询手镜[M].上海：商务印书馆，1936：35-36.

③ （民国）蓝山县图志.卷14 瑶俗[M]//湖南地方志少数民族史料.长沙：岳麓书社，1992：587.

④ 左靖编.碧山09：米[M].北京：中信出版社，2016：138.

⑤ 澜沧拉祜族自治县地方志编纂委员会.澜沧拉祜族自治县志1978—2005[M].昆明：云南人民出版社，2013：211.

⑥ 尹绍亭.远去的山火——人类学视野中的刀耕火种[M].昆明：云南人民出版社，2008：104.

⑦ 龙初凡，孔蓓.侗族糯禾种植的传统知识研究——以贵州省从江县高仟侗寨糯禾种植为例[J].原生态民族文化学刊，2012（4）.

个村寨或族群若保持多个不同稻种，就能让每一个小气候都有与之相适应的特定品种，并允许同一块田地在每一年都能轮换新的品种，如此便可有效分摊因地形复杂、水土各异、气候变化、自然灾害所带来的风险，一块地的偶然减产并不会影响大部分田块的收成。该策略在南方少数民族的生产观中根深蒂固，也是山地农业的一大特色。

山地稻谷的贮藏加工方式自成系统。元代云南"（土獠蛮）山田薄少，刀耕火种，所收稻谷悬于竹棚下，日旋捣而食。"①收获的稻穗要立即挂上竖起的晾禾架上，属于立面风干；干后带穗储藏于架高的禾仓里，不装箩筐而直接堆放地面，少量悬置于火塘上的烘笼里；做饭前临时脱粒去壳，所谓"日治米为食"；红米属于糙米，难于烹熟，因此"红米饭的蒸法与白米不同，它要反复蒸两次才好吃。"第一种蒸法是"首先要将米放在水里浸泡一些时间，然后滤干水放在甑子里蒸。当米蒸到快要熟的时候，就倒在簸箕里摊开揉一揉。最后再放进甑里蒸一次，那就可以吃了。"（贵州苗族）②还有一种是"将米洗干净后倒入锅里煮，等到米煮软到一定的程度后捞起来沥干水，倒入甑中蒸。"（云南哈尼族）③糯米淀粉溶解度低，不宜煮食，否则易烂易焦不成粒，也需用甑笼蒸熟。

2. 组织与习俗

（1）保种制度

山地农业需要依靠广谱经济来降低生产风险。山地旱作民族追求旱地作物的多样性，山地稻作民族选择在稻种内部实现多样性，十分重视保持品种的丰富多样和定时更换，许多制度响应了这方面的需求。苗族侗族的寨老制度具有督促和教化功能，是民族社区保种传种的根本保障。侗族民间的品种交流与技艺交流机制包括多个途径：一是"吃相思""月地瓦""抬官人""过侗年"等社会民俗，它们都是周期举行的跨村寨活动，一年中有多次这类集体互访做客的机会。客寨一旦发现主寨有新的糯禾品种就会索要，听到主寨有好的

---

① 李京. 云南志略[M]//尤中. 中华民族发展史 第2卷 辽宋金元代. 昆明：晨光出版社，2007：1257.

② 坪井洋文，等.彝族的社会和文化[M].《彝族的社会和文化》编译组编译.贵阳：贵州大学出版社，2011：46.

③ 李雄春.天赐美食——哈尼梯田饮食图谱[M].昆明：云南美术出版社，2010：7.

养鱼技术就会请教，这已成惯例。①二是小范围的亲友聚会或帮工摘禾活动，也较常见。②通过这类渠道，农家稻种及其失传风险被分散到多个村寨，假使有哪个稻种在某个村寨遭受灭顶之灾，也能在日后从兄弟村寨交流回来。贵州黄岗侗寨的"苟列珠"品种就通过轮值祭天被前来赴宴的客寨亲友索去，还被改名为"苟黄岗"。③黄岗也年年从别的村寨引进新糯稻种。制度性的村际群众活动既有联络情感加强团结的社会功能，也是传承地方性农业知识、传播和保存良种的需要。哈尼人每隔3～5年就要和别的农户交换稻种，④这类换种现象在西南山区很普遍。

平地稻作面对的是条件均一的大片稻田，为求得高产和便于管理，稻种数量变少，日渐单一化。作为粮赋的重要输出地，平地稻种改易会受到官方政策及市场需求的更多影响。

（2）保水制度

以西南山区常见的祈雨仪式和护林制度为例。

早期的山地农业是靠天吃饭的农业。一直以来山地稻田包含着一个特殊的类型——望天田（又名雷公田），地近坡顶而无水源灌溉，全靠雨水养稻。因常有缺水之虞，就催生了祭水神祈雨的习俗。北方地区也缺水，几乎每座村庄都建有龙王庙，而南方山地稻作民族则通过祭天等活动来求雨。⑤贵州黎平黄岗侗寨在每年农历六月十五都要过"喊天节"⑥，当天杀猪和唱侗族大歌，隆重地祭祀能主宰风雨雷电的"萨岁"（雷婆）。侗族的村村寨寨都设有"萨坛"祭祀萨岁。湖南靖州侗族"抬太公"（飞山太公）求雨。黔东南的剑河、台江一带的苗族祈雨节要祭龙潭。广西都安的壮族和瑶族行铜鼓祈雨仪式。现代民俗学认为，祭天可能是最古老的祈雨仪式，祭龙王和抬太公则是早期祈雨祭的复杂变体。⑦低地稻作水源充足、灌溉条件良好，虽偶有旱情，但考虑更

① 崔海洋.从混种、换种制度看侗族传统生计的抗自然风险功效——以黎平县黄岗村侗族糯稻种植生计为例[J].思想战线，2009（2）.

② 龙初凡，孔蓓.侗族糯禾种植的传统知识研究——以贵州省从江县高仟侗寨糯禾种植为例[J].原生态民族文化学刊，2012（4）.

③ 崔海洋.论侗族制度文化对传统生计的维护——以黄岗侗族的糯稻保种、育种、传种机制为例[J].广西民族大学学报，2009（5）.

④ 赵德文.稻魂飘香——哈尼族梯田稻种探源[M].昆明：云南美术出版社，2010：16.

⑤ 刘芝凤.中国稻作文化概论[M].北京：人民出版社，2014：7.

⑥ 粟文清.侗族节日与村落社会秩序建构[M].北京：民族出版社，2015：31.

⑦ 陈启新.中国民俗学通论[M].广州：中山大学出版社，1996：94，104.

多的是排涝问题。

　　发展到梯田稻作时代，护林保水的制度应运而生。山地水稻生境表面上看是一个农田生态系统，但基底却属于森林生态系统，该稻作系统的成功离不开稻田之外的山林及其涵养的水源。侗族谚语说："无山就无树，无树就无水，无水不成田，无田不养人。""老树护寨，老人管寨。"侗寨借助"款"（侗族习惯法，会刻上护林碑）来划定和管护神圣的"护寨林"（又称"神林""风水林"），任何人不得损害，一旦出现盗伐就会立即惊动寨老议事会，当事人必将面临难以承受的重罚，连整个房族的成员也会颜面扫地。①此非独例，傣谚也说"有了森林才会有水，有了水才会有田地，有了田地才会有粮食，有了粮食才会有人的生命。"哈尼族也说"有好山就有好树，有好树就有好水，有好水就开得出好田，有好田就养得出好儿孙。"②哈尼人的聚落选址严格遵循"森林（山腰以上）—村寨（山腰）—梯田（山腰以下）"的环境布局。其古规将山林分成水源林、村寨林和龙树林三部分，任何时候都禁止砍伐，违者要罚钱罚米兼扫路。不许随意进入寨神林，更不许在神林中打猎或放牧。每个村寨都会公推一位"咪咕"负责平日的监管，并由他在"昂玛突"节上主持隆重的祭树神仪式。③护林制度不仅确保了梯田稻作有终年不断的水源，也维护了气候稳定性和生物多样性。

　　（3）田庐制度

　　"田中有庐"乃古制。田庐（田寮）是指在稻田中搭建的简易小屋，用于短期临时居住，在山区多见。一是为了看护庄稼。与低平地带不同的是，山林中的稻田不仅要防范鼠雀的为害，而且要对付大型兽类的破坏。《清稗类钞》提到"四川山中多猿……稻熟时，猿多以千计，自山下。"海南"山栏（陆稻）地周围全是森林，禽兽较多，特别是山猪、野牛、猴子、鸟类对山栏破坏极大，稍不留意，一片山栏往往毁于一旦，所以要采取防范措施。首先是日夜看护，为此在山栏地搭一船形小屋，或一座高脚窝棚，由老人居住，日夜看护，直到收割完毕才迁回村内。"④现今的浙江山区还能见到这种安排：建

①　崔海洋. 人与稻田——贵州黎平黄岗侗族传统生计研究[M]. 昆明：云南人民出版社，2009：218-221.

②　史军超. 金谷魂——云南稻作文化之自然崇拜[M]. 昆明：云南美术出版社，2008：31.

③　路人. 水梦山魂——哈尼梯田水资源的保护与管理[M]. 昆明：云南美术出版社，2010：68-74.

④　李露露. 海南黎族的"砍山栏"——古老的火耕方式[J]. 古今农业，1998（1）.

德的吴山村选派了2人在田寮守夜，看护30余位村民的200余亩将熟的稻谷，用鞭炮驱赶来偷食的野猪。[①]一是为了节约时间。在大山深处的贵州黄岗侗寨，家与田的距离遥远，"每家都在自己的田边搭起了窝棚，农忙季节主要劳动力往往得留宿窝棚。寨中仅留下老人和小孩。……这样的窝棚不仅供人住，还配套有畜圈和禾晾，有的家庭还在窝棚中配置了整套的生活用具。有人还在窝棚周边种植果树。一个窝棚俨然就是一个居家的副本。"[②]基于同样的原因，山地稻作常在田头解决午膳，以耐饥且不易馊的糯米制品为主食。田寮不仅仅是一座建筑，背后还牵涉到种种特别的社区或家庭的组织形式。人多地少田离家近的低地稻区没有条件和必要设置田庐，平地偶有建田庐多是为了防盗贼。

（4）礼仪食俗

人类学家和民俗学家认为，在传统仪式中用于供奉的祭品是人神沟通的重要媒介，必须经过严格挑选和特别指定，以保证能发挥娱神的功能。供祭祀的食物必须是供奉对象（神灵或祖先）熟悉和喜爱的。祭祀后分食供品是一种"圣餐"仪式，根据巫术的接触传递原理，古人相信吃下供品将获得供品所具备的优点与力量。再根据过渡仪式原理可知，人们凭靠糯米才能顺利地完成仪式中前后时段的过渡（如过年）和新旧身份的转换（如成年）。东亚和东南亚稻作民族广泛流行在逢年过节（社会礼仪）和婚丧嫁娶（人生礼仪）时享用糯米食品的习俗，值得深入探讨。

以云南元阳瑶族节日为例：盘王节做糯米粑粑和七彩糯米饭祭始祖，元宵节蒸糯米饭祭神和招魂，麻雀节蒸糯米饭或包粽子祭麻雀，端午节煮粽子祭谷娘，目莲节包粽子祭祖先等。壮侗语族诸族的节俗则表现更为明显，可以说无节不吃糯、无糯不成席。许多节日原本就是为祭神而设立，节日又总是和敬祖仪式结合在一起。从中可见到糯米制品与祭祀之间的清晰联系，同时严禁使用粘米拜祭。众多东亚稻作民族都指定糯米制品用于祭祀，形成了一个范围广阔的"糯稻文化圈（区）"（游修龄提出）和"照叶树林文化带"（中尾佐助等人提出）。这类同源文化现象都指向了未分化前的原始山地稻作场景，即先民在山区种植糯稻食用糯米，其后人只有献上祖先熟悉且嗜好的糯米饭才能成功建立起与他们的联通，从而取悦祖先并获得祖先的保佑。

---

① 翁浩浩，等.野猪常趁夜色下山觅食 稻田"守夜神"守夜护庄稼[N].浙江日报，2011-10-1.

② 崔海洋.人与稻田——贵州黎平黄岗侗族传统生计研究[M].昆明：云南人民出版社，2009：125.

初民还在山区种植红米稻，按理说也应献上红米饭，这似乎与今天大多数民族都供奉白米饭的现实不符。其实，壮侗语族诸民族节日中制作的"花米饭"或"五花饭"即是对祖先所食红米、黄米、碧米、紫米和黑米等各色稻米的模仿。粽子之所以要染成黄色或灰色，即使白米粽子也须加上红豆馅或红枣，亦是同样的道理。如果一定要看今天的实例，也可找到不少。云南元阳哈尼族用红米饭作祭品。①贵州水城苗族过新年都必须吃红米。②四川得荣的纳西族过纳西年必用红米煮酒并为之修建储酒棚，过年过节时最爱吃红米做的一种干炸食品——"甲勒"。③远至不丹帕罗盆地稻作区，红米在当地是仪礼食物。④

不单南方的少数民族如此，汉族亦如此。汉族的众多传统节日多留有糯米制品的身影，只是在花色品种上有差异。如：春节吃年糕和八宝饭，元宵节吃汤圆，清明节吃青团（清明饼），端午节吃粽子及艾糕，夏至吃粽子及夏至羹，立秋吃糍粑，重阳节吃花糕（重阳糕），冬至吃冬至团等。目前在南方主要从事低地粘稻种植的汉族为何也在年节食糯？这应能说明低地稻作的本源在山地稻作，即使分道自立了数千年，远祖种糯食糯的有些痕迹还是顽强地存续至今。此外，汉族的节庆食品现与原初意涵完全脱节，从远古的神独享食物经人神共享阶段过渡而演化为今天的人独享。

需要指出的是，早期南方各族的山地稻作在整个生计结构中的地位和功能与今不同。在最早的杂粮混播阶段，与其说是山地稻作不如说是山地农业，稻很可能只是诸多粮作中的一种，有时栽种目的仅是为了得到米酒而非充饥，就像广西龙脊南岭山区的壮族和瑶族那样⑤。可在低地，稻米是绝对主食，酿酒则成了奢侈功用。

（5）女耕男猎制度

众所周知，人类步入农耕之前的性别分工是女性采集男性渔猎。负责采

① 范元昌，何作庆.红河哈尼族文化研究[M].昆明：云南大学出版社，2008：79.
② 坪井洋文，等.彝族的社会和文化[M].《彝族的社会和文化》编译组编译.贵阳：贵州大学出版社，2011：46.
③ 政协四川省甘孜藏族自治州委员会.甘孜州文史资料 第18辑[M].康定：政协甘孜藏族自治州委员会，2000：268.
④ 佐佐木高明.何谓照叶树林文化：发端于东亚森林的文明[M].汪洋，何藏译.贵阳：贵州大学出版社，2017：28.
⑤ 郭立新.天上人间——广西龙胜龙脊壮族文化考察札记[M].南宁：广西人民出版社，2006：16-19.

集的女性更早更多地获得了有驯化价值植物的知识，在农业起源中扮演了最重要的角色。很自然地，原始农业几乎全由女性操持，谷魂也都是妇女形象。早期的小规模山地稻作就主要由女性担当，男性则负责狩猎及开荒。此时的狩猎已和农耕相配合，成为"田猎"，服务于弱小农业的发展。捕猎既能帮补农产数量及营养的不足，还能减少田地周边有害动物的数量，保护收获安全，这一点在南方山区表现得很明显。《说苑·修文》就说："其谓之畋何……去禽兽害稼墙者，故以田言之。"随后，山地稻作向低地发展，需要在开阔的平原盆地修筑水利设施并运用大型农机具，继续留在山区的稻作业也逐步梯田化，稻作最终上升为第一生计。稻作的水利化和梯田化必然呼唤男性的深度参与，以应对大规模和力量型的劳动，南方这才接纳了早已通行于北方旱作地区的"男耕女织"或者说"农夫桑妇"的分工模式。

受低地农耕文化强势推广和宜猎山林锐减的双重影响，今天的南方山区已很难见到"女耕男猎"的分工制度，只可搜寻到其曾经存在过的一些蛛丝马迹。清代《清稗类钞·风俗类》有两则记载：贵州八番苗"妇人直顶作髻，业耕织。男子颇逸。盖八番徙自粤西，犹故俗也。妇免身三日即出耕作，而夫坐蓐抱儿不出户。其获稻，则和稽储之"。又说广东大埔客家人"即以种稻言之，除犁田、插秧必用男子外，凡下种、耘田、施肥、收获等事，多用女子。"居住在糯稻栽培区内的水族"过去，农活由妇女包揽"。[1]至今仍守着"男不插秧"的传统。[2]如今的贵州黄岗侗寨里，女子揽下旱地的全部农活，男子从不插手；除开男性承担的犁田、耙田、修水渠、修田埂等大活，其余稻田农活由男女共担；繁殖和放养鱼苗一直由男性操持。[3]如果从山地农业广见的摘禾刀来看，该工具应该就是一种原为女性专用的工具。直到20世纪中叶，云南金平克木人在收陆稻时要先由女性收，并在妇女吃过三顿后才可以正式开始收获，也才许可男性吃。[4]至今黎族等多个民族依旧由妇女包揽收稻。

女耕男猎传统奠定了特定的两性地位，又塑造出特定的民性。传统山地稻作社会中的妇女地位普遍不低，男子的风格也更为粗犷。后期接受汉化的山地稻作民族的女性地位才开始下降。在西南民族地区，同一地域内山区稻作民

---

① 薛达元. 遗传资源及相关传统知识获取与惠益分享案例研究[M]. 北京：中国环境科学出版社，2014：259.

② 孙运来. 中国民族5[M]. 长春：吉林文史出版社，2014：136.

③ 粟文清. 侗族节日与村落社会秩序建构[M]. 北京：民族出版社，2015：100.

④ 李根蟠，卢勋. 中国南方少数民族原始农业形态[M]. 北京：农业出版社，1987：350.

族的质朴豪放与坝区稻作民族的精致保守常常形成鲜明的对比。

3. 文学与观念

（1）口头文学

山地稻作是远古时代的重要发明，是早期稻作民族的命脉所系，许多关于它的神话传说和民间故事流传至今，相关歌谣、谚语、乐曲也层出不穷。陆稻方面，举黎族之例。除了上文引用的《砍山栏歌》，另有砍山栏（伐木）时唱的"呼嘿调"和赶野兽时喊的"叮咚调"等，[1]叮咚调就是发端于山栏地旁田寮下打击吊杠所响起的叮咚声。

红米稻方面，广西上林瑶族"神农救米"传说：

> "人类赖以生存的粮食，传说是神农王创造的。在从前大旱三年的时候，田地旱裂，树木枯黄，神农王见如此灾情，觉得可怜。不得不想法救济稻田，她只能用乳汁去灌溉。起初流出的是浓白的，就得了白米；后来乳汁流完了，继来以浓血，因此得了红米。所以现在瑶人称红粒的米又叫'酒米'。"[2]

湘西侗族传说：

> "侗族先民一天发现孩子被魔鬼抓走，急忙燃起火把四处寻找。魔鬼怕红色、怕火焰，不久被众人的火把团团围住，丢下孩子仓惶逃进山洞中。人们抱起被丢在洞口的孩子时，发现孩子仍活着，手里抓有一束稻谷，剥开稻谷一看，稻米是红色的。侗民认为，这是飞天红鸟所衔的五彩九穗谷中掉下的红谷子，是护身红谷子，吉祥红谷子，以致魔鬼没敢咬死孩子，保住了孩子性命。从那后，侗家先民将孩子手中的红谷子保存起来年年栽种，并视为小孩的避邪用品代代传承，作为吉祥食品世世珍藏。"[3]

---

[1] 《民族知识手册》编写组. 民族知识手册[M]. 北京：民族出版社，1988：318.

[2] 刘锡诚. 中国新文艺大系·民间文学集1937—1949[M]. 北京：中国文联出版公司，1996：16.

[3] "2012年全国侗族地区经济文化发展研讨会"秘书组. 2012年全国侗族地区经济文化发展研讨论文集1：区域经济发展研究[C]. 2012：335.

糯稻方面，于前述侗族起源歌之外再举两例。在贵州三都水族的传说中，水族的先人拱恒公种的是硕大的糯稻。水族的先人收获这种糯稻时不用镰刀，也不用摘禾刀，而是用斧子才能把糯稻砍下来。[①]贵州荔波布依族神话《皓玉的由来》中的情节是：糯谷原来种在很远很高的龙头山上，吃了它们能医治百病，皓玉这位英雄在战胜了蟒蛇、虎狼之后最终找来了稻种。[②]

一般说来稻种来源神话诸类型中，飞来稻神话盛行于壮侗语族各民族中，这些民族都有非常悠久的水稻栽培史，世居平原、平坝与河谷低地；死体化生型、天女携来型多出现在藏缅语族及苗瑶语族各族群中，他们早年曾在山林游猎或在草坡游牧，最早的种植对象都是旱作杂粮，生活在西南的中高海拔地区。[③]可见，不同的语言文化总是与不同的生态生计紧密相联。

（2）谷魂信仰

山地稻作民族文化的一大标志就是强烈的谷魂信仰，并在此基础上衍生出许多祭仪和禁忌。不是说低地稻作和其他旱作没有祭谷魂，而是说山地族群分外重视，显示其谷魂地位特别高。原因大概是山地乃稻作起源之地，故而也是谷魂崇拜起源之地；或者是山地农业条件简陋生产力低下，不如精细化的低地稻作那么高产和稳产，只能仰赖超自然力谷魂的赐福开恩；还可能是礼失求诸野，边远闭塞的山乡更好地保存了古代的遗俗。

先看糯稻方面。水族[④]和布依族[⑤]都相信糯谷当中所藏的"谷魂"比粘谷多。在布依语中，稻种的"种"与"灵魂"是同一个词，都念作"wan"。[⑥]傣族要用糯米饭祭祀"雅奂毫"（谷魂奶奶）。[⑦]怀着谷灵信仰的稻作民族禁用镰割，认为镰刀较大的锋刃暴露在外会吓跑谷魂，导致稻田下造失收，而小巧的摘禾刀可以包藏在手掌窝里不易被谷魂发觉。[⑧]接着看陆稻。布朗族认为"谷子有了魂才吃不完"，"色傣格洛"就是陆稻鬼（魂），又称"三足石鬼"，专管陆稻收成的好坏。佤族祭谷魂仪式称为"推纳脑"，在6月底拔取

---

① 玄松南. 水族传统文化中的水稻因素[J]. 农业考古，2008（1）.

② 覃亚双. 荔波布依族糯食文化解读[J]. 铜仁学院学报，2017（8）.

③ 李子贤, 胡立耘. 西南少数民族的稻作文化与稻作神话[J]. 楚雄师专学报，2000（1）.

④ 程瑜. 三都水族[M]. 北京：知识产权出版社，2008：139.

⑤ 郭军. 布依族糯食文化刍议[J]. 布依学研究，1997（1）.

⑥ 周国茂. 论布依族稻作文化[J]. 贵州民族研究，1989（3）.

⑦ 郭家骥. 西双版纳傣族的稻作文化研究[M]. 昆明：云南大学出版社，1998：110.

⑧ BRAY F. The Rice Economies: Technology and Development in Asian Societies[M]. Berkeley, CA: University of California Press，1994: 20.

数株陆稻青苗回家供奉。景颇族村寨在收完陆稻并进仓后，要举行"阿曼麻罗罗米"仪式，即叫谷魂。基诺族的陆稻入仓，也要办作"谷萨苦罗苦"的收谷魂仪式，人们背着鸡、银手镯、红线、竹烟盒、金芥花、鸡冠花到地里放下，高声喊叫请谷魂回归粮仓。①黎族收山栏稻之前有开割仪式，"放头"夫妇要沐浴更衣。②台湾地区邹族人称陆稻米为"真正的米"，行拜陆稻之俗。再看色稻。台湾地区鲁凯人为自种黑米陆稻行"黑米祭"。③湖南新晃侗族将本地的侗藏红米奉为"神米"，相信其能辟邪，在巫傩、祭祀等活动中不可或缺。④按黔西苗族的习惯，若遇天灾人祸（如：下冰雹、生病或旱死），须禁食红米。⑤

山地稻作民族常怀万物有灵的观念，同时相信万灵相通，即不同躯壳底下的灵魂是相通的，附在人身上是人魂，附在稻身上就成了稻魂，稻魂会穿梭往来于禾苗、稻谷、田地、禾仓、人体甚至鸡蛋之间。如此一来，祭祀就贯穿了一年四季的每一个生产环节，包括祭天、祭地、祭祖先、祭山、祭树、祭水沟、祭田、祭秧苗、祭禾仓、祭谷神等。哈尼人就说："不祭的神一个也没有了，不祭的日子一日也没有了。"⑥这也是为何黔东南地区被誉为"百节之乡"的缘由，当地每年有300多个民族传统节日，几乎天天有节日祭仪，而其中与糯稻（米）有关的就超200个。⑦

（3）象征符号

以糯稻为例。在西南地区稻作民族的独特文化符号系统中，糯稻是力量的象征、富裕与吉祥的象征、爱情与友情的象征、民族身份的象征。⑧

美国人类学家明茨（Mintz. S. W.）发现"我们吃什么食物在很大程度上

---

① 尹绍亭.远去的山火——人类学视野中的刀耕火种[M].昆明：云南人民出版社，2008：86，98，114，151.

② 李露露.海南黎族的"砍山栏"——古老的火耕方式[J].古今农业，1998（1）.

③ 张崇根.佤族与台湾泰雅族文化比较研究——以猎头、陆稻种植和连名制为例[C]//那金华.中国佤族"司岗里"与传统文化学术研讨会论文集.昆明：云南人民出版社，2009：122-132.

④ 姚茂洪.新晃侗藏红米：世界原始稻作文化的活化石[J].农产品市场，2019（18）.

⑤ 坪井洋文，等.彝族的社会和文化[M].《彝族的社会和文化》编译组编译.贵阳：贵州大学出版社，2011：46.

⑥ 西双版纳傣族自治州民族事务委员会.哈尼族古歌[M].昆明：云南民族出版社，1992：85.

⑦ 雷启义，白宏锋，张文华，等.黔东南原生态民族文化多样性与糯稻遗传多样性资源保护[J].安徽农业科学，2009（27）：76-78.

⑧ 王宇丰.论黔东南侗乡稻作文化遗产的文化结构及其价值功能[J].古今农业，2013（3）.

揭示了我们是什么人""人类的食物偏好位于其自我界定的核心地带"。①千百年来主粮品种与民族文化之间形成了高度对应和密不可分的关系，山地稻早已成为南方世居稻作民族的身份标签和情感依归。传统的侗家人自小吃糯米饭长大，故自称"糯娃"或"糯米人"。侗语称粘稻为"苟嘎"（kgoux gax，qəu4 ka4，意为"客家米""汉家稻"），以示与自己的糯稻"苟更"（kgoux gaeml，意为"侗族的粮""侗家稻"）相区别。②傣族人也认为"吃糯米饭的就是傣族"，③不管有多少谷米，只要糯米不够就说"缺粮"。④部分佤族自称"焦侥"或"布饶"，意为"种陆稻之人"。⑤

三、低地稻作文化的特点

1. 工具与技术

（1）稻种

开阔低地的光温水肥条件均属上乘，适宜种植大面积连片的水稻，能更好地发挥水稻的增产潜力。比较而言，历史上低地稻种有更多的改易。从今天的情形看，低地稻田选栽的品种绝大多数是粘稻、白米稻、白壳稻。之所以选择粘稻，是因为粘稻的单位产量要高过糯稻，籼型粘稻的单产优势就更为明显。有色稻由于与落粒性、低萌发率相伴连锁遗传，在低地的大规模高效生产中逐渐被淘汰，白米稻则成为主流的栽培稻种。"有一点却是明确的，那就是条件比较好的平原水网地区，大都较早开始种植高产优质、米粒白色的水稻'良种'，只有无法种植这些'良种'的地方，才长久种植保留了较多野生稻基因的赤米稻。"⑥低地多见白壳稻，不耐寒。低地既种晚稻也种早稻。20世纪50年代后，抗倒伏和收获指数高的矮秆稻首先在低地得到迅速推广。

① 明茨.吃[M].林为正译.北京：新星出版社，2006：60.
② 潘永荣，龙宇晓.香禾糯品系命名与分类的语言人类学考察[J].原生态民族文化学刊，2013（1）.
③ 胡立耘.试论稻作民族米制品的功能[M]//任兆胜.稻作与祭仪.昆明：云南人民出版社，2003：206.
④ 王文光，姜丹.傣族的饮食文化及其功能[J].民族艺术研究，2006（3）.
⑤ 魏德明.佤族文化史[M].昆明：云南民族出版社，2014：46.
⑥ 俞为洁.赤米考[J].农业考古，2005（1）.

低地与高地之间在品种上是否存在一条不可逾越的鸿沟呢？事实上，交叉共用的情形并不少见。有证据显示，早期的低地稻作中红米稻和糯稻曾占据过相当大的比例。直至今日，低地稻田能同时见到长芒稻、短芒稻和光芒稻，北方平原上也种植着陆稻。然而，不可否认的是，尽管低地稻农的个人选择显示出多样性和偶然性，但确实存在由稻种生长习性规定了的分布范围（日照时数、纬度和海拔高度等方面）限制。值得注意的是，山地特有稻种一般能顺利向低地扩展。例如，陆稻栽种在平地水田中能正常生长，平原地区会备种"乌谷"和"赤籼"以求抗灾保收或作为冬稻；但是反过来却不行，水稻无法在旱地上存活，白米稻在高山稻田里则会冻坏失收。

在滨海滩涂和北方洼地有耐盐碱的咸水稻；在东南亚、南亚的大河三角洲及湖泊水域还有深水稻和浮稻，它们能耐受雨季的洪水浸泡。

（2）工具

秦汉以来携带铁器南迁的汉族大部分就居于南方低地，同一时期南方山区还处于铜石并用状态。坚韧的铁器要比脆质的石器和软质的铜器优越得多，能够深耕南方的田泥，而且有力量兴修水利设施。原始的低地稻作借此向成熟农业转型，放弃了火耕水耨，开始了精耕细作，该过程中，低地稻作的工具与技术受到先进的北方旱作的巨大影响。唐朝中后期是个转折点。标志性事件是北方的直辕重犁在唐代的南方被改进成曲辕轻犁（江东犁），增加了灵活机动性，从而特别适用于土质黏重、田块较小的江南水田。

现时的汉族稻作区农具使用高度统一，很难看出特别之处，然而将之与西南少数民族的稻作工具一对比就能显出差别。例如，与山地糯稻栽培相比，汉族粘稻栽培使用了糯作工具体系中所没有的镰刀、谷桶、谷箩、米缸以及圆扁担等。大型设施方面，低地稻作社区可见碾房和晒场。对于深水稻和浮稻，需要借用船只进行采收和搬运。

（3）技术

春秋战国的太湖地区已出现圩田（围田），即在低地水面筑堤围垦。[①]为解决围田种稻带来的洪涝问题，必须同时开挖塘浦，至吴越国时期横塘纵浦式的水网系统已在江南成形。唐代从江南到云南，稻麦复种一年两熟已成气候；单位面积稻田的劳力投入量显著增加；唐代末年，南方低地稻作体系已经独立

① 游修龄.中国稻作史[M].北京：中国农业出版社，1995：124.

于北方旱作体系和南方山地稻作体系，形成了一个复杂精细的水田生产管理系统。整套体系包含育秧移栽的秧田技术、三犁三耙的整地技术、一年两造的复种技术，还有灌溉、施肥、耘田、烤田等。宋代又是低地稻作发展的关键时期，栽培品种大变，栽培面积大增，水稻成为全国第一大粮食作物。梯田也于南宋首见记载，这些向高处拓展的稻田采用的却多是低地稻作技术。此后，我国的农业技术中心转移至南方低地，南方低地的稻作技术代表着近古时期世界最高的农业技术水平。

低地稻作在收获季节本有几个很直观的特点：田头谷场高大的禾草垛和村头大片的晒谷坪。收割低地粘稻留短茬，禾草在田绑扎堆积成垛，挑谷回家，摊开在晒场，取平面晒干，碾成米贮存。山区的平坝河谷地带早已采纳该方式。

山地农业技术率先实现了对谷物种子的干预，成功地驯化培育出栽培稻。紧接着又实施了对土地的干预，人工开垦出一定规模的畲田及小面积宜耕湿地，开始改变了土质和地貌。但进一步对人类社会自身的强力干预是由低地农业实现的，即把大量人口组织起来兴建各项大型工程，尤其是对大规模粮作至关重要的水利工程，进而在深化对土地干预的同时又开始了对水源水体的干预，大面积田面平整且水位稳定可调的稻田才有了可能。

2. 组织与习俗

略举数例。

（1）农具制度

相比于早期山地稻作所用农具形制小且数量少、往往一器多用、偏女性化、多为个人制作个人使用，低地稻作农具一般形制较大、设计复杂、种类数量繁多、功能特化、更男性化，不乏需要多人共同操作的农具。全套工具体系的制作已超出个人所掌握的资源和能力之外，需要专门的手工业及商业的协助，许多工具出自职业铁匠与木匠之手。另外，由于土地紧张且需要加工的稻谷数量渐多，导致了一些大型公共农用设施的出现，例如公用碾房和晒谷坪。

（2）"双抢"制度

南方绝大多数低地稻区实行一年两造制，早稻与晚稻之间是"双抢"时节，要在夏季不到一个月的时间内完成前造的收割、中间的犁田和后造的插秧。这种情况在秦汉时期的珠江流域已能见到，西晋的长江流域也有"再熟之稻"①的记载。传统山地稻区则见不到热火朝天非常紧凑的"双抢"景象，因为一年只种一季，收割期可长达一个多月。

由此延伸出去，我们还能注意到山地稻作社会的生产生活节奏与低地稻作社会存在显著差异。表现有二：山地社会的岁时节律围绕着单季稻来安排，低地社会则多围绕着双季稻；此外，即使都种一季，山地稻作的整个生产周期也要比低地稻作延后，使得同一个祭仪或节日的举办日期在山上山下常有早晚之别，即便是同一日期也会有隆重程度的差异。无论是双季稻还是稻旱轮作（包括冬种春花），南方低地的一年两造或两造以上令农人终年劳碌，以至于后期江南的稻农成为世界上最精细和最勤劳的农人之一。

（3）鱼塘养鱼制度

在人地关系抵近临界点之前，南方低地水乡无须养鱼就能过上"饭稻羹鱼"的生活，人们在"火耕水耨"从事稻作的同时，可以从周围广布的水体中捕捞到现成而丰富的鱼虾，所谓"不待贾而足"。人工养鱼的动力来自环境改变后的压力。有学者认为，先秦活动于华东沿海的东越大部迁入深山成为"山越"，失去了以往近水捕鱼的便利条件，为延续饭稻羹鱼的生活习惯才设法在稻田中养鱼。②在今天南侗人的认知中，稻田和鱼塘仍是一体的。无论是在山溪还是稻田，只能捕获到个头不大的鱼，这是与低地不同的。随着人口的增多，低地湖泽陆续被改造成人工稻田，天然渔获来源大幅萎缩，稻田自身的复种指数不断提高，水旱轮作和单造作物在田时间缩短都不允许农田长期养鱼，只好专辟鱼塘来养鱼，通过精细养殖获得高产，渔业的商业化程度也较高。所以说，稻田养鱼是山地稻作的又一特色，而稻田与鱼塘分开是低地稻作的惯常做法。

3. 观念意识

略举数例。

（1）崇尚勤俭

高产的低地稻田带来了高密度的人口，密集人口势必造成开发饱和现象，而开发饱和状态对人们的精神心理状态有影响。身处一个没有隙地的环境，周围所见皆被人工改造。完善的水利设施和成熟的稻作技术大致保证了稻

---

① 曾国藩. 经史百家杂钞 上[M]. 乔继堂编. 上海：上海科学技术文献出版社，2020：219.
② 游修龄. 中国稻作史[M]. 北京：中国农业出版社，1995：230.

田出产稳定，人们只要辛勤耕耘就会有收获。所以古人说："水田，制之由人，人力苟修则地利可尽。天时不如地利，地利不如人事。"①另一方面，人口众多导致人均占有资源量较少和生存竞争较烈，也迫使人们必须勤俭，贵物力而贱人力。

低地稻作是可靠性很高的生计，精耕细作能换来高产稳产，人们愈发信赖自己的努力，有利于信仰观念的世俗化。相较而言，被原始自然环境包围的山地民众显得更为渺小，人们更崇尚自然，稻魂的游移不定，或者说山地粗放稻作的不确定性令人们更为信赖超自然的力量。

（2）爱惜耕牛

汉族牛耕自旱作始，来到南方后经过改进又将牛耕广泛应用于水田，江东犁就须用牛拉。这不仅是民间的文化惯性，而且有官方政策的推波助澜。唐代郑遨曾留下"一粒红稻饭，几滴牛颔血"的诗句。低地对稻田精耕细作的要求，加上其他重体力活的承担，令牛成为稻农家庭的得力助手。结果，惜牛的意识渐入人心以至根深蒂固。江西吉泰盆地是历史悠久的稻作区，人们会为耕牛举办"三朝"（为牛犊办）、"出行"（新年第一次出栏）、"牛生日"（农历四月初八办）等仪礼，借以优待；当地还有不少有关耕牛的禁忌，例如不得骑黄牛、小偷偷盗钱物但不偷牛、除非年老病残决不宰杀耕牛等。②江浙地区在"迎春牛"仪式中要向泥塑或纸扎的牛叩拜。对于低地农耕社会，牛是家户殷实的象征，更被视为吃苦耐劳美德和开拓精神的化身。

（3）崇拜白米

南方低地汉族也相信稻米能驱邪消灾，但低地文化已度过糯米祭祀和红米崇拜的阶段，演化至以粘米祭祀的阶段，即使节庆时按照传统要用到糯米，所用也是白糯米。在贵州六盘水，"除苗族在庆祝新年吃红米以外，汉族过新年时绝对不吃红米。"③汉族眼中的红米不仅没有神性，还认为它是很粗糙很劣质的米饭。南方汉族地区常用的辟邪物是白稻米，有时和茶叶或红鸡蛋配伍。与山地少数民族的谷魂崇拜相比较，低地汉族更为世俗化，缺少由专门的宗教头人带领全社区进行的集体性祭礼，仪式的隆重程度和频次也不及。同样

① 王祯. 王祯农书 上[M]. 孙显斌，攸兴超点校. 长沙：湖南科学技术出版社，2014：100.
② 李梦星. 庐陵文化纵横谈[M]. 北京：中国文联出版社，2001：187-188.
③ 坪井洋文，等. 彝族的社会和文化[M].《彝族的社会和文化》编译组编译. 贵阳：贵州大学出版社，2011：46.

从事低地稻作的数个少数民族也存在白米崇拜，例如傣族村寨就选用白色糯米上庙供奉，壮族家庭禁止孩童平时拿白米放在手上玩弄，也禁忌让白米在太阳下曝晒。[①]

表2以黔东南地区为例，系统对比山地糯稻农业和平坝粘稻农业各自代表的两种文化。

表2　两种稻作文化的性质对比

项目	山地糯稻	低地粘稻
使用范围	广（满足生理、心理、社会需要）	窄（满足生理需要）
流通范围	内向（小范围自用）	外向（上交国家、外销市场）
交换性质	祭品、礼品（神圣）	商品（世俗）
传统文化载体	是	否
稻作社会类型	自治型小规模社会（低人口密度）	专制型大规模社会（高人口密度）
农学思想*	因循	念虑
目标原则	风险最小化（追求稳产）	效益最大化（追求高产）
话语地位	边缘	主流

*注：“念虑”“因循”是宋代陈旉的用语，参见《陈旉农书》。

四、两种稻作文化的变迁

凭借现有的材料进行初步概括，南方稻作文化肇始于距今1万年左右，接下来的发展历程可大致分为5个阶段。

（1）约距今1万年至公元4世纪初：单一稻作文化时期，或者说早期山地稻作文化时期。南方各地的稻作技术普遍粗放且高度一致，山地流行火耕旱稻，也有湿地直播，低地欠开发。

（2）公元4世纪初至9世纪：单一稻作文化向两种稻作文化过渡时期。自

---

① 潘春见.稻与家屋——瓯骆与东南亚区域文化研究[M].北京：中国社会科学出版社，2018：381.

晋室南渡或更早的三国争霸（3世纪）始至唐末终，大批北方汉人携先进农耕技术移民南方低地，南北农耕体系开始密集碰撞，虽局部融合但南方稻作总趋势是走向分化，低地逐步开发。

（3）公元9世纪至15世纪初：低地稻作文化形成与发展时期。自唐末始至明代。南方稻作正式一分为二，江东犁发明，占城稻传入，低地充分开发，水田面积扩张。

（4）公元15世纪初至20世纪初：晚期山地稻作文化形成与发展时期，同时又是低地稻作文化高度成熟时期。自明代改土归流始至清末西学东渐终。早期山地体系与低地体系碰撞，前者被后者改造，大批东部汉人移民西南地区，美洲作物传入，低地开发饱和，山地逐步开发，梯田面积扩张。

（5）公元20世纪初至今：传统稻作技术向现代稻作技术过渡时期。现代农学传入，科学育种和推广，南方可耕地均开发饱和。无论哪种稻作文化都建基于传统稻作技术，传统技术没落，其上两种稻作文化的总趋势都是走向式微甚至衰亡。

稻作最先起源于中纬度山地与平地的交界过渡地带，如山麓或山谷。更高纬度往旱作文化或游牧文化方向发展，更低纬度同时期是块根（茎）文化或贝丘文化。在头一阶段存在两种可能：稻作先从山脚向山腰发展，刀耕火种在山腰成型，水源欠缺之处纯陆稻旱作，水源充足之处兼火耕水耨。然后继续向高海拔山区扩张，遇阻后不得不折返山麓地区，尝试低地水田稻作，开始饭稻羹鱼。留在高海拔地区的那部分人群转营狩猎与畜牧，因此有学者指出高原人与平原人分化之前有一个从事锄耕的共同祖先[1]；抑或，从起源地同时朝上下两个方向发展。但距今8 000年以远的考古发现中，多见山地稻作遗址，难觅低地稻作遗址，难度大的低地稻作一开始也许只发生于长江中下游小部分情况特殊的地区，也许是因为低地稻作遗址难以留存和发现[2]。第一阶段末期，与中原交流密切的地区已开始重视对低地的开发。第二、第三阶段，山地与低地基本上是两个平行的体系，两者的接触与交流并不多。到第四阶段，低地技术冲出低地影响山区，山地稻作文化迅速变迁，南方各地的稻作技术格局复杂化。南方低地稻作技术很好地顺应了人口增长对高产农业的需求，获得了向山区强势散播的动力。有意思的是，西南山区在不断引进东部低地的技术，少数

---

① 王小盾. 高原人和平原人的共同祖先[J]. 寻根，1995（4）.

② 裴安平，熊建华. 长江流域的稻作文化[M]. 武汉：湖北教育出版社，2004：50.

民族水田耕作中牛拉犁逐渐代替人力踏犁的同时，汉族地区日渐密集的人口和日渐减少的人均耕地面积令许多稻农放弃了牛耕，又拾回了人力耕耘，这是一种所谓"农业内卷化"的表现。

五、结　语

有日本学者曾提出历史上江南先后出现过两个稻作文化："原江南非汉族稻作文化"和"江南汉族稻作文化"。[1]能同时注意到稻作文化的历时变迁和族际差异很有意义，但这对文化间是否存在清晰的界限仍存在争议。更熟悉中国稻作的国内专家就指出"今天中国西南地区的稻作文化，可能正是昨天的江南汉族稻作文化，而非前天的原江南非汉族稻作文化。"[2]的确，今天南方稻作的复杂样态令任何作出截然类型划分的努力都充满了风险。同时，农史界注意到江南稻作还有一个从浙西山地、宁镇丘陵向环太湖平原及宁绍平原转移的过程。若欲逼近南方实况，则有必要在上述分类架构上继续增加重要的分类维度，就如本文，将稻作文化区分为山地文化和低地文化。不过，笔者无意将两者对立起来，又进一步将山地文化分解出未分化前的早期阶段和分化后的晚期阶段，认为低地稻作文化和晚期山地稻作文化皆源自早期山地稻作文化。如此一来，今天在西南民族地区山区见到的就是晚期山地文化，早已吸收掺杂了许多汉族低地文化的元素。但早期山地文化与低地文化之间却具可比性，还可再概括提炼成一对有一定学术价值的"理想类型"。

总的来说，山地稻作高度地适应了人地关系宽松、环境异质性高的山地特点，是一种耕猎结合、剩余财富较少、单产较低但综合产出可观的粗放型经济，造就了一种追求稳产、崇拜自然、男女并重、张弛有度、嗜食糯米饭或红米饭的农耕文化；低地稻作则很好地适应了人口密集、环境均一的低地特点，是一种农桑为主渔牧为辅、积累财富较多、单产很高，但人力投入巨大的劳动密集型经济，造就了一种追求高产、服从集权、男尊女卑、终年劳碌、主食白米饭的农耕文化。

---

① 河野通明. 江南稻作文化与日本——稻的收获、干燥、保存形态的变化及背景[J]. 王汝澜译. 农业考古，1998（1）.

② 曾雄生. 江南稻作文化中的若干问题略论——评河野通明《江南稻作文化与日本》[J]. 农业考古，1998（3）.

在苗与草之间——稗子的故事

曾雄生

一、引　言

人类食物的种类有不断减少的趋势。减少的原因很多，有的是因为物种灭绝，有的则是退出了食物的行列。稗就是一个已经退出或正在退出食物种类的植物。

> 稗，别名：稗子、稗草，学名*Echinochloa crusgalli*，为禾本科、稗属一年生草本植物。植株高50～150厘米；须根庞大；茎丛生，光滑无毛；叶片主脉明显，叶鞘光滑柔软，无叶舌及叶耳；圆锥花序；小穗密集于穗轴一侧；颖果椭圆形、骨质、有光泽。适应性强。喜温暖湿润环境，既能生长在浅水中而又较耐旱，并耐酸碱。繁殖力强，一株结子可达1万粒。由于根系庞大，吸收肥水能力强，为稻田的有害杂草。

上述引文是现代人对于稗子的定义。从自然和社会的历史来看，稻子和稗子原本是自然界中的两种生境相同，长相酷似的植物。只是因为有人类的介入，这两种植物的命运才发生了根本性的改变。一个上升为"苗"，一个沉沦为"草"。而稗子自身也经历过了从谷物到杂草的挣扎，徘徊在苗与草之间。

作者简介：曾雄生（1962—），江西新干人，中国科学院自然科学史研究所研究员，博士生导师，中国农业历史学会副理事长，研究方向为农学史。

从古人对稗所下定义便可看出稗的地位。或谓稗为"禾之卑贱者"[①]，或谓稗为"草之似谷者"[②]，也有说"稗似草，有粒可食"[③]或"稗，苗似谷，其实可食。"[④]在所考察的2 185种地方志有关物产的记载中，有的列为谷属，有的列为草属。列为谷属的有155种，列为草属的有70种。其中天津、北京、黑龙江、吉林、辽宁、江苏、四川、广西、贵州、云南等地的方志中视稗为禾。山西、河南、浙江、安徽等地方志中草禾互见，但视为草的情况明显多于为禾。另外，台湾、江西有1种视稗为禾，甘肃、宁夏有3种视稗为草，不具代表性（附表1）。地位不同，稗在历史上不同的时期和不同的地区所得到的待遇也大不相同。

二、"禾之卑贱者"

在历史的早期，在人类最初和它们打交道的时候，稗和稻及其他禾谷类野生植物一样成为人们采食、驯化和栽培的对象。稗子也曾是一种重要的人类食物。在日本由稗草驯化而来的紫穗稗以及由印度的光头稗驯化而成的湖南稗至今仍有栽培并作为食物资源食用[⑤]。由于稗草结实率很高，部分地区会将野生稗草作为野生食物资源和饥荒食物[⑥]。浙江上山的新石器时代遗址中有距今9 000—11 000年人类食用大米的痕迹，除此之外，还发现了大量的稗草，当时野生的稗，作为主食之一，和水稻被一起收集起来并且在磨制石器上进行加工，同时还有少量的橡子和菱角。[⑦]揭示先民加工并利用稗草类野生食物资

① 李时珍.本草纲目[M].北京：人民卫生出版社，1975：1485.
② 《左传·定公十年》："享而既具，是弃礼也；若其不具，用秕稗也"。杜预注："稗，草之似谷者。"
③ （康熙）宛平县志 卷3 食货[M].宛平：13a.
④ （嘉靖）藁城县志 卷2 财赋志[M].藁城：1b.
⑤ CRAWFORD G W. Advances in Understanding Early Agriculture in Japan[J]. Current Anthropology，2011，52（S4）：S331-S345；De WET J M J，RAO K E P，MENGESHA M H，et al. Domestication of Sawa Millet（*Echinochloa colona*）[J]. Economic Botany，1983，37（3）：283-291.
⑥ HARLAN J R. Wild-grass Seed Harvesting in the Sahara and Sub-Sahara of Africa[M]. Harris D R，Hillman G C，eds. Foraging and Farming the Evolution of Plant Exploitation，London：Unwin Hyman，1989：79-98.
⑦ YANG X Y，FULLER D Q，HUAN X J，et al. Barnyard Grasses were Processed with Rice around 10000 Years Ago[J/OL]. Scientific Reports，2015-11-06，DOI：10.1038/srep16251.

源，为进一步探索早期农业发展提供线索①。河南舞阳贾湖遗址在发现有稻谷遗存的同时，还发现有数量惊人的马唐属和稗属植物种子，据此考古学家推测这些种子应该与当时的农耕生产活动有关，很可能属于田间杂草，是伴随着农作物如稻谷的收获被带入并埋藏在贾湖遗址中的。②但我们也不能排除这些稗属植物种子是和稻子一同被贾湖先民收获的粮食。汉代《氾胜之书》说："稗中有米，熟时捣取米炊食之。不减粱米；又可酿作酒。"③但随着农业的发展，稗最先从北方的粮食作物中退却，而在南方仍然保留。北魏时，中原士族的代表元慎就以"菰稗为饭，茗饮作浆"④对住居建康的吴人加以羞辱和讥讽。然而，宋人李纲（1083—1140）提到："夫建康水乡，其土卑湿……不产粟麦稗草，土气多热，非西北之马所便。"⑤显示南宋初年，稗草仍然被看作是旱粮作物或饲料作物。

人们食用稗子的历史由来已久。我国南方少数民族独龙族老人说他们最早种植的作物除芋外，还有稗子和鸡脚稗，这是一些耐旱耐瘠适于在火山地上粗放耕作的作物，它们与杂草竞争能力很强，种下去不需要什么管理措施，在极其恶劣的条件下都有所收成，收获后的籽粒又不怕虫蛀，还易于储藏。鸡脚稗即鸡爪粟（Ragior finger millet），是我国南方原始农业民族中广泛种植的一种作物。西盟佤族最早种植作物之一的"小红米"，也就是这种作物。它们和旱稻混播在一起，很容易被人误认为一种杂草。在西藏东南部的门巴族、珞巴族和僜人中，则称之为鸡爪谷，是这些民族的主要粮食作物之一，而且是一种旱地高产作物，不过人们已经往往把它种在经过翻土的锄耕地上，有些地方甚至采取了移栽的措施，但另一些地区仍保存了与旱稻或玉米混播在一起粗放管理的原始特点。⑥

野生稗落粒性很强，因此采食的方法比较特别。清代天津宁河县（今宁河区），"稗，即稊稗也。俗名家稗。六月种，八月熟。多种下湿地，其茎叶

① YANG X Y，FULLER D Q，HUAN X J，et al. Barnyard Grasses were Processed with Rice around 10000 Years Ago[J/OL]. Scientific Reports，2015-11-06，DOI：10. 1038/srep16251.

② 河南省文物考古研究院，中国科学技术大学科技史与科技考古系. 舞阳贾湖 2[M]. 北京：科学出版社，2015：401.

③ 氾胜之. 氾胜之书辑释[M]. 万国鼎辑释. 北京：农业出版社，1980：126.

④ 杨衒之. 洛阳伽蓝记校释[M]. 周祖谟校. 北京：中华书局，2010：92-93.

⑤ 李纲. 梁溪集[M]//景印文渊阁四库全书 第1125册. 影印本. 台北：台湾商务印书馆，2008：1001a.

⑥ 李根蟠，卢勋. 中国南方少数民族原始农业形态[M]. 北京：农业出版社，1987：139.

穗并如粟。野稗，邑东南地瘠，遍地俱生。暮秋落地，田家扫土筛簸出粒，作粥味香，人多赖之。"①河北廊坊永清"四乡贫无艺业者，春取榆荚柳芽，夏掘苦菜，秋冬捋取稗实草子，用以给食。"②西汉桓宽所著《盐铁论》载："古者燔黍食稗，而燀豚以相飨。"③也见稗子食用由来已久。古代农学经典北魏贾思勰的《齐民要术》将稗附出于"种谷第三"，并明确指出，"稗为粟类故"④，认为稗是属于粟一样的粮食作物。宋人洪迈《容斋三笔》载："自靖康之后，陷于金虏者，帝子王孙，宦门仕族之家，尽没为奴婢，使供作务。每人一月支稗子五斗，令自舂为米，得一斗八升，用为糇粮。"⑤元初官修农书《农桑辑要》仍将稗列为"九谷"之一，与黍、稷、稻、麻、大麦、小麦、大豆、小豆同列，位在黍、稷之后，而居稻之前。《金瓶梅》第一百回中写道工地上的"挑河夫子"吃的是不中食的"稗稻插豆子干饭"和"撮上一包盐"的"两大盘生菜"，四散而吃。"稗稻插豆子干饭"，应该就是由稗子、稻子和豆子三者掺和在一起煮成的干饭。清代供给永陵工匠的口粮中仍有一定数量的稗子。⑥稗子"又可酿作酒"。稗酒"酒势美酽，尤逾黍秋"。⑦清时，云南"止许用秕稗苦荞等"⑧酿酒。此外，稗子除"主治作饭食，益气宜脾"⑨之外，对于治疗某些疾病有特殊疗效。唐代药王孙思邈有"脾病宜食稗米"的说法。⑩作为食物，稗子还出现在祭品的行列。

稗在中国东北地区的农业史上曾经具有举足轻重的地位。考古学家在黑龙江省凤林古城魏晋时期遗址中浮选出稗草种子。他们推测，这里的稗草种子很有可能与同出的炭化大豆遗存有关，为大豆田中危害最严重的杂草品种之一。⑪不过，从历史来看，东北地区出土的稗子可能并不是杂草，而是粮食作物。满清入关前，稗子是满人稻米之外重要的粮食作物。崇德元年（1636）

① （光绪）宁河县志 卷15 风物志[M]. 宁河：23a、b.
② （乾隆）永清县志 卷10 户书第二[M]. 永清：76a.
③ 桓宽. 盐铁论[M]. 北京：中华书局，1984：229.
④ 贾思勰. 齐民要术校释[M]. 缪启愉校释. 北京：农业出版社，1982：42.
⑤ 洪迈. 容斋随笔[M]. 北京：中华书局，2005：452-453.
⑥ 大清会典则例（乾隆朝）卷139[M]. 乾隆二十九年（1764）刊本：63.
⑦ 贾思勰. 齐民要术校释[M]. 缪启愉校释. 北京：农业出版社，1982：42.
⑧ 《高宗纯皇帝实录》卷317，乾隆十三年（1748）六月云南巡抚图尔炳阿覆奏.
⑨ 吴其濬. 植物名实图考长编[M]. 北京：商务印书馆，1959：172.
⑩ 孙思邈. 备急千金要方[M]//中华医书集成 第8册. 北京：中医古籍出版社，1999：508.
⑪ 赵志军. 汉魏时期三江平原农业生产的考古证据——黑龙江友谊凤林古城遗址出土植物遗存及分析[J]. 北方文物，2021（1）：73.

十月庚子的圣谕中提到"卑湿者可种稗稻高粱，高阜者可种杂粮"①崇德二年（1637）二月癸巳的圣谕中再次提到："凡播谷必相其土宜，土燥则种黍谷，土湿则种秋稗。"②皇太极反复强调田地耕种作物需要实施肥料，同时要求湿地应该种植稗子和高粱③，而干旱地带则种植小米和小黄米。清代祭祀昭陵的四大祭中，每祭都会用到玉堂米、糯米、黄米、小米、稗米、白盐、黑盐、蕨菜、木耳、蘑菇、鸡卵、鹅卵、鸭卵。每种祭品都有一定的数量。祭祀永陵时倍之。④直到近代，稗子在一些地方的粮食供应中还占有一席之地。如，1909年吉林怀德（今公主岭市）产高粱36.48万石，粟21.42万石，小豆33万石，包米（即玉米）6.72万石，大麦2.4万石，小麦3.03万石，黄豆17.85万石，粳子（即陆稻）5.2万石，绿豆7 840石，糜子3.6万石，荞麦2.4万石，稗7 200石，麻子7 200石。⑤距离东北相对较近的河北昌黎，民国时期，"寻常食品以高粱、小米为大宗，玉黍蜀次之，黍稷稗米又次之。"⑥

稗子还是重要的家禽家畜饲料。在饥荒的年岁，稗子是人们不可多得的粮食，"若值丰年，可以饭牛、马、猪、羊"⑦。它可以长年为动物提供青饲料；制成干饲料则可以保持长时间供应。《齐民要术》中记载，平日里养鸡"常多收秕、稗、胡豆之类以养之。"⑧"鹅唯食五谷、稗子及草、菜，不食生虫。鸭，靡不食矣。水稗实成时，尤是所便，啖此足得肥充。"⑨但古人也发现，"食稗马蹄羸"⑩，显示作为养马饲料来说，长期喂用对马的奔走不利。清代文献中，有官庄交纳稗子用以饲牧群马匹，后改征黑豆的记载。⑪民国时河北《昌黎县志》也有这样的记载：稗"实小似黍，可碾米磨面。梗似谷，可饲骡马之用。"⑫

在一些不适合种植粮食作物的地方，种稗作为饲料，成为北方充分利用

① 郑毅. 东北农业经济史料集成（一）[M]. 长春：吉林文史出版社，2005：22.
② 郑毅. 东北农业经济史料集成（一）[M]. 长春：吉林文史出版社，2005：22.
③ 清太宗实录（顺治初纂）满文卷13（汉文卷11）[M]. 顺治九年初纂本.
④ 大清会典则例（乾隆朝）卷139[M]. 乾隆二十九年刊本：26.
⑤ 《南满洲经济调查资料》第5集：第32页，引自：衣保中. 东北农业近代化研究[M]. 长春：吉林文史出版社，1990：31.
⑥ （民国）昌黎县志 卷5 风土志[M]. 昌黎：29a.
⑦ 贾思勰. 齐民要术校释[M]. 缪启愉校释. 北京：农业出版社，1982：51.
⑧ 贾思勰. 齐民要术校释[M]. 缪启愉校释. 北京：农业出版社，1982：333.
⑨ 贾思勰. 齐民要术校释[M]. 缪启愉校释. 北京：农业出版社，1982：338.
⑩ 周振甫. 全唐诗 第8册[M]. 合肥：黄山书社，1999：2954.
⑪ 大清会典则例（乾隆朝）卷139[M]. 乾隆二十九年刊本：5.
⑫ （民国）昌黎县志 卷5 风土志[M]. 昌黎：29a.

土地资源的一项措施。"稗艺于泽隰，米滑不适食品。……乡农种之多供饲刍，是旷地副产也。"①尽管作为粮食作物，稗的产量低，品质较次，"农民不喜种植，然在瘠地湿地，或他作物不能收获时，亦颇种之。因其生长易，且粒实储藏耐久不腐，当为良好备荒农产。"②

稗子最引人注意的还是它的抗逆性强，产量的稳定性，而这点是黍稷麦稻麻等五谷所无法比拟的。《氾胜之书》说："稗既堪水旱，种无不熟之时，又特滋茂盛，易生芜秽。良田亩得二三十斛。宜种之备凶年"。③《齐民要术》提到，"魏武使典农种之，顷收二千斛，斛得米三四斗"。④战国时代即有"种谷必杂五种，以备灾害"⑤的传统，种植稗子成为应对水旱灾害之必须。《尔雅翼》记载："稗有二种，一黄白，一紫黑。紫黑者，似芭有毛，北人呼为乌禾。今人不甚珍此，惟祠事用之。农家种之以备它谷不熟为粮耳。"

稗子不仅在饥荒的年岁充当救命口粮，在青黄不接的季节也是重要的补给。稗子的籽粒产量很低，但生物产量高于水稻。徐光启说："稗多收，能水旱，可救俭……稗秆一亩，可当稻秆二亩，其价亦当米一石。""宜择嘉种，于下田艺之，岁岁无绝。倘遇灾年，便得广植，胜于流移捃拾，不其远矣。"他提出春麦和旱稗混播轮作的主张，"凡春麦皆宜杂旱稗耩之，刈麦后，长稗，即岁再熟矣。稗既能水旱，又下地不遇异常客水，必收。亦十岁可致七八稔也。"又说："下田种稗，遇水涝，不灭顶不坏；灭顶不逾时不坏。春种者先秋而熟，可不及于涝。或夏涝及秋而水退，或夏旱秋初得雨速种之。秋末亦收。故宜岁岁留种待焉。""荒俭之岁，于春夏月，人多采掇木萌草叶，聊足充饥。独三冬、春首，最为穷苦，所恃木皮、草根实耳。"在他推荐的可作为救荒的植物中，野稗便是其中之一。"凡此诸物，并《救荒本草》所载，择其胜者，于荒山、大泽、旷野皆宜预种之，以备饥年。"⑥"稗自谷属，十得五米。下田种之甚有益。野生者可捃拾积贮，用备饥窭。"⑦清人吴其濬对徐光启的主张大为赞赏，认为"《农政全书》谆谆以种稗为劝，备豫不虞，仁人之

① （民国）兴京县志 卷13 物产[M]. 兴京：9b.
② （民国）南皮县志 卷3 风土志上[M]. 南皮：31a.
③ 氾胜之. 氾胜之书辑释[M]. 万国鼎辑释. 北京：农业出版社，1980：126.
④ 贾思勰. 齐民要术校释[M]. 缪启愉校释. 北京：农业出版社，1982：51.
⑤ 班固. 汉书 卷二十四 食货志第四上[M]. 标点本. 北京：中华书局，1962：1120.
⑥ 徐光启. 农政全书校注 卷二十五 树艺[M]. 石声汉校注. 上海：上海古籍出版社，1979：630-632.
⑦ 徐光启. 农政全书校注 卷五十二 荒政[M]. 石声汉校注. 上海：上海古籍出版社，1979：1533.

用心哉。"①实际上，明代的农业实践中早已将穄稗当作是重要的粮食作物之一。永乐二年（1404）正月己未，户部尚书郁新奏："湖广诸卫上去年屯田所入租数，例当考较。然所收物不一；今宜以米为度准之。每粟、谷、穈、黍、大麦、荞、稷各二石；稻谷、蜀秫各二石五斗，穄稗三石，并各准米一石；小麦、芝麻、豆并与米等。"从之。命著为令。②显而易见的是，穄稗是湖广诸卫屯田所种粮食作物之一。

清蒲松龄《农桑经》"二月"有"种稗"一条，盛赞稗作的好处。其曰："稗堪水旱，种无不熟。最易生，收最广。炊食亦不恶，又酿酒甚美。稗，非穄，稊乃穄。稗音败，草似稻而实细。"③作为粮食作物种植的稗，又称为家稗。清代天津宁河县稗有家稗、野稗之分，其"稗，即稊稗也。俗名家稗。六月种，八月熟。多种下湿地，其茎叶穗并如粟。"④有些方志将其列为谷类，很大程度上是因为看重其救荒的作用。福建《光泽县志》载："稗，此虽谷属，而实害谷，亦录之者，昔魏武使典农种稗而获其利，以稗不忧水旱，有种必熟也。光泽之田，因水旱不耕者多矣，移而种稗，尚可得食，亦备荒一策也。"⑤

稗还有一个很好的特性，即可以在盐碱地上种植，因此，"初开荒地宜植之"⑥。古人主要是通过种植水稗等耐盐植物来开发涂田。王祯提到涂田的开发方法："初种水稗，斥卤既尽，可为稼田……。"⑦一直以来，在擅长旱地作物种植的北方，人们就把种植稗子当作开发北方水田的重要选项和先锋作物。明代袁黄提出其辖下的宝坻县"低乡宜蜀、宜粳、宜稗者，亦且随意植之。……卤气既尽，即当种谷矣。"⑧

与粟、稻种植较为明显的地域性不同，稗子在中国南北各地均有种植。中国东北地区一直就是稗子的重要产地。东北黑龙江、吉林、辽宁有36种方志将稗列为谷类，只光绪《奉化县志》卷之十一将之归为草类，但同时又注明，

(vertical text, left margin)
播厥百谷
Sowing Grains: Study on History of Crops in China
中国作物史研究

---

① 吴其濬. 植物名实图考 卷二 谷类·稗子[M]//续修四库全书 第1117册. 上海：上海古籍出版社，2002：520.
② 明实录太宗实录 卷27 永乐二年春正月己未[M]. 宣德五年（1430）五月.
③ 蒲松龄. 农桑经校注[M]. 李长年校注. 北京：农业出版社，1982：9.
④ （光绪）宁河县志 卷15 风物志[M]. 宁河：23a.
⑤ （光绪）光泽县志 卷5 舆地略[M]. 光泽：18a、b.
⑥ 袁黄. 宝坻劝农书[M]. 北京：中国农业出版社，2000：5.
⑦ 王祯. 王祯农书[M]. 王毓瑚校. 北京：农业出版社，1981：192.
⑧ 袁黄. 宝坻劝农书[M]. 北京：中国农业出版社，2000：5.

"子可充食"。辽代（916—1125），稗既充口粮，也当饲料。伴宋副使刑祐言："东北百余里有鸭池，鹜之所聚也，虏舂种稗以饲鹜，肥则往捕之。"[1]民国初年在懿州白城址东南43千米白城子辽代城址（今阜新蒙古族自治县泡子镇白城子村东白城子屯）发现了稗子粒。[2]从前引宋洪迈《容斋三笔·北狄俘虏之苦》有关金人供给宋朝俘虏的粮食种类来看，稗也是当时金人，即后来满族等东北民族的主要粮食。只不过这一举动遭到了不同的解读。因为在汉族人看来，稗子是一种不受欢迎的主食，且数量不足，因而被当作"北狄俘虏之苦"而记录下来。[3]但在女真族和后来的满族等东北民族看来，供给稗子可能还是一种优待。"东省稗子，土名稗子，较高粱更耐水潦。"[4]在水稻尚未大规模进入东北以前，东北的下湿之地多种稗，其中又以吉林和黑龙江所产最佳。清高士奇《扈从东巡日录》附录有云："希福百勒，稗子米也。塞田碛瘠，粳稻不生，故种黄稗，亦自芃芃可爱，需火焙而始舂，脱粟成米，圆白如珠。"宁古塔所产"谷凡十种，……而以稗子为最，非富贵家不可得"。[5]奉天地区亦产稗，盛京户部官庄中大粮庄以稗为庄租本色，年征12 360余石。[6]

满人的粮食作物中稗的地位更高出于稻、粟、大麦、小麦之上。"开辟来，不见稻米一颗。有粟，有稗子，有铃铛麦，有大麦。稗则贵者食之，贱则粟耳。"[7]"稗子贵人食也，下此皆食粟。"[8]东北地区流传着这样的种稗农谚，如："干也长，湿也长，不干不湿正好长。""庄稼汉种稗，十年九不赖。""十石稗子九石糠，碓捣磨碾磨衣裳。"[9]应该是长期种植经验累积的结果。

稗子随着女真人由东北进入华北，而使原本就有稗子种植的华北再度呈现复兴之势。北京大兴辽金墓葬祭祀遗址中就出土了食用的稗。[10]满清入关前，皇太极就曾指示："凡播谷必相其土宜，土燥则种黍、谷，土湿则种秫、

---

① 江少虞.宋朝事实类苑[M].上海：上海古籍出版社：1015.
② 政协阜新市委员会文史资料委员会.阜新文史资料 第8辑[M].阜新：政协阜新市委员会文史资料委员会，1993：154.
③ 洪迈.容斋随笔[M].北京：中国世界语出版社，1995：290.
④ 《高宗纯皇帝实录》卷285，乾隆十二年（1747）二月安徽巡抚潘思榘奏。
⑤ 杨宾.柳边纪略 卷3[M].光绪鹤斋丛书本：18.
⑥ 大清会典事例（嘉庆朝）卷144[M].光绪二十五年（1899）重修本：14.
⑦ 方拱乾.何陋居集·苏庵集[M].哈尔滨：黑龙江大学出版社，2010：502.
⑧ 方拱乾.何陋居集·苏庵集[M].哈尔滨：黑龙江大学出版社，2010：504.
⑨ 林仲凡.东北农谚汇释[M].长春：吉林文史出版社，1992：155-156.
⑩ 2015年7月15日，中国科学院大学张明悟先生邮件告知。

稗。"①明清时期，华北也是种植稗子较为集中的地区。河北、北京、天津、山东、山西有56种方志列稗为谷类，而列为草类的只有27种。其中河北列为谷类的24种，列为草类的有15种。山东列为谷类的16种，列为草类的有3种。显然在华北，人们更多的是把稗视同为谷。即便定义为草，也强调该种植物的粮用价值。清乾隆《宝坻县志》说："稗，似苗之草也，亦树之，其子收可佐粥，草则刈以苫盖。"②虽然说稗是草，但"亦树之"，则表明此"草"非自然野生，而是人工种植，而其功用为"佐粥""苫盖"则与一般粮食作物籽粒和秸秆的功用并无二致。

在华北，稗多种植在一些地洼的地方，以提高土地利用率。吴邦庆在《泽农要录》将蔄秋、稗等列为与稻一样的"泽农"对象，指出"北地多种之于塍，非稂莠比也。"③"稗，洼下种之。潦可备荒"。④"稗有二种，宜下地，人不甚珍。农家种之以备饥年。"⑤华北地区选择种稗，很大程度上是因为稗具有良好的耐水性。山东济南，"濒大小清河，卑湿有穄子有稗，谷之最下品也，然其苗能湿，不惧水潦，其米为饭亦别有风味，农家有下地者，不可不备也。"⑥河北"霸州、雄县各村，洼地秋麦有被淹者，若清明前水退，尚可补种春麦。洼下地亩可种高粱、稗子。但恐一时难涸过期，不耕有应免钱。"⑦河北宁河县，稗"多种下湿地，其茎叶穗并如粟"。⑧

稗在低地的种植，很大程度上阻碍了水稻向北方的扩张。⑨清初就曾下令洼下地种稻、高粱、稗子、粲麻，高阜种粟谷。⑩康熙三十九年（1700）七月二十七日，李光地提出了开河间府水田的建议，要求静海、青县上下一带水居之民，"其可兴水田者，教之栽秧插稻之法。其难以成田者，则广其蒲、稗、菱、藕之利。使民资水以为利，则不患水之为害矣。"在推广者的心中，稻和稗原本没有厚此薄彼的想法，但由于稗种植简单，加工使用的方法也与北方常

① 太宗文皇帝实录 卷34 崇德二年二月二十三日[M]. 清内府钞本: 1012.
② （乾隆）宝坻县志 卷7 风物[M]. 宝坻: 6b.
③ 吴其濬. 植物名实图考 卷二 谷类·稗子[M]//续修四库全书 第1117册. 上海: 上海古籍出版社, 2002: 520.
④ （万历）顺天府志 卷3 食货志[M]. 顺天: 96b.
⑤ （隆庆）丰润县志 卷6 食货[M]. 丰润: 17a.
⑥ （道光）济南府志 卷13 物产[M]. 济南: 8b-9a.
⑦ 《高宗纯皇帝实录》卷135, 乾隆六年（1741）辛酉正月壬午。
⑧ （光绪）宁河县志 卷15 风物[M]. 宁河: 23a.
⑨ 曾雄生. 水稻在北方[M]. 广州: 广东人民出版社, 2018: 399-400.
⑩ 大清会典（康熙朝）卷20[M]. 清康熙二十九年（1690）内府刻本: 36.

播厥百谷：中国作物史研究 Sowing Grains: Study on History of Crops in China

见的粟、黍相似，而水稻则不同，虽然产量较高，但对种植技术要求高，北方人对稻米的食用也不太习惯。这种情况下，原本适合种植水稻的地方，选择了适应性更强的稗。这也正好应验了孟子所说的"五谷者，种之美者也；苟为不熟，不如荑稗"（《孟子·告子上》）的说法。

在中国的水稻主产区南方，稗一直作为一种救荒作物而存在。明吴廷翰有《食稗》诗，提到"民间多采此以代谷食。予妻以为饼，每一餐焉，感而作此"：

> 不耐田田荑稗满，那知粒粒尽充肠。饥年辛苦人争采，我腹空虚日一尝。但得饔飧同父子，何须滋味到膏粱。颇闻穷饿犹难致，对此盈盘独感伤。①

清嘉庆丙寅（1806）六月，扬州城北的北湖地区发生水灾，经全力抢救，车水排涝，被淹稻苗又重新长了出来。而地势低下的地方只能种晚稻。结果发现晚稻"多变为稗"，当年的收获中稻米、稗米相半，"晚稻石得米三斗，稗亦然"。灾民"以稗米作粥"，度过寒冬。②

南方人所食之稗子，以自然采集为主，但有些地方也把它当粮食来种植。宋元时期，在稻作较为发达的浙西地区，稗多是以杂草的面目出现在稻田中，而在浙东地区的稗子则是作物来加以利用的，种植比较可观。元方回有《种稗叹》诗曰：

> 农田插秧秧绿时，稻中有稗农未知。稻苗欲秀稗先出，拔稗饲牛唯恐迟。今年浙西田没水，却向浙东籴稗子。一斗稗子价几何，已直去年三斗米。天灾使然赝胜真，焉得世间无稗人。③

浙东的会稽乡民一直把稗当作是一种救荒作物进行种植，称为之"乌禾"。"乌禾似稗（见《本草》），会稽乡民直谓之稗子，岁不熟则民艺之，

① 吴廷翰.吴廷翰集[M].北京：中华书局，1984：428.
② 焦循.北湖小志 卷五 书物异第三[M]//丛书集成三编 第79册，台北：新文丰出版公司，1997：296.
③ 方回.桐江续集 卷13 种稗叹[M]//景印文渊阁四库全书1193册.影印本.台北：台湾商务印书馆，2008：371c.

以代粮，与黄穄同时，其收倍而多熟。"①

在2 000余种方志中，清至民国有10余种浙江方志将稗列为谷类，这在南方是比较突出的。此外，在江苏、台湾、江西、广西、四川、云南、贵州也有稗属谷类的记载，湖南的5种方志有4将其归为谷类，只有1种归为草类。上海和福建各半。

南方地区另外两个种稗较为突出的地方是云南和贵州。云南有10种方志将稗列为谷类，而贵州则有14种。在云南，"滇省跬步皆山，平原稀少，鲜陂池塘堰之利，稻谷外多艺杂粮，春间之豆麦，夏秋之荞稗，广种博收，实夷民饔飧所赖，年来收成甚丰"。②在贵州，人们对于稗的重视程度要高于稻。如，"黔方贵糁面贱稻，为稻之获有丰歉，苗招虫蠹也。"③而稗子可以稳产而保收，特别是一些土地瘠薄的山坡地，种稗更是最佳选择。在黔南，"大约上田宜晚稻，中田宜早稻，下田宜早粘，山坡硗确之地，宜包谷、燕麦、黄豆，而红稗、水稗、春荞、秋荞皆次之，亦有种小米、红麦、绿豆、芝麻者。"④贵州的思州府，稗有红、绿二种，鸡爪、鹅掌等名，亦曰糁子。米实红，居人团饼以食，或研面和饭。思属下五里等地，多种之。⑤贵州麻江"稗之类三：曰稗子，亦曰鸡爪稗；曰水稗，水种，其修如高粱；曰烂草，米近以拳头稗为佳。""冷湿地宜稗子。"⑥和北方有所不同，南方种植稗子，主要是利用其耐旱的一面。《荔波县志》载："稗性不畏旱，有红、毛二种，食之耐饥。"⑦20世纪初，英国人威尔逊（Ernest H.Wilson，1876—1930）在川东地区，也见有湖南稗子（*Panincum crusgalli* Var.*frumentaceum*）的种植。⑧

作为一种粮食作物，人们在不断地选育良种、改进种植技术。在辽宁阜新白城子古城址所发现的可能是辽代的稗子粒，种上之后，居然生苗结籽。稗粒皮薄，比现代的稗子粒易脱皮。当地人称这种古稗子为"薄皮稗子"。⑨显示出当时人们已对稗子的品种进行了改良。最初人们也是以火耕的方式来种植

① （嘉泰）会稽志 卷17草部[M]//宋元方志丛刊 第7册.影印本.北京：中华书局，1990：7026.
② 《高宗纯皇帝实录》卷553，乾隆二十二年（1757）十二月云南巡抚刘藻奏。
③ 张宗法.三农纪校释[M].邹介正等校释.北京：农业出版社，1989：224.
④ 爱必达.黔南识略·黔南职方纪略[M].杜文铎等点校.贵阳：贵州人民出版社，1992：25.
⑤ 《思州府志》，转引自：吴其濬.植物名实图考长编[M].北京：商务印书馆，1959：173.
⑥ （民国）麻江县志 卷12 食货志·农利物产[M].麻江：3b.
⑦ （光绪）荔波县志 卷4 食货[M].荔波：1b.
⑧ E.H.威尔逊.中国：园林之母[M].胡启明译.广州：广东科技出版社，2015：76-77.
⑨ 政协阜新市委员会文史资料委员会.阜新文史资料 第8辑[M].阜新：政协阜新委员会文史资料委员会，1993：154.

稗子的。《御制清文鉴》卷四《薮泽荒烧》（detu dambi）载："积水荒野之草地一并焚之，叫'薮泽荒烧'，倘将此烧过之地种稗，则大获"云。但随着农业的进步，人们也把最先进的农业技术用于稗子的种植。清人《三农纪》记载了陆稗和水稗的种植方法，陆稗："春耕熟土，三月内或漫或点，或山或平地皆可莳。苗生，耘锄草尽净，至三青七黄时刈敔。"水稗："春耕田极熟，如下稻秧法，亦有旱种者，亦如插秧法。但秧宜竖而浅，惟稗宜深而斜节间生根。耨亦如稻，收获亦同。"①从中可以看出，稗与稻在种法上已无差别。

"十石稗子九石糠，碓捣磨碾塔衣裳。"②稗子作为食物虽然口感粗糙，也摆脱不了人类对于"食不厌精"的追求，故曹植有"芳菰精稗"③之称。人们不断改进稗子的加工方法，以提高食用品质。稗子"采子，捣米，煮粥食，蒸食尤佳，或磨作面食皆可。"④从"熟捣取米炊食"到"磨食"⑤，再到"春无昼夜……稗之精者至五六春"⑥，稗子经历了粒食、粉食和面食的变化，目的在于提高稗子的食用品质。人们还发现，稗"与米同春，则杂而带壳；别而杵之，则粒白而细，煎粥滑美"⑦。这可能就是使稗子成为满族"贵人食"的原因。

三、"草之似谷者"

但在自然界中具有明显优势，也在部分人群中赢得尊重的稗子，却不能改变在大多数人眼中将其视为杂草的命运。国际杂草基因组协作组织确定10个最优先需要开展基因组测序的单双子叶杂草清单，稗草位列"十大通缉要犯"之首。科学家通过对稗草进行全基因组测序和水稻化感互作实验发现，稗草能

---

① 张宗法.三农纪校释[M].邹介正等校释.北京：农业出版社，1989：221，224.
② 费洁心.中国农谚[M]//民国丛书 第一编 第64册.上海：上海书店，1989：171.
③ 曹植.七启八首[M]//许敬宗编.日藏弘仁本文馆词林校证.北京：中华书局，2001：135.
④ 朱橚.救荒本草[M]//景印文渊阁四库全书 第730册.影印本.台北：台湾商务印书馆，2008：723b.
⑤ 贾思勰.齐民要术校释[M].缪启愉校释.北京：农业出版社，1982：51.
⑥ 方拱乾.何陋居集·苏庵集[M].哈尔滨：黑龙江大学出版社，2010：504.
⑦ 吴其濬.植物名实图考 卷二 谷类·稗子[M]//续修四库全书 第1117册.上海：上海古籍出版社，2002：520.

分泌一种叫"丁布"的次生代谢产物，可以明显抑制水稻生长。[①]虽然稗草和水稻亲缘关系不算近，相比之下与玉米和小麦关系更近。但稗草却和水稻伴生在一起了，而且在外形、生长期和营养需求等方面都与水稻越来越接近，麻烦也越来越大。

浙江余姚田螺山的考古植物学数据显示，距今7000年前稗草就不再是一个明显的食物来源了，此时可能稗已经变成了栽培水稻的一种杂草了。[②]与稻米等相比，稗虽具有极高的经济系数，但在粮食产量和食用品质方面抵抗不了稻子的竞争。它的生物产量虽然很高，但它的籽粒产量却很低。尤其是出米率很低，"一斗可得米三升"。在以粮为纲的人类看来，它的重要性显然不及稻子。就食用者而言，尤其是对那些已习惯了大米、小米和麦面等的人群来说，它的食用品质虽经努力改善仍不尽如人意。明代思想家李贽（1527—1602）的两个女儿就因为不习惯食稗，"不能下咽，因病，相继夭死"[③]。

稗很早就退出了主粮作物的行列，"五谷"中没有它的名字，在通行"六谷""八谷"和"九谷"的解释中甚至也找不到它的踪影。[④]农书中它附出于"种谷"之篇，方志物产中居于谷类之末，也是其配角地位的反映。

虽然很多地方曾将其作为粮食作物种植过，但后来都放弃了。如河北景县，曾"按穄稗二种为粟类之最粗劣者，种者多在下湿碱薄之地，邑内古时有

① GUO L，QIU J，YE C，et al.，*Echinochloa crus-galli* Genome Analysis Provides Insight into Its Adaptation and Invasiveness as a Weed[J]. Nature Communications，2017，8：1031.

② YANG X Y，FULLER D Q，HUAN X J，et al. Barnyard Grasses were Processed with Rice around 10000 Years Ago[J/OL]. Scientific Reports，2015-11-06，DOI：10.1038/srep16251.

③ 李贽. 焚书 卷三 卓吾论稿[M]//李贽文集 第一册. 北京：北京燕山出版社，1998：112.

④ 五谷：《周礼·天官·疾医》："以五味、五谷、五药养其病。"郑玄注："五谷，麻、黍、稷、麦、豆也。"《孟子·滕文公上》："树艺五谷，五谷熟而民人育。"赵岐注："五谷谓稻、黍、稷、麦、菽也。"《楚辞·大招》："五谷六仞。"王逸注："五谷，稻、稷、麦、豆、麻也。"《素问·藏气法时论》："五谷为养。"王冰注："谓粳米、小豆、麦、大豆、黄黍也。"《苏悉地羯罗经》卷中："五谷谓大麦、小麦、稻谷、大豆、胡麻。"六谷：《周礼·天官·膳夫》："凡王之馈，食用六谷。"郑玄注引郑司农曰："六谷，稌、黍、稷、粱、麦、苽。苽，雕胡也。"《三字经》称稻、粱、菽、麦、黍、稷为"六谷"。八谷：指黍、稷、稻、粱、禾、麻、菽、麦。见宋王应麟《小学绀珠·动植·八谷》引《本草》注。一说为稻、黍、大麦、小麦、大豆、小豆、粟、麻。见《续古文苑·李播〈天文大象赋〉》苗为注。九谷：《周礼·天官·大宰》"三农生九谷"郑玄注："司农云：'九谷：黍、稷、秫、稻、麻、大小豆、大小麦。'九谷无秫、大麦，而有粱、苽。"《氾胜之书·种谷》："小豆忌卯，稻、麻忌辰，禾忌丙，黍忌丑，秫忌寅、未，小麦忌戌，大麦忌子，大豆忌申、卯，凡九谷有忌日，种之不避其忌，则多伤败。"崔豹：《古今注·草木》："九谷：黍、稷、稻、粱、三豆、二麦。"

种者，近则罕见。"①上海崇明县在康熙重修县志中将其列为谷，而在民国志中则列为草。

在其他几种主要粮食作物脱颖而出的时候，原来与之同亩而生的稗成了稻田杂草。"稗，禾之卑者，最能乱苗。"②它被命名为"稗"，实际上也反映了人类对这种植物的价值判断。用本草学家李时珍的话来说，"稗乃禾之卑贱者也，故字从卑。"③但这些定义仍视稗为禾，而"草之似谷者"则直接将稗定义为草。作为杂草的稗严重影响着水稻的生长和产量④。"每见将割之禾，其中稗子较禾更高数寸，必须及早藕扯，以保良苗。须知多结一合稗子，不止少收一合谷，亦因占去地力故耳。"⑤虽然有些地方志依据典故，特别是圣人之言，将稗列入谷类，但同时也明确指出，稗"生田亩中，谷贼也"⑥。"乱谷之草，非谷也。"⑦"乱谷之草，杂生田中。"⑧

从地方志的记载来看，浙江方志将稗列为谷类的10种，列为草类的有16种；山西列为谷类的5种，列为草的9种；河南列为谷类的1种，列为草的7种；安徽列为谷类的2种，列为草的6种；湖北列为谷类的0种，列为草的2种；广东列为谷类的1种，列为草的3种；西北也是如此，在陕西、甘肃和宁夏总共7种方志，有4种将稗归属为草类，只有陕西的3种归之为谷。显然，在浙江、山西、河南、安徽、湖北、广东、陕西、甘肃、宁夏等地，大多数还是将稗视为草类。

从汉代开始，稗子和稻子就开始被主流农业区别对待。汉代字书《说文解字》就明确定义"稗，禾别也"。意思是"似禾而别"。《淮南子》指出"薭先稻熟，而农夫薅之者，不以小利，害大获。"这里的薭，即水稗。将稗从稻田中清除，并不是因为稗毫无用途，而是因为稗的产量不及水稻高，并且长于稻田中会影响水稻的产量。但如果没有人类干预，或当农田被废弃的时候，稗与稻同亩而出，相互竞争。梁武帝年间，北徐州境内被废弃的稻田中曾

① （民国）景县志 卷2 物产品类[M]. 景县：8a.

② 徐光启. 农政全书 卷二十五 树艺[M]. 长沙：岳麓书社，2002：390.

③ 李时珍. 本草纲目[M]. 北京：人民卫生出版社，1975：1485.

④ 朱文达. 稗对水稻生长和产量性状的影响及其经济阈值[J]. 植物保护学报，2005（1）.

⑤ （光绪）续纂句容县志 卷末 志余杂俎[M]. 容县：33a、b.

⑥ （同治）安吉县志 卷8 物产[M]. 安吉：45a.

⑦ （同治）重修湖州府志 卷32 舆地略·物产上[M]. 湖州：6a、b.

⑧ （光绪）上虞县志 卷28 物产[M]. 上虞：4b；（光绪）恒春县志 卷9 物产[M]. 恒春：2a、b.

经稻生出2 000余顷的稻稗。①

但稻子似乎不是稗子的对手，经过成千上万年与自然和人类的搏斗，稗子进化出极强的生命力，它根系强大，分蘖力强，分布广泛，能适应各种环境条件。它甚至拟态于稻子，与之长相酷似，因此获得"最能乱苗"的称号。在同场竞技的条件下，稻子很难取胜。稻田中杂有稗子，如不及早拔除，往往造成稻子严重减产。汉代王符说："夫养稊稗者伤禾稼"②。清代《吴下谚联》云："稗，莠草。杂入苗中，能窃地力，侵苗之膏，若不拔去，一茎能占二三茎稻。"《傣族古歌谣》中有这样的薅秧歌："稗子是秧苗的敌人，专吸土中肥，比秧苗还长得旺。阿妹啊，薅秧时要提防，别把稗子当秧薅。"稗子俨然已成为稻农眼中的全民公敌。

稻农对稗子深恶痛绝，必欲除之而后快。于是采取各种办法来清除稗子。从选种开始，就以清除稗子为要务，因"选种不精，米多秕稗"③，要"净淘种子"，因为"浮者不去，秋则生稗"④。水稻移栽的出现最初也与清除稗草有关。"既生七八寸，拔而栽之。既非岁易，草、稗俱生，芟亦不死，故须用栽而薅之。"⑤移栽成为除草的一项措施，而这项措施变得必要是因为水稻连种的存在。

水稻耘田更是在很大程度上为清除稗而设。明代宋应星说："凡稻分秧之后数日，旧叶萎黄而更生新叶。青叶既长，则耔可施焉（俗名拢禾）。植杖于手，以足扶泥壅根，并屈宿田水草，使不生也。凡宿田茼草之类，遇耔而屈折，而稊稗与茶蓼非足力所可除者，则耘以继之。"⑥

但清除稗草并非易事。稗的幼苗和稻苗很难区别，一旦长大抽穗，又先于稻穗成熟落粒。稗子很小，很容易混在谷种中，与稻一同生长。"才一耘，时雨既至，禾稗相依以长"⑦。在京西有"拿不净的稗子，逮不净的贼"⑧的说法。为了确保稻苗的成长，稻农规定了薅头遍、二遍和三遍，甚至四遍。稗与稻"相依以长"，又长得很像，只有细微的差别。水稻在叶枕处有叶舌、有

① 梁书 卷三 武帝本纪下[M]. 标点本. 北京：中华书局，1973：82.

② 王符. 潜夫论 卷4 述赦第十六[M]. 四部丛刊景述古堂景宋钞本：5a.

③ 包世臣. 包世臣全集[M]. 合肥：黄山书社，1993：183.

④ 贾思勰. 齐民要术校释[M]. 缪启愉校释. 北京：农业出版社，1982：100.

⑤ 贾思勰. 齐民要术校释[M]. 缪启愉校释. 北京：农业出版社，1982：100.

⑥ 宋应星. 天工开物[M]. 钟广言注释. 广州：广东人民出版社，1976：21.

⑦ 罗愿. （淳熙）新安志 卷2 物产[M]. 新安：18a.

⑧ 严宽. 京西稻俗言口碑记[M]//情系京西稻. 北京：中央文献出版社，2014：18.

叶耳；稗草在叶枕处无叶舌、无叶耳。这细小的差别加大了清除的难度。或许是古农书的作者很少有亲自种稻的农人，因此书中有关稻与稗的区别的记载并不多。而有经验的农民对于稻和稗的区别也各有各的经验。有的说"水稻的叶子比较粗糙，稗子的叶子比较光滑，摸一下就知道了。"有的说："稗子草叶中间有一道白筋儿，而稻叶上没有。"又有的说："稻苗叶片里有小毛毛，稗子没有。"值得注意的是，傣族先民对秧苗和稗草的形态差异已经非常清楚："秧苗、稗苗能分清：秧儿虽小节有毛，稗子叶硬节秆滑，往往棵儿要比秧苗高。"①

耘田是一项技术性很高，也很辛苦的劳作。"上有太阳晒，下有田水蒸，稻秧的叶尖还时不时刺扎胳膊等处，时间一长，腰还有点酸。"②明代宋应星所说的"耘者苦在腰手，辨在两眸，非类既去，而嘉谷茂焉。"③这主要应是指清除稻田中的稗子而言。为了应付这种繁重的体力劳动，也为了加强对劳动者自身的保护，宋元时期，南方稻农使用了耘爪、薅马、覆壳、通簪、臂篝等劳保用具。而现代农业更从农药和生物技术等方面来对付稗草。可以预见，人类与稗草之间的战争将是持久战。

四、几点认识

有人说，一部农业的历史就是与杂草斗争的历史。《诗经·良耜》："其镈斯赵，以薅荼蓼。荼蓼朽止，黍稷茂止。"指的是通过中耕除草，以防止杂草与作物争夺养分，同时杂草腐烂了附带还有肥田的效果。但不同时期或不同的地区，对于同一种草本植物的定义却有不同，有的视为草，有的视为禾。草与禾并没绝对的界线。《诗经·小雅·大田》："既坚既好，不稂不莠。"稂莠是与粟同属的狗尾草（*Setaria viridis*），它在幼苗期与粟极为相似，难以区分。而古人则认为莠即是秕谷落粒所生。汉代许慎的《说文解字》在解释"莠"字时说："禾粟下，生莠"，④徐锴《说文解字系传》作"禾粟

① 岩温扁.傣族古歌谣[M].岩林译.北京：中国民间文艺出版社，1981.
② 杜振东.半个多世纪的稻情[M]//情系京西稻.北京：中央文献出版社，2014：246.
③ 宋应星.天工开物[M].钟广言注释.广州：广东人民出版社，1976：21.
④ 许慎撰.说文解字 卷1下[M].徐铉校.北京：中华书局，2013：16.

下扬，生莠"，并进一步阐发许说，"谓禾粟实下播扬而生，出于粟秕。"[1]《齐民要术》讲谷子不可连作，否则"飒子则莠多而收薄矣"，缪启愉解释为落子发芽成为莠草。[2]唐代颜师古注《汉书》称，"莠，秕谷所生也"。[3]这都说明至少在中古以前人看来，所谓莠，实际上也是粟，当它的种子散落田中，萌发以后与下季作物争夺养分又不能为人所用，就成为莠。禾和莠像是沙漏，禾可以变成莠，莠也可以变为禾。通过对稗子历史的考察，我有以下几点体会。

从百草到五谷，人类的主粮作物越来越集中至有限的几种，稻、麦、黍、粟受到人们尤其是农学家、农史学者、植物考古学者等更多的关注。但我们有必要拓展植物考古的研究对象，不要只盯着对于当代人来说比较重要的作物。当下重要的农作物只是长期人工选择和自然淘汰的结果。水稻和稗子的竞争才有水稻的今天。传说神农尝百草，百草之中当包括稻和稗等在内，在面对众多的选项面前，何以最后选择了稻等少数几种而放弃了稗等大多数？从百草到五谷的内在机制是什么？恐怕不能单纯地从稻等少数几种植物身上找原因。稗子也曾被人类选中，在一些地方如中国东北和贵州，它甚至胜过了粟和稻，何以最终又被粟稻等所取代？占书曰："欲知五谷，但视五木"；我们认为欲知稻子，要视稗子。稻子的胜出是因为具备了很多稗子所没有的为人类所需的优点。我们也可以从稗子上看到许多稻子所具有的优缺点。历史上，大多数的情况下，稗是当作禾来加以利用的，只有相对少数的情况是当作杂草来清除。稗子以其顽强的抗逆性，是一种重要的粮食作物或饲料作物，在饥荒之年，它更是一种救荒作物。只有在农业得到发展，粮食更有保障的情况下，稗子才被优质高产的同类所取代，这就是稗子的宿命。

稗子并不孤单。与稗相类的植物还有很多，与稗常常并称的就有䅟（穄）和穇等。穇又称为龙爪粟、鸭爪稗。《救荒本草》卷四载："穇子：生水田中及下湿地内，苗叶似稻，但差短。梢头结穗，彷彿稗子穗。其子如黍粒大，茶褐色。味甘救饥，采子捣米煮粥或磨作面蒸食亦可。"李时珍说："穇子，山东、河南亦五月种之。苗如茭黍，八九月抽茎，有三棱，如水中蘸草之茎。开细花，簇簇结穗如粟穗，而分数歧，如鹰爪之状。内有细子如黍粒而

① 徐锴. 说文解字系传 卷2[M]. 影印本. 北京：中华书局，1987：12.

② 贾思勰. 齐民要术校释[M]. 缪启愉校释. 北京：农业出版社，1982：67.

③ 汉书 卷90 严延年传[M]. 标点本. 北京：中华书局，1962：3671.

细，赤色。其秬甚薄，其味粗涩。"①就北方而言，穄、稗、稻等都是作为荒年一种救灾作物来种植。王祯在《农书》中就对浅水易浸之处做过这样的安排，"浅浸处宜种黄穋稻，如水过，泽草自生，穄稗可收"。②从食用的角度而言，穄、稗的品质不及稻，但从救灾的角度来看，穄、稗则有过于稻之处。如，山东济南"濒大、小清河卑湿有穄子，有稗，谷之最下品也。然其苗能湿，不惧水潦，其米为饭亦别有风味。农家有下地者，不可不备也。"③民国《雄县新志》就将穄、稗、粮、莠等视为谷类，列于稷、蜀秫（高粱）、芦粟、玉蜀秫（玉米）、麦、大麦、稻之后，而在黄豆、黑豆、青豆等诸豆及芝麻、荞麦之前，其曰："穄子，荒陂处种之，穗似谷而分数歧，壳厚米小，可煮粥；稗，草之似谷者。水生者名稻稗，似稻而粒小；旱稗生下湿地，可备荒。粮，一名童粱，俗呼落稻秫，如蜀秫而粒小，实熟则落，凡种蜀秫之地，其遗种至明岁则为粮；莠，似谷之草，俗呼为谷莠。凡地连岁种谷，其莠必多，盖谷之遗种所化。"④

　　稗子的故事也不止发生在中国，同样发生在世界的许多地方。稗子在世界许多民族的历史地位并不逊色于今天的稻米等主粮作物。古时日本的粮食作物是以旱地作物为主，水稻属于次要。《日本书纪》提到粟、稗、麦、豆和稻等五种谷物起源的故事。日本的"五谷"之名当来自中国，但中国古籍所称的"五谷"并没有稗，虽然中国西汉《氾胜之书》中有禾、黍、麦、稻、稗五种谷物，与日本的五谷类似，书中把豆列在稗之后。但后世稗在中国的种植越来越少，而日本的稗则一直栽培至今。日本东北和北海道的原住民阿伊努人，最初种植的谷物便是稗子。阿伊努人一向以渔猎为生，其神话中的英雄奥基米露克，从天界来到人间时，顺便从天界偷来稗子和其他杂谷，被天狗发现了，天狗大叫"奥基米露克偷走稗子了！"奥基米露克往天狗嘴里塞进木灰，天狗叫不响了，于是就把稗子带回人间。从此以后，阿伊努人开始种植稗子，而追赶奥基米露克来到人间的天狗，因此不会说话了。值得注意的是，奥基米露克带到人间的谷物不是稻谷而是稗子和其他杂谷，这反映了阿伊努人最初种植的是稗子和杂谷，而非水稻。那么，这稗子和杂谷似乎不是从中国江南渡海传过

_____

① 李时珍. 本草纲目[M]. 北京：人民卫生出版社，1975：1485.

② 王祯. 王祯农书[M]. 王毓瑚校. 北京：农业出版社，1981：188.

③ （道光）济南府志 卷13 物产[M]. 济南：8b-9a.

④ （民国）雄县新志 第八册[M]. 雄县：9b-10a.

去，而是更早些时候从朝鲜半岛传入，因为朝鲜半岛的稗子种植历史也是比水稻为早的，朝鲜半岛的稗子可能又是从中国东北内蒙古一带传入。日本本土及其以南的琉球群岛和宫古群岛也有种植稗子。早已以稻米为食且习以为常的日本社会，在历史上有那么一段时间，其日常主食并非大米，而主要是稗、粟等。即便是稻米传入以后，对于下层社会中之大部分人而言并不能食到大米，而只食稗与粟。[1]朝鲜半岛的稗子种植历史也是比水稻为早，而朝鲜半岛的稗子可能又是从中国东北内蒙古一带传入。或许在东亚稻米之路形成之前，就存在过"稗子之路"。在印度语中，稗有与汉语几乎完全相同的表述，梵文称稗为"卑谷"（a kind of inferior grain），而泰米尔语中稗则被称为是"穷人的粟"（Poor-man's millet），稗也被一些国家的人们用作药物。尤其是在脾病的治疗方面几乎是如出一辙。在菲律宾，除了将稗的幼芽当作蔬菜之外，稗根煎服治疗消化不良，其提取物用于脾病的治疗。印度民间也将稗草当作保健品和补品，并用于治疗痈肿、出血、疮、脾病、癌症和创伤。稗草还广泛地用于盐碱地开发，特别是在非洲[2]。

　　各种植物的重要性是因时、因地不同而变化的，不能用当代人的眼光去看待历史，甚至史前的情况。以今日之情形，我们不会想到，在东北的历史上，稗子曾经是首屈一指的粮食作物，曾经的贵州，稗子的看好度也一度超过水稻，而北方的一些滨河濒水卑湿之地首先选择种植的是稗子而非水稻。如果植物考古学家在同一遗址中同时发现稻与稗的遗存，我们很难遽下结论，认为稻就一定比稗重要，甚至无视稗的存在。观今宜借古，无古不成今。但从考古和历史研究而言，可能需要一个回溯的过程，考古宜借今，今从古中来。必须考察植物的今天和昨天，才能理解植物的前天。期待历史和考古、田野和文献有更多的结合。

---

① 津村秀松. 商业政策上册[M]. 陈家瓒译. 上海：商务印书馆，1928：53.

② http://en.wikipedia.org/wiki/Echinochloa_crus-galli，2022-8-7.

播厥百谷：中国作物史研究　Sowing Grains: Study on History of Crops in China

省份	谷（之）类（属）	小计	草（之）类（属）	小计
天津	光绪武清县志物产 光绪宁河县志卷十五 光绪重修天津府志卷二十六 民国蓟县志卷一 民国静海县志卯集	5		
北京	康熙宛平县志卷三 民国房山县志卷二 民国良乡县志卷七 光绪顺天府志卷五十 康熙大兴县志卷三 民国平谷县志卷四	6		
河北	光绪丰润县志卷九 乾隆博野县志卷一 光绪保定府志卷二十七 民国高阳县志卷一 光绪定兴县志卷十三 民国徐水县新志卷三 民国涿县新志第一编 民国青县志卷十 民国文安县志卷一 康熙大城县志卷三 光绪大城县志卷三 民国景县志卷二 民国新城县志卷十八 民国盐山县新志卷二十二 乾隆束鹿县志卷十 民国迁安县志卷十八 弘治永平府志卷二 民国沙河县志卷六 民国南宫县志卷三 民国青县志卷十 民国南皮县志卷三 康熙三河县志卷上 民国景县志卷三 民国香河县志	24	光绪涞水县志卷三 乾隆顺德府志卷六 民国大名县志卷二十三 嘉靖广平府志卷六 民国交河县志卷一 咸丰固安县志卷三 乾隆衡水县志卷四 民国枣强县志卷二 乾隆祁州志卷三 乾隆赤城县志卷三 乾隆宣化府志卷三十二 民国龙关县新志卷四 乾隆平乡县志卷五 光绪东光县志卷二 咸丰固安县志卷三	15

省份	谷（之）类（属）	小计	草（之）类（属）	小计
山东	道光济南府志卷十三 乾隆历城县志卷五 同治重修宁海州志卷四 光绪日照县志卷三 咸丰青州府志卷三十二 乾隆郯城县志卷五 民国青城续修县志第四册 民国齐河县志卷十七 民国寿光县志卷十一 民国莱阳县志卷二之六 乾隆乐陵县志卷二 光绪宁津县志卷二 乾隆威海卫志卷四 乾隆泰安府志卷二 光绪东平州志卷二 咸丰武定府志卷四	16	康熙朝城县志卷二 道光冠县志卷三 光绪阳谷县志卷二	3
山西	乾隆大同府志卷七 道光大同县志卷八 民国和顺县志卷五 康熙文水县志卷二 光绪文水县志卷二	5	康熙徐沟县志卷三 光绪补修徐沟县志卷五 光绪清源乡志卷十 雍正沁源县志卷三 民国闻喜县志卷五 同治稷山志卷一 光绪荣河县志卷二 民国荣河县志卷八 光绪汾西县志卷七	9
河南	嘉靖巩县志卷三	1	氾水县志卷七 光绪南乐县志卷二 民国阳武县志卷一 嘉靖夏邑县志卷一 康熙上蔡县志卷四 民国中牟县志卷二 民国淮阳县志卷二	7
辽宁	康熙盖平县志卷下 康熙锦县志卷三 康熙辽阳州志卷十九	18		

省份	谷（之）类（属）	小计	草（之）类（属）	小计
辽宁	康熙开原县志卷下 康熙宁远州志卷三 民国义县志中卷 民国兴京县志卷十三 民国新民县志卷十六 民国辽东县志卷二十八 民国庄河县志卷十一 民国海城县志卷五 宣统怀仁县志卷十一 民国桓仁县志卷八 民国凤城县志卷十四 民国北镇县志卷五 民国昌图县志第十五编 民国西丰县志卷二十三 民国锦西县志卷五	18		
吉林	民国通化县志卷一 民国辉南县志卷一 民国辑安县志·道路 民国梨树县志戊编卷一 民国双山县志 民国长春县志卷三 宣统长白山汇征录卷五 民国抚松县志卷一 光绪吉林通志卷三十三 民国临江县志卷三 民国镇东县志卷一 民国安图县志卷二	12	光绪奉化县志卷十一	1
黑龙江	民国双城县志卷七 民国汤原县志略 民国依兰县志物产门 宣统呼兰府志卷十一 民国呼兰县志卷六 民国宁安县志卷四	6		
陕西	民国汉南续修郡志卷二十二 民国南商县志第六卷 民国横山县志卷三	3	乾隆临潼县志卷四	1

在苗与草之间——稗子的故事

省份	谷（之）类（属）	小计	草（之）类（属）	小计
甘肃			民国增修华亭县志	1
宁夏			民国豫旺县志卷一 民国朔方道志卷三	2
上海	康熙重修崇明县志卷六	1	民国崇明县志卷四	1
江苏	嘉庆海州直隶州志卷十 道光续增高邮州志第二册	2		
浙江	民国海宁州志稿卷十一 湖州府志卷三十二 同治安吉县志卷八 浙江归安县志卷十三 乾隆绍兴府志卷十七 光绪上虞县志卷二十八 光绪乐清县志卷五 光绪镇海县志卷三十八 光绪慈溪县志卷五十三 民国平阳县志卷十五	10	民国萧山县志稿卷一 光绪分水县志卷三 民国续修台州府志卷六十三 万历黄岩县志卷三 光绪黄岩县志卷三十二 光绪仙居志 弘治嘉兴府志卷二十九 光绪石门县志卷三 嘉靖武义县志卷一 天启舟山志卷三 民国续修台州府志卷六十二 光绪仙居志 天启慈溪县志第三卷 万历温州府志卷五 乾隆安吉州志卷第八 同治安吉县志卷第八	16
安徽	桐城续修县志卷第二十二 同治祁门县志卷十六	2	嘉庆怀远县志卷二 康熙新修五河县志卷二 民国芜湖县志卷三十二 乾隆霍邱县志卷四 光绪亳州志卷六 民国涡阳县志卷八	6
福建	光绪光泽县志卷五 光绪福安县志卷七 民国龙岩县志卷十	3	民国连江县志卷十 康熙瓯宁县志卷三 嘉靖建宁县志田赋志第三	3
台湾	光绪恒春县志卷九	1		
江西	同治南城县志卷一之四	1		

播厥百谷··中国作物史研究
Sowing Grains: Study on History of Crops in China

省份	谷（之）类（属）	小计	草（之）类（属）	小计
湖南	光绪零陵县志卷一 乾隆沅州府志卷二十四 同治芷江县志卷四十五 嘉庆沅江县志卷十九	4	光绪石门县志卷三	1
湖北			康熙监利县志卷五 康熙通城县志卷一	2
广西	民国崇善县志第四编 民国迁江县志第四编 民国凌云县志第五编	3		
广东	光绪高州府志卷七	1	民国乐昌县志卷五 宣统东莞县志卷十四 民国恩平县志卷五	3
四川	乾隆大邑县志卷三 嘉庆洪雅县志卷四 道光邻水县志卷三 同治会理州志卷十 乾隆江津县志卷六 民国安州县志卷十八 民国都匀县志稿卷六	7		
贵州	道光贵阳府志卷四十七 民国开阳县志稿第四章 民国清镇县志稿卷二 道光思南府续志卷三 民国麻江县志卷十二上 乾隆独山州志卷五 民国都匀县志稿卷六 咸丰兴义府志卷四十三 光绪荔波县志卷四 光绪湄潭县志卷四 民国绥阳县志卷四食货 民国沿河县志卷十三 光绪黎平府志卷三下 民国普安县志卷十	14		

省份	谷（之）类（属）	小计	草（之）类（属）	小计
云南	天启滇志卷三 民国宜良县志卷上 民国宣威县志稿卷三 民国元江志稿卷七 雍正阿迷州志卷二十一 民国龙陵县志卷三 康熙大理府志卷二十二 民国新平县志卷四 民国禄劝县志卷三 光绪续顺宁府志稿卷十三	10		
合计		155		71

南方山区的畲田与畲稻

陈桂权

公元1740年农历四月，时任安徽巡抚的陈大授亲自前往省属所辖八府、五州地界勘察河道水利，其往来各州府界上，见土地平衍肥沃之处皆种稻，亦艺杂粮，"阡陌相连，原无遗利"。只是，当地人觉得那些位于高处、斜坡的土地，稻谷与杂粮皆不能栽植。于是，陈大授令各府州地方官员劝导百姓垦种这些地方的土地。各地遵照执行，种下稻谷、杂粮，时值收获时节，无粮可收，所以"竟成荒弃"。陈大授等人判断这是因没有适合高亢地种植的作物造成。陈大授获知江浙总督郝玉麟曾于福建寻觅得一种名为"畲粟"的旱稻，携带至江南推广种植。据称，此稻"性最喜亢燥，不须浸灌"。当年春天，安徽省有州县获得此种畲稻，回乡试种。后据农民回报，收成竟有"两石一斗及一石八斗或一石不等"。见此稻颇有成效，陈大授便遣人前往福建安溪县购觅数十石，酌量颁给各州县于"高阜斜坡处所种植"。[①]

陈大授引种的"畲粟"，在文献中还有"畲稻""畲禾""稜禾"的称呼，不过它常见的名字应该是"畲稻"。何谓畲稻？从品种特性上看，畲稻是具备较强耐旱能力的旱稻，它并不是一个品种，而是一类旱稻的统称。因其多在畲田中种植，故名畲稻。明清时期，福建安溪、惠安一带盛产畲稻，也正因如此，安徽巡抚陈大授才会派人前去引种。福建的畲稻"亦能耐旱，地肥则长"，但因必种之"深山肥润处"，需"伐木焚之以益其肥，不二三年，地力耗薄，又易他处"。[②]广东钦州山区亦种畲禾，"五月斩山木种于高岭，十月

作者简介：陈桂权（1986—），四川绵阳人，科学技术史博士，绵阳师范学院民间文化研究中心助理研究员，主要从事中国农史、四川民间文化研究。

① 中国科学院地理科学与资源研究所，中国第一历史档案馆编. 清代奏折汇编—农业·环境[M]. 北京：商务印书馆，2015：44.

② （嘉靖）惠安县志 卷5 物产[M]. 惠安：2a.（嘉靖）安溪县志 卷7 文章[M]. 安溪：1a.

熟，次年移种他处"①。由此可见，明代福建地区畲稻的种植方式还是游耕。这与刘禹锡、范成大所描述长江三峡地区畲田的耕种方式别无二致。

畲稻与畲田的关系密切。畲田是农史研究领域中一个比较有趣的话题，亦曾受到较多关注。日本学者大泽正昭考察了唐宋时期山地农业中的畲田经营，指出在唐宋时期一般农业生产中畲田所占位置居次，只是古代农耕方式的残存形态。②业师曾雄生将唐宋时期畲田农业的兴起，置于中国经济重心南移的大时代背景下考察了畲田耕作方式、地区和地理分布、作物种类、畲田民族与后来畲族的关系以及畲田民族的历史走向等内容③。此外，周尚兵、唐春生等学者对唐宋时期南方畲田亦进行了补充讨论。④本文在前人研究基础上，通过梳理畲田发展演变历程，讨论畲田中种植的农作物，我将主要关注点放在畲稻上，希冀通过对相关史料的梳理探究畲稻的特性、产量以及流变情况。

一、畲田的演变

"畲"是人类农业发展过程中的一个阶段，是一种耕种方式。《礼记·坊记》郑注说："田一岁曰菑，二岁曰畲，三岁曰新田"。《尔雅》却说："田一岁曰菑，三岁曰畲"。其余文献中关于菑与畲的解释与此相类。总结这些定义后我们发现，"菑"的意思是新开垦出来的田，到第二年种植时候，这块田就称"新"或"新田"，第三年就称畲。畲田再往后发展，概有两种出路：一为走向定耕农业，成为永久农田；一为耕种数年之后，再次抛荒，轮耕它处。随着农业的进步，农业用地的面积不断扩展，畲田分布的地域范围不断缩小，后来便主要分布于山区。汉代，南方平地农业还处于"火耕水耨"的原始状态。"火耕"，即放火烧去土地上的杂草，开辟成农田，其形式类似于烧畲。魏晋时期，随着江南地区的开发，刀耕火种的原始农业范围逐步缩小。

唐宋时期，南方广大山区还存在大量畲田。刘禹锡描写连州的畲田是

① （嘉靖）钦州志 卷2 食货志·物产[M].钦州：1b.
② 大泽正昭.论唐宋时代的烧田（畲田）农业[J].中国历史地理论丛，2000（2）.
③ 曾雄生.唐宋时期的畲田与畲田民族的历史走向[J].古今农业，2005（4）.
④ 周尚兵.唐代南方法畲田耕作技术的再考察[J].农业考古，2006（1）.唐春生，孙雪华.宋代三峡地区的农业畲耕制度[J].重庆三峡学院学报，2019（3）.

"团团缦山腹……下种暖灰中，乘阳拆芽蘖。苍苍一雨后，茗颖如云发。"① 李德裕贬谪岭南途中亦见"五月畲田收火米"②的情形。"火米"在这里就是指旱稻，亦即后来的畲稻。湖南沅江、湘江流域的山区农家以粟为唯一的农作物，多将其种在山岗高阜之地，每到播种之前先砍倒林木，纵火焚烧，"俟其成灰，即播种于其间"，且收成会加倍。③这也是畲田的种植方式。关于畲田的经典描述是范成大的《劳畲耕并序》，他说："畲田，峡中刀耕火种之地。春初斫山，众木尽蹶。至种时，伺有雨候，则前一夕火之，藉其灰以粪；明日雨作，乘热土下种，即苗盛倍收，无雨反是。山多硗确。地力薄，则一再斫始可艺。春种麦豆，作饼饵以度夏，秋则粟熟矣。"④这段文字不仅对农民如何开辟畲田进行了详细说明，还指出畲田中常种的农作物有麦、豆、粟。

关于唐宋时期畲田分布的总体情况，大泽正昭在梳理诗歌中的相关记载后指出："唐宋时期实行畲田的地域相当广大，包括有山南、江南两道的大部分以及剑南道的东部。"⑤畲田分布在这些地方州县周边的山地间，也就是说在当时山区并不都是畲田。从畲田的特性看，人们通常会将那些地形坡度较大，且没有登记在册的山林短暂地开发成畲田。在其尚未发展成为"熟田"时候，因地力耗尽或其他原因，农人就转耕它处了。

畲田这种耕作形式许多民族都采用过，但是唐宋之后畲田的民族性就相当凸显了⑥，并"与后来的畲族有密切的关系"⑦。这并不是说畲田仅存在于民族地区，生活在山区的汉人亦有开垦畲田的习惯。明清时期，畲田仍是许多非汉民族的主要耕作方式⑧。李时珍就曾说："南方多畲田，种之极易。春粒细香美，少虚怯，只于灰中种之，又不锄治。"⑨屈大均《广东新语》记载："稻田随山势开垦，徂夷相半，多狭长细零，无有方广至数十亩者。……谷贵

① 刘禹锡.刘禹锡诗全集[M].孙丽编.武汉：湖北辞书出版社，2018：358.

② 李德裕.五月畲田收火米[M]//沈德潜编.唐诗别裁集（下）.长春：吉林出版集团股份有限公司，2017：383.

③ "沅湘间多山，农家惟植粟，且多在岗阜；每欲布种时，则先伐其林木，纵火焚之。俟其成灰，即播种于其间；如是则收必倍。盖史所言刀耕火种也。"引自：张淏.云谷杂记[M]//金沛霖.四库全书子部精要 中.天津：天津古籍出版社，1998：691.

④ 范成大.范石湖集[M].富寿荪标校.上海：上海古籍出版社，2006：217.

⑤ 大泽正昭.论唐宋时代的烧田（畲田）农业[J].中国历史地理论丛，2000（2）.

⑥ 大泽正昭.论唐宋时代的烧田（畲田）农业[J].中国历史地理论丛，2000（2）.

⑦ 曾雄生.唐宋时期的畲田与畲田民族的历史走向[J].古今农业，2005（4）.

⑧ 李积庆.畲族形成变迁史新论[D].福州：福建师范大学，2016：28.

⑨ 李时珍.本草纲目 卷23 谷之二·稷粟类[M].清文渊阁四库全书本：10b.

则种畬者多，益尽地力。田虽稀少而畬多，无农不畬，则无山不为村落。"何谓"畬"？屈大均解释说："西南乌禽嶂罗坑诸处人尤作苦，锄畬莳谷及薯蓣、菽苴、姜、茶油，以补不足，名曰种畬。"①畬与畬相通，意即开荒种植旱作。这里的畬谷就是畬稻。关于明清时期畬田的情形，文献中记载颇多，不再具列。直到20世纪70、80年代，在南方山区，烧畬还是民族地区农业耕作的主要形式。关于"烧畬"的生态利弊也曾引起学者们的广泛谈论。

梳理畬田的变迁，我们可以看到随着历史变迁，畬田农业的范围逐渐向南，向西偏移；畬田农业的走向与帝国开边进程的趋势和走向相一致②；自宋代开始，畬田遭到限制，范围也逐步缩小，专门从事畬田的畬民受汉人先进农业技术的影响，以梯田代替畬田，犁耕代替刀耕，水稻代替旱稻，③烧畬的范围缩小。时至明清畬田在岭南、西南等山区，畬田依旧存在。不同地方人们对于畬田的叫法也有所差别，有些地方称火地、有些地方称烧田，即便在汉人农耕区，农民为扩大收入来源也会开山烧畬。畬田产出属额外之粮，不在官府地册上，故不需要缴纳农业税。

二、畬田中的作物

畬田是开荒烧畬后的旱地，因此其上种植旱作，后来畬田"梯田化"之后，在民间习惯叫法上仍称其为"畬田"，其上种植水稻，不过这已不是"畬田"的本意了。曾雄生先生通过对作物诗的梳理，指出："唐宋时期的畬田所种植的旱地作物主要包括：粟、豆、禾、麦、米、火米、芋、蔗，等等。其中麦、豆和粟是最重要的。春种麦、豆作饼饵以度夏。秋则粟熟矣。"④下面对几种重要的畬田作物做一介绍⑤：

粟是畬田中最常种植的作物。真德秀在泉州劝农时向当地老百姓普及"因地之利"布种不同农作物的知识，他说："燥处宜麦，湿处宜禾，田硬宜

① 屈大均.永安县次志 卷14 风俗[M]//屈大均全集.北京：人民文学出版社，1996：86-87.

② 李积庆.畬族形成变迁史新论[D].福州：福建师范大学，2016：31.

③ 曾雄生.唐宋时期的畬田与畬田民族的历史走向[J].古今农业，2005（4）.

④ 曾雄生.唐宋时期的畬田与畬田民族的历史走向[J].古今农业，2005（4）.

⑤ 关于畬田中种植农作物，曾雄生、周尚兵、唐春生、孙雪华已进行较为全面的梳理，这里仅概要介绍，本文将重点讨论畬稻。

豆，山畲宜粟。随地所宜，无不栽种，此便因地之利。"①白居易《孟夏思渭村旧居寄舍弟》中记："泥秧水畦稻，灰种畲田粟。"②贡师泰《过仙霞岭》中有："水耕杂粳稬，火种饶黍稷"的描述。正因为粟在畲田中广泛种植，以至于清代福建地区畲民将种在畲田中的旱稻称为"畲粟"。

麦、豆。畲田中所种之麦又有冬小麦与春小麦之分。唐宋时期，四川山地畲田多种冬小麦，诗文有："畲余宿麦黄山腹"之句，这里的"宿麦"所指即冬小麦。春小麦播种于春季，因为冬季气候寒冷无法种植。范成大记载峡中山农"春种麦豆，作饼饵以度夏"③；阳枋记："山头云麦杂烧畲田，桃李层层山半家"④，这两处所指麦即春小麦。

畲蔗。甘蔗种植非常消耗地力，所以蔗田多选那些土壤肥厚且水分充足的田地。山区坡地并不是适合种植甘蔗，有些山高林深处，土质肥厚、湿润适宜甘蔗种植，如嘉靖时，福建惠安县"深山肥润处种畲稻，兼种畲蔗，傍山煮炼，岁亦获利"⑤

火米。畲稻又称火米，唐人李德裕《谪岭南道中作》："五月畲田收火米"。明代李时珍曾在《本草纲目》中记载："西南夷亦有烧山为畲田，种旱稻者，谓之火米。"火米即畲稻，下节详述。

芋、姜、番薯等根茎类作物。芋头是中国传统救荒作物，其种植技术简单，且产量较高，白居易有"结茅栽芋种畲田"⑥的愿望；宋代，生活在四川山区居民多食蛮芋以充饥⑦。以"蛮"字形容芋头，概有两重含义：其一可能是指山中少数民族所种的芋头；其二可能是形容芋头个头特别大，四川民间有"蛮"指"大"语言习惯。番薯则是明清以后畲田中种植的主要农作物，其在山区快速推广成为畲田主要粮食作物，所以畲族有"种番薯吃番薯，番薯当粮也当菜"的说法，另据1924年沈作乾对浙江丽水畲族调查资料显示，其饮食习惯是"以番薯为正粮，玉米次之，常年食米者寥若星辰，纯米之饭仅宴贵客时一用而已"⑧。

---

① 四川大学古籍研究所.全宋文 第331册[M].合肥：安徽教育出版社，2006：38.
② 白居易.白居易集笺[M].朱金城编.上海：上海古籍出版社，2013：516.
③ 范成大.范石湖集[M].富寿荪标校.上海：上海古籍出版社，2006：217.
④ 傅璇琮等.全宋诗[M].北京：北京大学出版社，1998：36126.
⑤ （嘉靖）惠安县志 卷5 物产[M].惠安：20a、b.
⑥ 白居易.白居易全集[M].丁如明等编.上海：上海古籍出版社，1999：226.
⑦ 宋祁.益部方物略记[M].北京：中华书局，1985：5.
⑧ 雏树刚.中国节日志·乌饭节·畲族三月三调查报告[M].北京：光明日报出版社，2018：163.

要之，旱地粮食作物是畲田中种植的主要农作物形态。关于畲田耕作流程与畲田工具，学者们已有比较全面的研究。大致而言，不同地区的畲田耕作的精细化程度不一样，畲田开垦年限长短也会影响其耕种的精细化程度，耕作流程越繁复的畲田发展成为梯田与定耕田地的可能性更大。

三、畲　稻

畲稻在宋代又名"菱禾"，据《舆地纪胜》卷一百二记载："菱禾，不知种之所出，植于旱山，不假耒耜，不事灌溉，逮秋自熟，粒粒粗砺，间有糯，亦可酿，但风味差，不醇。此本山客輋所种。今居民往往取其种而莳之。"从这段文字可以看出菱禾是山区畲民种植的一种旱作，其耕种方式较为粗放，基本没有中耕管理，其品质也较差。曾雄生先生敏锐地指出菱禾即旱稻，[①]亦即畲稻。正因畲稻是旱稻，其具有较强的耐旱能力。在方志文献中将其与占城稻混淆，比如《江南催耕课稻编》转引《宾州志稿》的记载："占城稻一名畲稻"。对此，游修龄先生指出："《宾州志稿》把畲稻也拉在占城名下，并引唐人诗句为证，更是谬误。占城之称在唐以后，如果畲稻即占城，那宋时引入的占城是第二批了。畲稻是种在山区的直播陆稻，不仅唐时已有，可远溯至原始农业时期，那是和刀耕火种联系在一起的。"[②]

关于畲禾的特性，乾隆《永定县志》中有一段文字说得更加明白，其云："旱稜禾，又名畲禾，山上可种，分粘、不粘两种，四月种，九月收，六月、八月雨泽和则熟。土人开山种树，掘烧乱草，乘土暖种之，次年则宜稷，不宜此矣。"[③]杨澜《临汀汇考》亦记："又有稜米，又名畲米，畲客开山种树，掘烧乱草，乘土暖种之；分黏、不黏两种，四月种，九月收。"[④]此时南方山区的畲稻种植技术向精细化方向发展了些。与水稻相比，其虽不多费工夫，但也需要施肥、除草等技术环节，方能保证较好收成，如王济《君子堂日询手统》中记载："又有畲禾，乃旱地可种植者，彼人无田之家并瑶僮人，皆

①　曾雄生："菱，即陵，与陆字意同。菱禾即陆稻，也即旱稻。"参见：游修龄，曾雄生. 中国稻作文化史[M]. 上海：上海人民出版社，2010：130.
②　游修龄. 稻作史论集[M]. 北京：中国农业科技出版社，1993：161.
③　（乾隆）永定县志　卷1　土产[M]. 永定：54a.
④　陈树平. 明清农业史资料（1368—1911）第一册[M]. 北京：社会科学文献出版社，2013：182.

从山岭上种此禾。亦不施多工，亦惟薅草而已，获亦不减水田。"①民国《武平县志》亦记："陆稻。亦有迟、早、赤、白之分。俗呼为棱禾。性能耐旱，种在山畬间亦收获。但亦须除草下肥料，否则收获不佳。"②畬稻种植技术的精细化表明此时畬田种植形式已不再是抛荒、轮耕形式。畬禾为旱稻，其"不俟水种，藉火之养，雨露之滋，粒大而甘滑"③，其生长期内若六至八月"雨泽调和，必大熟"。在大埔县，种植畬稻成为山民的主要生计方式。④广西山区生活的猺人亦多种植畬稻，并对周边汉人产生影响。福建安化州有抚水蛮，其种水田、采鱼，"保聚山险者虽有畬田，收谷粟甚少"⑤。

　　明清时期，东南山区畬禾的存在对提高山区水稻的抗旱能力起到重要作用。正因如此，畬稻成为重要的特产作物。光绪《闽县乡土志·谷属》中记载"晏稜，深山畬民所种，俗呼畬稻"⑥。成书于1921年的《闽清县志》记载当地农作物有："画眉早、八月占（宋真宗时取自安南占城）、畬稻（山田可种）、白芒糯、赤壳粳、小麦、狗尾粟等"⑦。可见畬稻已经成为东南山区，尤其是福建地区重要的旱作，正因如此也才有其向安徽、江浙地区传播的事例发生。另外，在畬田演变成梯田后，"畬稻涵义已经发生了变化，它包括旱稻与水稻。水稻是畬田发展成为梯田之后，受汉族稻作农业影响的结果。"⑧比如，20世纪50—70年代，在广东梅州市有一个农家自选品种名"畬禾早"。其主要分布于五华县、丰顺县等地。畬禾早亩产通常在140～175千克，高产者也不过200千克。如此亩产水平，在当时算低的了。所以该品种被当地农民逐渐抛弃，到1975年时"只保留小面积种植"。畬禾早是一个晚种早熟型品种，通常在立夏播种，大暑前五天移栽，秋分后就抽穗了，立冬成熟，生长期在105～110天。畬禾早的株高约106厘米，穗长19.9厘米，穗型属中，每穗结粒一般在115粒，多时可达125粒，少则60粒，不实粒占10%左右，分蘖力中等，

①　王济.君子堂日询手镜[M].上海：商务印书馆，1936：35-36.

②　福建省武平县志编纂委员会.武平县志（上）[M].中华民国三十年编修，1986：143.

③　（嘉庆）广西通志 卷91 舆地十二[M].广西：10b.

④　（民国）大埔县志 卷10 民生志·物产[M].大埔：12a，"斩草烧山，辟治如陇亩状曰畬其禾，以四月种、九月收，有粘、不粘两种，六月、八月雨泽调和，必大熟，山居之民多赖此为业。"

⑤　马端临.文献通考·四裔八[M].北京：中华书局，1986：2598.

⑥　（光绪）闽县乡土志 不分卷 谷属[M].闽县：323a.

⑦　（民国）闽清县志 卷3 物产[M].闽清：2a.

⑧　曾雄生.唐宋时期的畬田与畬田民族的历史走向[J].古今农业，2005（4）.

有效穗90%，所出米质甚佳。其耐肥抗倒，抗落粒性中等，耐酸，耐旱性中等，适于深泥田栽种。①从畲禾早的品种特性可以看出这应该是个水稻品种，不是原始意义上的旱地直播稻了。

　　山区的畲稻是农业技术、饮食习惯与自然环境相调适的结果。作为旱地直播稻的畲稻，它的存在也是山区人民应对旱灾的措施。明代的徐献忠在《吴兴掌故集》记录了他在山中居住时，遇到旱灾时的应对措施。他说："吾居山中，往往旱荒，乞得旱稻种，耐旱而繁实且可久蓄。高原种之，岁岁足食。种法大率如种麦，治地毕，豫浸一宿，然后打撺下子，用稻草灰和水浇之。每锄草一次，浇粪水一次，至于三，即秀矣。"②这里的旱稻采用了浸种方式使稻种富含水分以为基础，然后再进行播种，其间注意中耕保墒以减少水分的散失。即便旱稻品质、产量均不及水稻，但在那些并不具备种植水稻条件的山区，旱稻为那些追求米食的人提供了另一种选择。畲稻亦如此。

四、结　语

　　畲田曾是一种重要的农业形态，畲稻是畲田中的旱地直播稻，除畲稻外，粟、黍、豆类、麦类、玉米、甘薯、甘蔗等作物是畲田中广泛种植的大宗农作物。纵观中国农业发展历史，我们可以看到畲田范围由北向南，由地处向山区，呈现出不断缩减态势；与此同时，畲田种植的精细化程度也不断提高，从最初刀耕火种式的游耕演变至定耕农业。畲田梯田化后，畲稻含义发生变化，其在畲田作物中的地位也发生变化。明清时期，广东、福建山地民族盛种畲稻，是因其适应高地种植，具有较强耐旱特性。同时，畲稻也曾向周边省份传播，对于山区土地开发利用发挥了作用。

---

① 广东省农业局.广东省农作物品种志 上[M].内部编印.1978: 355.

② 徐献忠.吴兴掌故集 卷13[M].明嘉靖三十九年范唯一等刻本: 5a.

宋代南方稻作生态比较研究
——以浙西、江西为例

罗振江

一、引 言

　　两宋时期南方开发进入高潮，其中成效最突出者当属江西与浙西。①浙西农业之兴盛，毋庸赘言，"苏常（湖）熟，天下足"的民谚足以说明问题。江西事实上也不比浙西逊色，曾巩谓江西"田宜粳稌，赋粟输于京师为天下最"，②吴曾称漕米江西所出尤多，几居天下三分之一，③这反映出两宋时期江西一直是粮食的主产区之一，其重要性不亚于浙西。另外，从编户增长情况来看，唐天宝之际浙西四州共338 616户，北宋末929 472户，增长274%。天宝之际江西277 627户，北宋末2 025 655户，增长730%，增速远远超过浙西。④天宝时江西编户约当浙西82%，而北宋末已经超过浙西一倍。这些事实不能不令人思考，宋代江西的发展成就何以能媲美浙西，究竟是哪些因素在背后起

　　作者简介：罗振江（1989—），陕西西安人，中国农业博物馆馆员，研究方向为稻作史、农业史。

① 文中江西之地域略当今江西省，就唐代而言，相当于江南西道之洪、江、袁、饶、信（肃宗始置）、抚、吉、虔八州及歙州婺源县。就宋代而言，包括江南西路之洪州（南宋升为隆兴府）、抚州、袁州、筠州、吉州、虔州（南宋改赣州）、江州（北宋属东路，南宋划归西路）、临江军、建昌军、南安军，以及江南东路之饶州、信州、南康军及歙州婺源县。至于浙西，相当于唐时江南东道的苏、杭、湖、常四州，宋代的苏州（南宋升为平江府）、秀州（南宋升为嘉兴府）、杭州（南宋升为临安府）、湖州、常州、江阴军（分常州而设，废置不常）六州军之地。

② 曾巩.元丰类稿 卷19 洪州东门记[M].陈杏珍，晁继周点校.北京：中华书局，1984：313.

③ 吴曾.能改斋漫录 卷13 纪事·唐宋运漕米数[M].北京：中华书局，1960：396.

④ 户数统计方法容后详述。

作用？

　　以往学者所总结的唐宋时期南方农业发展的原因（包括而不限于江西），不外乎环境适宜、政府重视、人口增加（包括自然增长与移民迁入）、技术进步以及生产关系缓和等。[①]而研究人口史的学者通常又会将南方的人口增长归结为农业、商业、手工业的发展。[②]这两类研究的共同点是带有浓厚的人类中心主义气息，叙事模式通常是作为主体的人，凭借技术和工具，通过对作为客体的环境加以改造，以满足主体生存繁衍的需求。自然作为人类赖以生存繁衍的母体，在这一诠释体系中要么处于缺位状态，要么沦为背景板，人与自然、技术与自然的关系也被人为割裂，以凸显人的主观能动性。

　　正是对人类中心主义的不满，促成了环境史学（或称生态史学）在全球范围内的兴起，史学研究者逐渐开始关注人与环境（包括非生物组分和人以外的生物组分）之间的互相作用与协同演进，并在研究中有意识地借用生态学的思想和方法，以期阐明人与自然的复杂关系。[③]

　　生态学中对历史学家最具启发性的知识无疑是生态系统理论。所谓生态系统，是指"由环境和占据该环境并联系在一起的生命有机体所构成的动态整体。"具体而言，生态系统中的非生物组分包括光、土、水、气等，是生命活动得以开展的物质基础。生物组分即生活在该系统中的各种生物，主要分为三类，第一类为生产者，包括各种绿色植物、光合细菌、化能细菌等自养生物，它们利用光能、化学能将环境中的无机物合成为有机物，为生态系统输入能量；第二类为消费者，主要包括食草、食肉、食腐、杂食动物等异养型生物，通过摄食植物体或动物体的方式利用生产者制造的有机物作为能量来源；第三类为分解者，主要是一些异养型微生物，它们负责将动植物残体和排泄物分解为简单的无机物，归还到环境中，以完成物质循环，同时利用分解过程中释放

---

① 张家驹. 两宋经济重心的南移[M]. 武汉：湖北人民出版社，1957：13-14. 程民生. 宋代地域经济[M]. 开封：河南大学出版社，1992：46-49. 郑学檬. 中国古代经济重心南移和唐宋江南经济研究[M]. 长沙：岳麓书社，1996：55. 刘清荣. 宋代江西农业的进步及原因分析[J]. 江西社会科学，2006（2）. 韩茂莉. 论北方移民所携农业技术与中国古代经济重心的南移[J]. 中国史研究，2013（4）.

② 许怀林. 江西历史人口状况初探[J]. 江西社会科学，1984（2）. 吴松弟. 中国人口史 第三卷[M]. 葛剑雄主编. 上海：复旦大学出版社，2001：636-637.

③ 包茂宏. 环境史：历史、理论和方法[J]. 史学理论研究，2000（4）. 王利华. 中国生态史学的思想框架和研究理路[J]. 南开学报（哲学社会科学版），2006（2）.

的能量维持自身生存。[1]

农业生态系统是一种半自然、半人工的特殊生态系统。半自然性是说它与森林、海洋等自然生态系统类似，人在其中所扮演的角色是消费者而不是生产者，必须仰赖于生产者合成的有机物（如稻、麦等农作物的子实）为系统输入能量来维持生命活动。半人工性的意思是说与其他自然生态系统中的消费者只能被动地利用生产者合成的有机物不同，人又可以对系统中的生产者施加影响。例如人可以通过开垦荒地、围水造田等方式扩大农作物的种植面积，也可以通过选育良种、施用肥料、除草除虫、灌溉排水等措施促进农作物的生长发育，以生产出更多的食物满足自身生存繁衍的需求。[2]

在以人类为中心的叙事模式中，农业生态系统的核心——通过光合作用输入能量和物质以维持系统运转的农作物，常常处于缺位状态，而本文则尝试从农业生态系统的角度出发，分析宋代浙西、江西的不同发展历程，着重探讨农作物的贡献，它如何影响耕作技术和消费者数量（人口）的变动，以期准确阐明两宋时期江西、浙西农业路径的异同，深化学界对于两宋时期南方开发的理解。

二、稻种与环境

从地貌来看，浙西位于长江三角洲，属冲积平原区，土壤肥沃，除沿江、沿海地区地势较为高亢外，全境大部分地区地势低平，水网密布，号称膏腴之地。而江西的地貌与浙西相比差异巨大，平原（含水域）面积尚不足9%，主要分布在赣北（即鄱阳湖平原），其余皆是土壤较为瘠薄的丘陵及山地。[3]

江西与浙西在气候上的差异远小于地貌。我国长江下游（江西、浙江、上海以及江苏、安徽两省淮河以南地区，下同）的降水都与季风活动关系密切，其降雨类型属于春雨梅雨型。其特点是4—6月降雨最多，梅雨季结束后，

---

① 陈阜.农业生态学[M].北京：中国农业大学出版社，2002：14-15.
② 现实中的农业生态系统也颇为复杂，除了人和农作物之外，还有许多植物、动物、微生物生活在这个系统中并发挥影响，这里所讲的是一个简化模型，只涉及生态系统最主要的生产者（农作物）和最主要的消费者（人）。
③ 《江西省自然地理志》编纂委员会.江西省自然地理志[M].北京：方志出版社，2003：53-59.

西太平洋副热带高压西伸北跃，控制长江下游地区，因而7—8月降雨量急剧减少而蒸发量猛增，常出现伏旱，9—10月气温虽有所下降，但降水仍然缺乏，又易形成秋旱。由于伏秋时期正逢中稻出穗扬花和晚稻生长孕穗，稻田需水量大，此时供水矛盾特别突出。[①]

宋时长江中下游地区的气候状况与今日大体类似。如陈师道称"浙西地下积水，春夏厌雨"。[②]庄绰谓"二浙……迫秋，稻欲秀熟，田畦须水，乃反亢旱。余自南渡十数年间，未尝见至秋不祈雨。"[③]黄震谓"今江浙间十月获稻，而七八月间苦旱者甚多"。[④]上述材料反映出宋时伏秋干旱是影响长江中下游地区发展水稻种植的一个主要矛盾。

虽然两地气候相似，但由于地貌悬殊，导致江西和浙西的水文差异同样巨大。江西，尤其是丘陵山地区，降雨一般会迅速转化为径流，难以拦蓄，故易遭旱暵。而浙西地势平坦，坡度极小，排水困难，雨季易受涝害，陈师道谓浙西"春夏厌雨"即是此意，但同样也因为地势低平，河湖众多，干旱之时引水灌溉较之丘陵山地更加便利。自然禀赋方面的差异是导致浙西和江西在中唐以后走上不同农业发展道路的基础，而直接原因则是域外稻种的传入。不过在讨论域外稻种以前，有必要先介绍一下南方水稻的品类。

现代我国种植的水稻主要是亚洲栽培稻（*Oryza sativa* L.），一般可分为籼（*Oryza sativa* L. subsp. *indica* Kato）和粳（*Oryza sativa* L. subsp. *japonica* Kato）两个亚种。粳稻耐寒，北方及太湖流域（浙西属之）和云贵高原高海拔地区种植较多；籼稻耐热，在秦岭、淮河以南，横断山脉以东的广大低海拔平原和丘陵地带广泛种植。按照丁颖先生提出的五级分类法，粳、籼属第一级，粳、籼之下再依据光温特性分各早（中）稻和晚稻，为第二级，其下依次类推，第三级依照水分生理特性划为水稻和陆稻，第四级依据黏性程度分为黏稻（非糯性稻）和糯稻，第五级则是具体品种。[⑤]

无论是籼稻和粳稻，民间通常按照成熟期分为早、中、晚三类。长江下

① 浙江省气象局. 浙江的气候[M]. 杭州: 浙江科学技术出版社, 1980: 80-81. 上海市农业规划办公室. 上海农业气候[M]. 上海: 学林出版社, 1985: 65-66. 黄国勤. 江西农业[M]. 北京: 新华出版社, 2000: 440-448.

② 陈师道. 后山谈丛 卷3[M]//全宋笔记 第二编第六册. 郑州: 大象出版社, 2006: 94.

③ 庄绰. 鸡肋编 卷中[M]. 萧鲁阳点校. 北京: 中华书局, 1983: 80.

④ 黄震. 黄氏日抄 卷33 读本朝诸儒理学书[M]//景印文渊阁四库全书 第708册. 台北: 台湾商务印书馆, 2008: 13.

⑤ 丁颖. 中国栽培稻种的分类[M]//丁颖稻作论文选集. 北京: 农业出版社, 1983: 74-93.

游早稻收获期一般不迟于8月上旬（立秋前后），晚稻不早于9月下旬（秋分前后），中稻介于二者之间。如果采用早、晚二分（即将中稻也归入早稻，这也是一种较普遍的分法），那大致可以说秋分以前收获者属早稻，以后收者为晚稻。①

就早、中稻的类别而言，上海早、中稻内粳种较多，1959年上海搜集到地方水稻品种216个，其中早稻品种20个，18个为早粳，2个早籼。中稻品种32个，26个为中粳，6个中籼，②早、中稻中粳种占比超过80%。其次为江苏，《中国稻种资源目录》共收录江苏地方稻种1 661个，经统计，除去属性不明者，有早稻品种50个，其中早籼47个，早粳3个。中熟品种856个，其中中籼636个，中粳220个，早、中稻内粳种占比不足25%。③至于其他省份，早、中稻中粳稻占比极低，如新中国成立初浙江省征集到农家水稻品种3 986个，其中早熟品种516个，皆属早籼，无早粳，中熟者亦然，1 042个品种全为中籼。④江西共征集到地方品种7 000余份，其中早籼3 570份，中籼653份，而粳稻一共才177份。⑤安徽省收集的地方稻种后大部分损失，《稻种资源目录》中所著录的517个品种几乎全是早、中籼稻。⑥虽然上述数据并不全面，但从中亦能反映出在长江下游，尤其是太湖平原区之外，早、中稻内籼稻在数量上占据绝对优势，粳种微不足道。⑦

以往中国学者多持水稻中国起源论，认为粳稻和籼稻都起源于中国，是

① 邹树文.浙江省稻作栽培概况[J].浙江省昆虫局丛刊，1930（6）.叶向阳，谢治平.江西稻作概况及其改进意见[J].实业部月刊，1936（1）.上海市西郊区农业技术推广站.上海农事月历[M].北京：科学普及出版社，1958：14-17.安徽省农林科学院.节气与农事[M].合肥：安徽人民出版社，1975：189-204.李长传.江苏省地志[M]//中国地方志丛书.台北：成文出版社，1983：144-145.

② 上海市农业科学院作物育种栽培研究所，上海市农村工作委员会种子站.上海水稻品种志[M].上海：上海科学技术出版社，1961：前言1.按，上海的早粳品种多系东北、日本引进，农家品种很少。

③ 中国农业科学院作物品种资源研究所.中国稻种资源目录[M].北京：农业出版社，1992：58-169.

④ 叶福初，陈碧梧.浙江的水稻农家品种[C]//王如海主编.浙江稻作论集.杭州：杭州人民出版社，1964：49-58.

⑤ 姜文正，陈武.江西稻种资源[M]//应存山主编.中国稻种资源.北京：中国农业科技出版社，1993：352.按：《江西省农牧渔业志》称，截至1959年共征集到地方品种6677份，其中早稻4300份，晚稻2300份，粳稻77份。二说未详孰是。

⑥ 中国农业科学院作物品种资源研究所.中国稻种资源目录[M].北京：农业出版社，1992：222-259.

⑦ 这里主要讨论的是非糯性稻，糯稻之中粳糯的比例更高。

在不同栽培地带因温度差异而分化出来的两种"气候生态型"。其中籼稻与普通野生稻（*Oryza rufipogon* Griff.）更为相似，是栽培稻的基本型，粳种系由籼种分化而来。①近些年这一假说受到考古学家和遗传学者的强烈质疑。第一，考古学研究表明，我国众多史前稻作遗址中，除少数呈现出近似籼稻的特征以外，大多数水稻遗存要么是粳籼属性不明的"古栽培稻"，要么是粳稻或者在向粳稻方向演化。②这一事实显然与水稻中国起源论所主张的籼稻为栽培稻基本型的说法相龃龉。第二，遗传学家通过分析比较普通野生稻（*Oryza rufipogon* Griff.）、粳稻和籼稻的基因序列，认为普通野生稻在我国华南首先被驯化为粳稻，粳稻传播至东南亚、南亚地区后，与当地野生稻杂交而成为籼稻。③另外也有研究者发现一些可以用来指示人工驯化过程的基因序列在一部分籼稻中存在，在粳稻中却没有发现。它表明这部分籼稻可能在粳稻出现以前人工选育过程就已经开始了。因此，他们认为亚洲栽培稻是独立起源的，粳稻出自中国，而籼稻来自印度。④虽然遗传学家的意见尚不统一，但显然他们都同意籼稻的起源地在国外。第三，笔者梳理文献发现，粳与籼在宋代以前并无区别，都指的是非糯性稻种，至宋代罗愿才第一次明确指出粳籼有别，籼"比于粳小而尤不黏"。⑤而且，唐代长江流域的水稻多在九十月成熟，至唐末时期早稻才逐渐兴起。⑥以上诸学科的研究足以互相印证，证明籼稻确非中国原产，而与可能是唐中后期由东南亚地区传入的占城稻有极深渊源。⑦

籼稻传入后，最先得到广泛栽培的是其中的早、中熟品种，⑧并由此形成了粳（晚稻、大禾）与籼（早稻、小禾）的对立。如罗愿称"今人号籼为早稻，粳为晚稻"，⑨王祯《农书》谓南方水稻其类有三，"早熟而紧细者曰

---

① 丁颖. 中国栽培稻种的分类[M]//丁颖稻作论文选集. 北京：农业出版社，1983：25-37. 原刊于《农业学报》1957年第3期。
② 马永超，靳桂云，杨晓燕. 水稻遗存的判定及相关问题研究进展[M]//山东大学文化遗产研究院. 东方考古 第14集. 北京：科学出版社，2017：131-157.
③ HUANG X H，KURATA N，WEI X H，et al. . A Map of Rice Genome Variation Reveals the Origin of Cultivated Rice[J]. Nature，2012，490：497-501.
④ WANG W S，MAULEON R，HU Z Q，et al. . Genomic Variation in 3，010 Diverse Accessions of Asian Cultivated Rice[J]. Nature，2018，557：43-49.
⑤ 罗愿. 尔雅翼[M]. 石云孙校点. 合肥：黄山书社，2013：4.
⑥ 罗振江. 宋代早稻若干问题探讨[J]. 古今农业，2021（1）.
⑦ 关于这一问题笔者有《籼稻中国起源说质疑》一文，即将发表。
⑧ 宋代文献中的早稻通常指八月前和部分八月成熟的品种，大致相当于现在的早、中熟稻，参见罗振江《宋代早稻若干问题探讨》。
⑨ 罗愿. 尔雅翼[M]. 石云孙校点. 合肥：黄山书社，2013：4.

籼，晚熟而香润者曰粳，早晚适中，米白而黏者曰糯。"①可见现代长江下游早稻（广义的早稻，下同）以籼为主的格局宋代已经基本成型。

与晚稻相比，早稻的优势主要体现在以下几个方面。第一，成实早。贫家下户鲜有隔年之储，青黄不交之际势多窘迫，而早稻六七月可收，故民间多种之以济艰食。南宋章甫诗云"田家眼穿望早禾，早禾不熟奈饥何。"②赵蕃诗曰："早禾未割尤艰食，过午人家犹未炊。"③两首诗中都反映出夏秋之际民户多赖早稻续食。第二，耐瘠性好。早稻对土壤适应性较强，不但可种于沃壤，亦可植于瘠土。如南宋舒璘谓粳稻"非膏腴之田不可种"，而籼稻"不问肥瘠皆可种"。④许纶诗曰："六劝农家劝北乡，北乡田少尽茅冈。早禾有种何妨种，胜似闲教满地荒。"第三，抗性好，耐水耐旱。晚稻生长孕穗期，需水量大，而此时正逢南方伏秋干旱，严重威胁晚稻的生长发育。而早稻成实早，受伏秋干旱影响小，故而种植早稻较晚稻省水甚多，如明宋应星云："凡苗自函活以至颖栗，早者食水三斗，晚者食水五斗。"⑤所谓耐水，也与早稻生长期短有关，若春夏积潦不可耕犁，可趁水落后布种，短期内即有收成。如陈旉《农书》中有"黄绿谷"，梅雨季节过后，种之于湖田（无圩岸，汛期易涝），"自下种至收刈，不过六七十日"，可避水溢之患，即是此类。⑥第四，早籼稻易脱粒，出米率较晚粳稻高，舒璘称"粳谷者得米少""小谷得米多"，即指此。⑦

当然，早籼稻也有若干缺点。第一，品质较劣。罗愿称籼稻"做饭差硬"，故价格亦低于晚稻。⑧第二，耐寒性弱。元刘埙谓南丰州（元升南丰县

① 王祯. 农书 卷2 播种篇第六[M]. 北京: 中华书局，1956: 18.

② 章甫. 自鸣集 卷3 悯农[M]//景印文渊阁四库全书 第1165册. 影印本. 台北: 台湾商务印书馆，2008: 400.

③ 赵蕃. 淳熙稿 卷17 凿磨岭[M]//景印文渊阁四库全书 第1155册. 影印本. 台北: 台湾商务印书馆，2008: 274.

④ 舒璘. 舒文靖集 卷下 与陈仓论常平[M]//景印文渊阁四库全书 第1157册. 影印本. 台北: 台湾商务印书馆，2008: 540.

⑤ 潘吉星. 天工开物校注及研究[M]. 成都: 巴蜀书社，1989: 225.

⑥ 陈旉. 陈旉农书校注 卷上 地势之宜篇第二[M]. 万国鼎校注. 北京: 农业出版社，1965: 25.

⑦ 舒璘. 舒文靖集 卷下 与陈仓论常平[M]//景印文渊阁四库全书 第1157册. 影印本. 台北: 台湾商务印书馆，2008: 540.

⑧ 罗愿. 尔雅翼[M]. 石云孙校点. 合肥: 黄山书社，2013: 4. 舒璘. 舒文靖集 卷下 与陈仓论常平[M]//景印文渊阁四库全书 第1157册. 影印本. 台北: 台湾商务印书馆，2008: 540.

播厥百谷：中国作物史研究

Sowing Grains: Study on History of Crops in China

置）"山深地寒，止宜晚禾，惟有近郭乡村略种早稻。"①说明山区高海拔或背阴处因气温较低，不宜种植早籼。第三，丰产性差。在土壤、水分条件较为优越的条件下，早籼产量不如晚粳，这主要是因为早籼稻生育期短，光合产物积累量少，另外也与早籼稻耐肥性不佳有关。

晚粳稻虽然米质好，产量高，但它不耐水旱，不宜瘠土，而早籼稻虽然有产量低、品质差的劣势，但它成实早，耐水旱，特别适宜高田、湖田等土壤瘠薄，水利不备的劣地。因此当大中祥符五年（1012）真宗在江、淮、两浙大规模推广占城稻以后，以丘陵山地为主的江西地区早稻规模增长很快。在有文献可考的江、洪、吉、抚、南康五州军中，除抚州"早禾少而晚禾多"以外，②而其余四州早稻远多于晚稻。如江州"土产皆占米，晚禾不多"，③洪州所种，"占米为多"，④"本州管下乡民，所种稻田十分内七分并是早占米，只有三二分布种大禾。"⑤吉州亦以早稻为主，真德秀称潭州"多种早稻，其视晚禾居十之七。晚禾虽稔，自输官外赢余无几，富家之所储蓄，细民之所仰食，惟早稻而已。"⑥而吉州的情形与其类似，同样是"以早稻充民食，以晚稻充官租"。⑦据此可以推测吉州早稻比重大概也在七成上下。南康军"晚田……不能当早田之一二"。⑧上述材料说明在江西，早稻多于晚稻是普遍情况，徐鹿卿谓"江东、西……地多旱（早）田，收成不出六七月"，⑨

① 刘壎. 水云村稿 卷14 呈州转申廉访分司救荒状[M]//景印文渊阁四库全书 第1195册. 影印本. 台北：台湾商务印书馆，2008：499.

② 黄震. 黄氏日抄 卷75 七月二十一日雨旸申省状[M]//景印文渊阁四库全书 第708册. 影印本. 台北：台湾商务印书馆，2008：761.

③ 陈宓. 龙图陈公文集 卷12 与江州丁大监札[M]//宋集珍本丛刊 第73册. 北京：线装书局，2004：517.

④ 吴泳. 鹤林集 卷39 隆兴府劝农文[M]//景印文渊阁四库全书 第1176册. 影印本. 台北：台湾商务印书馆，2008：383.

⑤ 李纲. 梁溪集 卷106 申省乞施行籴纳晚米状[M]//景印文渊阁四库全书 第1126册. 影印本. 台北：台湾商务印书馆，2008：295.

⑥ 真德秀. 西山先生真文忠公文集 卷10 申朝省借拨和籴米状[M]//《四部丛刊》初编缩本 第268册. 上海：商务印书馆，1936：187.

⑦ 文天祥. 文山先生全集 卷5 与知吉州江提举万顷[M]//《四部丛刊》初编缩本 第281册. 上海：商务印书馆，1936：111.

⑧ 朱熹. 晦庵先生朱文公文集 卷20 申南康军旱伤乞放租税及应副军粮状[M]//朱杰人，严佐之，刘永翔. 朱子全书第21册. 上海：上海古籍出版社，2002：899.

⑨ 徐鹿卿. 清正存稿 卷2 己卯进故事[M]//景印文渊阁四库全书 第1178册. 影印本. 台北：台湾商务印书馆，2008：854. 按："旱"字当作"早"，系因形似而误.

正好可以印证我们的判断。^①

与江西不同，宋代浙西依旧延续着种植一季晚粳的传统，早稻不多。如湖州"管内多系晚田，少有早稻"，^②曹勋诗中甚至说"浙西纯种晚秋禾"。^③早稻在浙西并不占主要地位，其分布区主要集中在外围山区，如杭州新城县"山田多种小米，绝无秔稻"。^④

江西以早籼为主，而浙西以晚粳为主，这主要受自然禀赋的影响。浙西地区土壤肥沃，水源充足，且地势平坦，易于构建排灌工程免除旱涝威胁。因此对浙西来说，种植晚粳稻可以充分利用当地的肥沃土壤和水利优势，获益较早稻为多。而江西多丘陵山地，土壤贫瘠且水利难兴，不易栽培生育期长，需水、需肥量大的晚粳稻，却特别适宜早籼稻的种植。唐代以前南方广大丘陵山地区发展十分缓慢，缺乏适应此类水土条件的优良作物是一个关键因素。自籼稻传入后，南方丘陵山地的开发迅速掀起高潮，在真宗大规模推广占城稻之后百余年，籼稻即成为江西的优势作物，这与籼稻很好地适应了江西的自然环境是分不开的。

三、稻种与技术

宋代浙西地区农田建设的重点是与水争田。唐中叶江南海塘系统的修筑完成，以及太湖东南塘路系统的全线贯通，大大促进了对湖沼滩地的围垦。^⑤至宋代，围垦速度有增无减，甚至呈现出无序化的状态，致使吴越国时期塘浦阔深、堤岸高厚的大圩体系逐渐遭到破坏，而代之以小圩模式，^⑥排灌体系亦由横塘纵浦转变为有干有枝的泾浜体系。^⑦

---

① 虽然这里所引的皆是南宋文献，但李纲行文的时间在两宋之交，说明洪州以早稻为主的分布格局至少在北宋后期就已经形成，而江西其他州军也不应太晚。

② 王炎. 双溪类稿 卷23 申省论马料札子[M]//景印文渊阁四库全书 第1155册. 影印本. 台北: 台湾商务印书馆, 2008: 692.

③ 曹勋. 松隐集 卷20 浙西刈禾以高竹叉在水田中望之如群驼[M]//景印文渊阁四库全书 第1129册. 影印本. 台北: 台湾商务印书馆, 2008: 445.

④ 徐松. 宋会辑稿 食货70之109[M]. 北京: 中华书局, 1957: 6425.

⑤ 缪启愉. 太湖塘浦圩田史研究[M]. 北京: 农业出版社, 1985: 17-21.

⑥ 谢湜. 11世纪太湖地区农田水利格局的形成[J]. 中山大学学报 (社会科学版), 2010 (5).

⑦ 王建革. 泾、浜发展与吴淞江流域的圩田水利 (9—15世纪) [M]. 中国历史地理论丛, 2009 (2).

相比浙西的一以贯之，唐宋时期江西的垦田重点则存在明显转向。唐代江西农业最发达的地方是洪州，洪州襟江带湖，地势平缓，江西为数不多的平原主要分布于此，与浙西的地貌、水文环境接近。唐初人谓"豫章之俗，颇同吴中，其君子善居室，小人勤稼穑"，"一年蚕四五熟，勤于纺绩"，[①]这说明初唐时洪州的农业发展路径与浙西尚不存在明显分化。唐后期，洪州刺史、江南西道观察使韦丹在洪州"筑堤捍江，长十二里，疏为斗门，以走潦水""灌陂塘五百九十八，得田万二千顷"。[②]杜牧举其成数，称韦丹"凿六百陂塘，灌田一万顷"。[③]总之，韦丹所循的仍是发展水利田的路数，与浙西并无不同。

但唐代以后，江西农田建设的方向发生明显转向，水利田建设趋冷，出现了与山争田的热潮，丘陵山地得到前所未有的开发。如曾安止称吉州太和县"自邑及郊，自郊以及野，巉岩重谷，昔人足迹所未尝至者，今皆为膏腴之壤。"[④]通判抚州施某称"抚之为州，山耕而水莳"。[⑤]范成大路过袁州，见仰山"岭阪之上，皆禾田层层，而上至顶。"[⑥]宋人还有"江西良田，多占山冈"之语，[⑦]表明宋代江西丘陵山地的开垦已相当广泛。

与垦殖丘陵山地的热潮相比，宋代江西水利田的建设就显得逊色多了。此一时期，江西的农田水利建设与浙西相比呈现出两个突出特点：第一个特点是江西显著落后于浙西。据毕仲衍《中书备对》记载，熙宁时府界及诸路兴修水利田36万余顷，其中，两浙路104 848.42顷，而江南西路仅4 674.81顷，[⑧]尚不足两浙路的二十分之一，[⑨]这与入宋以后江西人口迅猛增长存在明显反差。洪州即是江西水利落后的一个缩影，洪州地处鄱阳湖平原，具备发展灌溉事业的

---

① 隋书 卷31 地理下[M]. 北京：中华书局，1973：887.

② 韩愈. 韩昌黎文集校注 卷6 唐故江西观察使韦公墓志铭[M]. 马其昶校注，马茂元整理. 上海：上海古籍出版社，1986：376.

③ 杜牧. 樊川文集 卷7 唐故江西观察使武阳公韦公遗爱碑[M]. 上海：上海古籍出版社，1978：113.

④ 曹树基.《禾谱》校释[J]. 中国农史，1985（3）.

⑤ 王安石. 王文公文集 卷34 抚州通判厅见山阁记[M]. 唐武标校. 上海：上海人民出版社，1974：410.

⑥ 范成大. 骖鸾录[M]//顾宏义，李文整理、标注. 宋代日记丛编. 上海：上海书店出版社，2013：828.

⑦ 宋史 卷173 食货上一[M]. 北京：中华书局，1977：4183.

⑧ 徐松. 宋会要辑稿 食货61之68—69[M]. 北京：中华书局，1957：5907-5908.

⑨ 宋人谓"浙东数郡多是山田，非水乡富饶之比"（徐松《宋会要辑稿》食货58之32，第5837页），可以推测两浙路水利田主要集中在太湖平原区。

条件，唐时韦丹"凿陂塘六百，灌田一万顷"，而北宋一朝洪州未有兴修大型灌溉设施的记录，南宋时隆兴府（洪州）知府蔡戡称"豫章之田，濒江依山，高下相半，常有旱干水溢之忧"，[①]知府吴泳称本府"湖田多山田少"，[②]都表明宋代洪州的水利事业是比较落后的。此外，冀朝鼎曾统计历代治水活动，唐代江苏18项，浙江44项，江西20项，宋代江苏117项，浙江302项，江西56项，[③]同样可以印证江西的水利建设进展缓慢，相比浙西已经逊色许多。

第二个特点是江西灌溉工程规模偏小。仍引毕仲衍的统计，熙宁时江南西路水利田共997处，4 674.81顷，平均每处约469亩；两浙水利田1 980处，104 848.42顷，平均每处5 295亩，[④]其规模相差十倍有余。袁州的资料显示，当地的水利设施规模更小，宜春、分宜、萍乡、万载四县共有陂塘4 453处，可溉田约5 442.83顷。[⑤]平均每处陂塘仅浇灌122亩左右，远远不及两浙路的规模。

江西水利事业之所以呈现出上述两个特点，自然禀赋的限制当然是主要原因，其次与稻种选择也有密切关系。江西多植早稻，早稻成实早，受伏秋旱影响小，降雨通常可以满足其生育期中的大部分水分需求，因此江西之农缺少兴建水利灌溉设施的动力。当然，虽然伏秋旱影响不大，但仍需应付因降雨不时而出现的短期旱暵。办法之一是利用溪泉等天然水源，选择合适地形，筑坝置闸，引水灌溉。福建多用此法，"七闽地狭瘠，而水源浅远，其人……垦山陇而为田，层起如阶级，然每远引溪谷水以灌溉。"[⑥]杭州於潜县亦用此法，其田"倚山历级而上者，水皆无及，其所资以灌溉者，浅涧断溜。"[⑦]

除此以外，在缺少天然水源的高田通常会开挖池塘，拦蓄雨水。如闽籍官员介绍其乡经验，"有平地而非膏腴之田，无陂塘可以灌注，无溪涧可以汲引，各于田塍之侧开掘坎井，深及丈余，停蓄雨潦，以为旱干一溉之助"。[⑧]

① 蔡戡. 定斋集 卷13 隆兴府劝农文[M]//景印文渊阁四库全书 第1157册. 影印本. 台北: 台湾商务印书馆，2008: 705.
② 吴泳. 鹤林集 卷39 隆兴府劝农文[M]//景印文渊阁四库全书 第1176册. 影印本. 台北: 台湾商务印书馆，2008: 383. 洪州湖田缺乏完善的堤岸与排灌系统，这不同于浙西的圩田，否则吴泳不会将其作为豫章之民"只靠天幸"的证据。
③ 冀朝鼎. 中国历史上的基本经济区与水利事业的发展[M]. 朱诗鳌译. 北京: 中国社会科学出版社，1981: 36.
④ 徐松. 宋会要辑稿 食货61之68—69[M]. 北京: 中华书局，1957: 5907-5908.
⑤ 斯波义信. 宋代江南经济史研究[M]. 方健，何忠礼译. 南京: 江苏人民出版社，2011: 405.
⑥ 方勺. 泊宅编 卷3[M]. 许沛藻，杨立扬点校. 北京: 中华书局，1983: 15.
⑦ 潜说友. 咸淳临安志 卷39 堰[M]//中华书局编辑部编. 宋元方志丛刊. 北京: 中华书局，1990: 3711.
⑧ 徐松. 宋会要辑稿 瑞异2之29[M]. 北京: 中华书局，1957: 2096.

黄震在抚州，也劝告农人，"水田不近水，须各自凿井贮水"。①陈旉《农书》中针对高田水利也提出类似方案，即"视其地势，高水所会归之处，量其所用而凿为陂塘，约十亩田即损二三亩以潴蓄水"，"旱得决水以灌溉，潦即不致于弥漫而害稼"。②

不管是在丘陵山地中汲引溪涧还是开挖陂塘，其规模必然较小。溪涧之水出自降雨，久旱常断流，因此於潜县那些借助浅涧断溜而灌溉的高田一遇旱暵，农人常常是"拱手待槁"。③小型陂塘也容易干涸，前述闽籍官员也承认，掘地为塘的办法费力甚多而收效甚微，仅仅比"立视其槁而搏手无策"要稍好些。④总而言之，上述办法在江西肯定也有所应用，但这些小微水利仅可应付小旱，对于较严重的旱情亦无能为力。

江西水利不兴，抗旱能力薄弱，这一点也可从南宋官员的言论中得到印证。知抚州黄震称该州水利不修，"一切靠天"。⑤其实不惟抚州如此，这种情形在江西恐怕是普遍现象。如曾任袁州知州的张成言："江西良田多占山冈上，资水利以为灌溉，而罕作池塘以备旱暵。"⑥黄榦称"江西之田瘠而多涸，非借陂塘井堰之利则往往皆为旷土，比年以来，饥旱荐臻，大抵皆陂塘不修之故。"⑦这都说明，江西对水利事业的重视程度是比较低的。

就农业经营方式而言，较之浙西，江西较为粗放。知隆兴府（洪州）吴泳比较当地与浙西的耕作方式，认为"吴中之农专事人力"，而洪州之民不勤农事，"只靠天幸""率数日以待获"；⑧知抚州黄震认为其民在垦田、灌溉、耘草、壅肥、秋耕等诸多方面都不如浙西之农勤谨。⑨事实上，这种差异的出现亦与稻种选择颇有关系，因为江西境内晚稻区的农业技术水平并不粗

① 黄震. 黄氏日抄 卷78 咸淳九年春劝农文[M]//景印文渊阁四库全书 第708册. 影印本. 台北: 台湾商务印书馆, 2008: 811.
② 陈旉. 陈旉农书校注 卷上 地势之宜篇第二[M]. 万国鼎校注. 北京: 农业出版社, 1965: 24-25.
③ 潜说友. 咸淳临安志 卷39 堰[M]//中华书局编辑部编. 宋元方志丛刊. 北京: 中华书局, 1990: 3711.
④ 徐松. 宋会要辑稿 瑞异2之29[M]. 北京: 中华书局, 1957: 2096.
⑤ 黄震. 黄氏日抄 卷78 咸淳九年春劝农文[M]//景印文渊阁四库全书 第708册. 影印本. 台北: 台湾商务印书馆, 2008: 811.
⑥ 徐松. 宋会要辑稿 食货7之46[M]. 北京: 中华书局, 1957: 4928.
⑦ 黄榦. 勉斋先生黄文肃公集 卷23 代抚州陈守[M]. 元延祐二年（1315）刻本.
⑧ 吴泳. 鹤林集 卷39 隆兴府劝农文[M]//景印文渊阁四库全书 第1176册. 影印本. 台北: 台湾商务印书馆, 2008: 383.
⑨ 黄震. 黄氏日抄 卷78 咸淳九年春劝农文[M]//景印文渊阁四库全书 第708册. 影印本. 台北: 台湾商务印书馆, 2008: 810.

放，同样走的是精耕细作的路子。以抚州金溪县为例，陆九渊称金溪县西北至临川多种早稻，而陆家在金溪东北，所植或以晚稻为多。陆氏称其家治田"每用长大钁头，两次锄至二尺许，深一尺半许，外方容秧一头，久旱时田肉深，独得不旱。以他处禾穗数之，每穗谷多不过八九十粒，少者三五十粒而已，以此中禾穗数之，少者尚百二十粒，多者至二百余粒，每一亩所收比他处一亩不啻数倍，盖深耕易耨之法。"[①] 抚州是江西集约农业的典范，甚至有学者认为其技术水平还在浙西之上。[②]

由此可见，东南地区对水利设施重视与否以及农业经营之粗放与集约，均与稻种选择有较为密切的关系。浙西多种晚稻，晚稻生育期长，旱涝威胁严重，但米质佳，耐肥性好，增产潜力大，要发挥晚稻的优势必须重视水利设施的建设并采取精耕细作的经营模式。而江西地区多丘陵山地，选择种植米质差，耐旱耐瘠且产量较低的早稻，同样也就选择了粗放经营的路子。

四、稻种与人口

在研究人口增长之前，有必要对方法与数据作几点说明。

第一，由于南宋时期没有系统的户口统计数字传世，故只能选择盛唐至北宋末的五个时间节点浙西、江西各州的户数进行比较。这五个时间点分别是唐天宝（742—756）、元和（806—820）及北宋咸平（998—1003）、元丰（1078—1085）及崇宁（1102—1106），数字分别出自《旧唐书·地理志》《元和郡县志》《太平寰宇记》[③]《元丰九域志》和《宋史·地理志》。至于为何选择户数，而不是选择口数进行比较，是因为宋代政府登记的口数不可信，而户数比较接近实际，[④] 由于唐宋时期户均口数基本仍保持在一家五口的水平，[⑤] 因此，可以认为户数与口数基本上呈线性关系，故而以户数为研究对

---

① 陆九渊. 象山先生全集 卷34[M]//《四部丛刊》初编缩本 第247册. 上海: 商务印书馆, 1936: 277.

② 大泽正昭. 关于宋代"江南"的生产力水准的评价[J]. 刘瑞芝译. 中国农史, 1998（2）.

③ 有学者认为《太平寰宇记》成书于宋太宗时期，笔者则以为是该书所录户口是咸平初的数字，此项争论与本文关系不大，故不展开。

④ 葛剑雄. 宋代人口新证[J]. 历史研究, 1993（6）. 何忠礼. 宋代户部人口统计考察[J]. 历史研究, 1994（4）.

⑤ 吴松弟. 中国人口史·第三卷辽宋金元时期[M]. 上海: 复旦大学出版社, 2005: 162.

象，在很大程度上也能反映人口的变动情况。

第二，为方便比较，各时间节点的户数皆按照唐天宝时州域进行统计，江西为洪、江、袁、饶、抚、吉、虔七州，[①]浙西为苏、杭、湖、常四州。由于宋代增设许多州级政区，故在统计时将各政区户数按照"属县分割法"归入唐代相应的某州之中。举例而言，唐洪州辖域甚广，略当咸平时之洪州加上筠州（领四县）之高安、上高、新昌三县，再加上南康军（领三县）之建昌县以及袁州（领五县）之万载县。[②]故咸平时，以唐代洪州地域而计，其户数应为洪州加上筠州四分之三、南康军三分之一以及袁州的五分之一。此法非笔者首创，前人有用之者，[③]虽略显粗糙，但在史料有限，不能获得更精细的人口分布数据的情况下，以点（县城）的分布作为对人口分布的简单采样，亦不失为可行之策。按照以上方法处理后，可得到图1，诸州的次序依照崇宁时户数多寡排列。

据图1，天宝时浙西常、杭、苏、湖编户数分列前四，而江西七州皆居其后。至宋崇宁时形势逆转，居前四者为分别为洪、吉、饶、虔，皆属江西，而浙西四州全面落后。天宝至崇宁，江西七州中增幅最小者为江州，增长354%，而浙西四州中增幅最大者为苏州，才261%。这表明中唐至北宋末的300余年中，江西诸州的编户增量极为可观。

当然，从图1中也可以看到，天宝至咸平的200余年中，江西七州编户皆有增长，而浙西四州反出现不同程度的减耗，这是浙西崇宁编户数落后的重要原因。浙西户口减耗的主要诱因是唐末五代时期太湖流域的频繁战乱，但我们不能反过来将江西300余年中的高速增长简单地归因于和平稳定。因为从纵向来看，自西汉末至天宝700余年间，江西编户增幅不足3倍，[④]而天宝至崇宁的300余年中，增长7倍有余，这背后很可能有某些因素的强力推动。而且我们注意到，早稻比重较高的洪、吉二州在图1中的排名也是最靠前的，这恐怕不是一个巧合。

---

① 婺源县、玉山县今属江西省，天宝时分别隶属歙州、衢州，统计中归入饶州。

② 各州辖域据：谭其骧.中国历史地图集 第五、六册[M].北京：中国地图出版社，1982.

③ 滕泽之.山东人口史[M].济南：山东省新闻出版局，1991：例言.

④ 按，此依许怀林统计结果，其口径与本文略有不同，参见：许怀林.江西历史人口状况初探[J].江西社会科学，1984（2）.

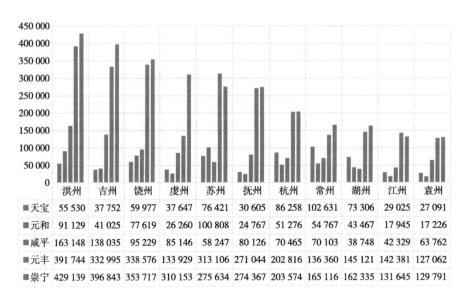

	洪州	吉州	饶州	虔州	苏州	抚州	杭州	常州	湖州	江州	袁州
天宝	55 530	37 752	59 977	37 647	76 421	30 605	86 258	102 631	73 306	29 025	27 091
元和	91 129	41 025	77 619	26 260	100 808	24 767	51 276	54 767	43 467	17 945	17 226
咸平	163 148	138 035	95 229	85 146	58 247	80 126	70 465	70 103	38 748	42 329	63 762
元丰	391 744	332 995	338 576	133 929	313 106	271 044	202 816	136 360	145 121	142 381	127 062
崇宁	429 139	396 843	353 717	310 153	275 634	274 367	203 574	165 116	162 335	131 645	129 791

图1　唐宋时期浙西、江西诸州户数柱状图

　　我们以为，晚唐以来江西人口迅速增长的关键即在于江西诸州选择了一种与浙西不同的农业路径。浙西田多围水造成，其过程费时费工，须官府或有力之家组织众人方能成事，开发难度大，因此土地垦辟较为缓慢。江西耕种丘陵山地则不受限制，人人可垦，各任其力，耕地增加很快。浙西种晚稻，单产高而抗逆性差，其农人勤谨，涝则排，旱则灌，冬夏壅肥，春秋再耕，种田贵精不贵多。江西种早稻，耐旱耐瘠，其民虽种之灭裂，耘亦卤莽，然皆有薄收，人均耕种面积也多。由于江西土地易于垦殖，且其农业经营方式重量不重质，因此，江西之民在短时间内即将大量丘陵山地垦而为田。以吉州为例，北宋后期其人地关系已较为紧张，"其间皋缠壤束，水耨陆垦之民急角其力，限尔疆此界，如一枰上常窘边幅。舍居者非尽得平川易野，则往往负湍溪、挂鸟道，诘屈间关，开明阖昏，至聚落相枕，如带不绝。"[①]与土地快速开垦相伴的则是粮食产量的增加，进而推动江西编户的迅猛增长与经济的快速繁荣。

　　记载南宋诸州户口的官方文献多散佚无存，好在部分方志中零散地保存了一些数据。考察后发现，浙西苏、杭两州在南宋时持续高速增长，杭州（临安府）崇宁有户203 574，淳祐十二年（1252）户数381 335，咸淳四

① 刘爚. 龙云集 卷25 送盛大夫仲孙归朝序并诗[M]//景印文渊阁四库全书 第1119册. 影印本. 台北: 台湾商务印书馆, 2008: 264.

年（1268）户数391 259，①咸淳较之崇宁几增一倍。苏州（平江府）崇宁户152 821，淳熙十一年（1184）户173 000有余，德祐元年（1275）户329 600有奇，②德祐较之崇宁亦增一倍有余。反观江西诸州则增长乏力，抚州崇宁户161 480，景定户247 320。③建昌军崇宁户112 887，开庆元年（1259）户168 279，④此二州军尚属领先。临江军崇宁户91 669，咸淳元年（1265）户100 964；⑤赣州崇宁户272 432，宝庆户321 356；⑥筠州崇宁户111 421，宝庆二年（1226）户90 656，⑦以上三州增速甚缓。

　　以上数据显示南宋时期江西与浙西的编户增长情况又颠倒过来，江西增长迟缓，浙西稳步上升，这仍与两地的稻作生态关系密切。南宋中后期，地狭人众是东南地区的普遍情形，时人称"自江而南，井邑相望，所谓闲田旷土，盖无几也"，⑧王炎称"江、浙、闽中，能耕之人多，可耕之地狭"，⑨陆九渊称"江东、西无旷土"。⑩表面看来都是人地矛盾突出，实质却不相同。浙西所谓的土狭人众是因为其民种田贵精，故耕无废圩，刈无遗陇，但是浙西的农业潜力巨大，围水造田虽然耗时费工，却可以持续而稳定地增加土地供给以满足日益增长的粮食需求。而精耕细作的经营方式，提升了粮食单产，相应地也就降低了对土地的需求，因此，浙西的稻作模式可持续性强，不仅维持了南宋时期人口与经济的持续繁荣，而且支撑了其后数百年的稳定增长。反观江西，借助于域外传入的新稻种，以粗放经营的方式开垦丘陵山地，虽然也带来

① 潜说友.咸淳临安志 卷58 户口[M]//中华书局编辑部编.宋元方志丛刊.北京：中华书局，1990：3869.

② （正德）姑苏志 卷14 户口[M]//天一阁藏明代方志选刊续编 第11册.上海：上海书店出版社，1990：918.

③ （光绪）抚州府志 卷22 户口[M]//中国方志丛书.台北：成文出版社，1982：356.

④ （正德）建昌府志 卷3 图籍[M]//天一阁藏明代方志选刊续编 第34册.上海：上海古籍书店，1982.

⑤ （隆庆）临江府志 卷7 赋役·户口[M]//天一阁藏明代方志选刊续编 第35册.上海：上海古籍出版社，1962.

⑥ （嘉靖）赣州府志 卷4 食货·户口[M]//天一阁藏明代方志选刊续编 第38册.上海：上海古籍出版社，1962.

⑦ （正德）瑞州府志 卷3 财赋志·户口[M]//天一阁藏明代方志选刊续编 第42册.上海：上海书店出版社，2014：707.

⑧ 佚名.永嘉先生八面锋 卷2 以势处事以术辅势[M]//《丛书集成》初编.上海：商务印书馆，1936：9.

⑨ 王炎.双溪类稿 卷19 上林鄂州[M]//景印文渊阁四库全书 第1155册.影印本.台北：台湾商务印书馆，2008：645.

⑩ 陆九渊.象山先生全集 卷16 与章德茂[M]//《四部丛刊》初编缩本 第246册.上海：商务印书馆，1936：139.

了繁荣兴旺的经济局面，但这种繁荣是以适耕土地的迅速消耗为代价的。至南宋，江西的可耕地资源已经消耗过甚，人口增速明显放缓，而土狭人众的状况却在加剧，致使江西之民不得不远徙异乡，另寻生路。袁州、吉州之民西迁荆湖南路诸州开荒，①而赣州之民则侨寓广南梅州等地垦殖。②

最后，笔者想强调一点，以往学者在讨论人口增长时，常常会将移民作为其中一项重要因素加以考量。例如，有学者将南宋时期临安府（杭州）与平江府（苏州）的人口快速增长归结为移民的大量涌入。③笔者并不否认移民的迁入对人口增长有所助益，但这并非根本动力。换句话说，移民是否能促进人口增长，是由更深层的因素所决定的。我们不妨思考下述问题：为什么移民大量迁入的地方人口会增长，是移民促进了人口的增长，还是这些地区本身具备养活更多人口的能力，因此才有大量移民倾向迁入？答案显然是后者，生态学原理可提供佐证。从生态学的角度看，生物种群的数量与环境承载力有关，资源充裕，种群数量增长；资源不足，种群规模必然缩小。人类作为生物界的一员，同样遵循此种规律。因此，就宋代浙西、江西的人口增长而言，其深层原因在于可持续发展的潜力，即在当时的技术条件下能否持续地供给耕地以生产更多的粮食来维持人口的增长，而移民的迁入能否加速人口的增长也会受到此项因素的影响。

五、结　论

通过上述研究发现，在宋代，伴随着早稻的兴起，东南地区的农业生态也发生明显分化。浙西坚持种植晚粳，并在此基础上发展出精耕细作的技术体系，这种技术体系对资源，尤其是土地的利用效率较高，可持续性好，为此后近千年浙西地区的持续繁荣奠定了技术基础。而江西受自然禀赋的制约，唐以后逐渐改种新传入的早籼稻，促进丘陵山地的迅速开发，并由此形成较为粗放的耕作体系。虽然宋代的江西同样繁盛，但这种繁荣是以可耕地的迅速消耗为代价的，最终因为可耕地资源消耗过甚而陷入困境。

---

① 宋史　卷88 地理志四[M]. 北京：中华书局，1977：2201.

② 王象之. 舆地纪胜　卷102 梅州[M]. 北京：中华书局，1992：3139.

③ 吴松弟. 南宋人口史[M]. 上海：上海古籍出版社，2008：207.

播厥百谷：中国作物史研究

Sowing Grains: Study on History of Crops in China

公元1世纪之前中国的冬、春小麦种植

杜新豪

播厥百谷

Sowing Grains: Study on History of Crops in China

中国作物史研究

　　小麦起源于西亚的新月地带，在距今4500—4000年经由草原通道和绿洲通道两种途径传入我国，[①]在春秋时期就已被人们视作"五谷"之一，唐代中后期的两税法中已将其视作征收对象，它在漫长的本土化过程中逐渐取代了北方地区的黍与粟，成为最成功的外来作物，并塑造了当今"南稻北麦"的农业生产格局。小麦按照播种时间的不同，可以分为冬小麦和春小麦两种类型，冬小麦在秋天播种，于翌年夏季收获；春小麦则是春种秋收，可在同一年内完成整个生产过程。二者播种期存在差异的原因是它们需要春化的时间和温度不一样，冬小麦的春化期约30～60天，春化时需要气温在0～5℃，冬季寒冷的气候可以满足其春化的需求；而春小麦的春化期相对较短，它在5℃以上的气温中于30天之内即可完成春化过程，其中一些弱春性的品种甚至无需春化[②]。以往人们在考察栽培小麦的起源及传入与传播的历史时，大多只关注小麦与其他麦类作物如大麦之间的区别，而对于所论述的小麦究竟为春小麦还是冬小麦则没有严格的界定。[③]从历史学的视角来看，弄清冬小麦与春小麦这两种不同播种期小麦品种的播种范围、地域分布与耕作技术是了解土地轮作制度、作物种植结构以及农业生产技术的一种有效途径，因而具有较为重要的学术价值。

　　我国拥有四五千年之久的小麦种植历史，但颇为难解的是，最早关于冬、春小麦的记载迟至西汉才首次出现在文献中，那么之前栽培的小麦究竟是

　　作者简介：杜新豪（1987—），山东临沂人，中国科学院自然科学史研究所副研究员，硕士生导师，研究方向为农业通史、明清科技史。

① 赵志军.小麦传入中国的研究—植物考古资料[J].南方文物，2015（3）.

② 颜济，杨俊良.小麦族生物系统学 小麦-山羊草复合群（第一卷）[M].北京：中国农业出版社，2013：114.

③ 篠田统.中国食物史研究[J].高桂林，薛来运等译.北京：中国商业出版社，1987：13-20.

102

冬小麦还是春小麦？利用现今的科技手段无法从考古学浮选得到的炭化小麦的植物遗骸或籽粒中得到答案，唯一的途径只能依据传世的文本资料对其进行文献解读。目前学界对我国汉代以前小麦历史的关注主要集中在以下四个方面：小麦是否为本土起源，如是外来作物其传入途径与路线如何，文献中麦类作物的名实问题，以及小麦的种植范围及其扩展；而对于早期传入和种植的小麦究竟是冬小麦还是春小麦则并无专门论述，仅有零星数语散见其中。通过对既往文献的详尽梳理，可以发现绝大多数学者都认为早期传入中国的小麦为冬小麦，西汉之前文献中记载的所有小麦皆为冬小麦，而春小麦是汉代才传入中国的。最早关注该问题的学者是何炳棣，他在《黄土与中国农业的起源》中对麦这种作物进行了详细的论述，从中明显可以看出他认为中国最先种植的小麦是冬小麦。为了证明小麦在早期黄土高原和华北地区种植得不普遍，他列举了该地冬季与春季的气候与降水条件说明这些地区的环境如何不利于小麦的种植，并以《氾胜之书》中的麦作技术从侧面反映麦作之不易，以此来说明冬小麦这种"两年生，秋、冬、春需水的麦类不像是华北的原生植物"[①]。至于春种秋成的春小麦，何氏猜测它是在战国、秦汉时期由西方传入的，依据是"至迟古代希腊在较寒山地，已种春麦；而战国、秦、汉时代，中国与西方确有接触"[②]。游修龄在论及商代农作物播种时认为，从甲骨卜辞中小麦收获的月份和西周以来古文献的记载来看，这些小麦皆是秋季播种的冬小麦。[③]白馥兰（Francesca Bray）在撰写李约瑟《中国科学技术史》系列丛书的农学卷时也持有同样的看法，她认为将小麦、大麦这两种外来农作物与原产中国的本土谷类作物区分开来的标志就在于播种日期的不同，因为这两种作物是在秋冬播种、次年收获的冬季作物，而其他作物则为夏季作物；她同样认为春播的小麦品种在中国出现的时间较晚，它也从未被农民大规模种植过。[④]韩茂莉通过对《左传》《管子》《礼记》《淮南子》等一系列古文献中关于麦播种时间的梳理，认为在西汉晚期以前中国种植的小麦全部都是冬小麦，春小麦在西汉时期才通过丝绸之路传入中国，作为丝绸之路终点的关中地区率先接受了从西方传来的春小麦，并被在此地做过议郎的氾胜之记入其所撰的农书中，而称之为

① 何炳棣.黄土与中国农业的起源[M].北京：中华书局，2017：152-154.
② 何炳棣.黄土与中国农业的起源[M].北京：中华书局，2017：156.
③ 游修龄.殷代的农作物栽培[J].浙江农学院学报，1957（2）.
④ BRAY F. Science and Civilisation in China. Volume 6 Part II：Agriculture[M]. Cambridge：Cambridge University Press，1984：464.

公元 1 世纪之前中国的冬、春小麦种植

"旋麦"。[1]除此之外，考古学家赵志军也认为早期传入中国的小麦应该是冬小麦，他将这点作为前提来解释小麦传入中国途中缘何在中亚地区停滞了数千年后才继续向东传播，他解释道：小麦是夏收作物，它在春季需水较多，西亚的地中海式气候降雨主要集中在冬春季节，满足了小麦生长对水分的需求，而此时的东亚地区却缺少雨水，不利于小麦的生长，同时东亚地区夏季的频繁降雨又不利于小麦的收获，他认为西亚与东亚气候特点的不同是造成小麦东传速度减慢的重要原因。[2]

虽然上述观点已被许多学者认可和接纳，但也有一些学者提出了与之不同的观点，其中以曾雄生[3]、樊志民[4]等农史学者为代表。他们二位皆认为我国早期种植的小麦中有春小麦，且在最初阶段似还以春小麦为主，这种春种秋收的栽培方法可能是受到本土原有作物粟、黍的影响，相较之下，先民栽培冬小麦的时代反而较晚。这种观点颇为新颖，可惜他们并未展开详细论述，对相关问题也未进行充分阐述。值得注意的是，曾雄生在其文章的脚注里用《诗经·豳风·七月》中的诗句来证明当时收获的小麦为春小麦，这是对春小麦在汉代才被种植观点的一处有力反驳。本文拟对汉代以前文本中的麦类作物资料进行重新梳理和释读，厘清文献中有关小麦的播种与收获季节，并借助科技考古的最新进展，来尝试推测春小麦从冬小麦中分化出来的另一条可能路径，最后试图阐明为何在西汉文献中出现了关于不同播种期小麦的两种新名称，即宿麦与旋麦，并描述这两种概念与称呼的背后又隐藏着怎样的背景与故事。

一、先秦麦作史料的梳理与辨析

若要对先秦文献中有关小麦的资料进行解读，首先需要辨析三个关于麦类作物的概念，即"麦""来"与"牟"。"麦"与"来"二字皆出现在甲骨文中，学界在"来"指小麦这点上基本达成共识，但对于"麦"所指为何物，则历来存在不同的看法。于省吾认为，既然"来"是小麦，那么卜辞中的

---

① 韩茂莉.中国历史农业地理（上）[M].北京：北京大学出版社，2012：319-320，395-398.
② 赵志军.小麦传入中国的研究—植物考古资料[J].南方文物，2015（3）.
③ 曾雄生.论小麦在古代中国之扩张[J].中国饮食文化，2005（1）.
④ 樊志民.中国古代农业的原创性发明（3）：冬麦（宿麦）化进程[EB/OL].新浪博客-上郡农夫.（2018-8-5）[2020-12-23]. http://blog.sina.com.cn/s/blog_83793fc20102ye6e.html.

"麦"则一定是大麦①，这一观点得到彭邦炯②、宋镇豪③等学者的支持。但也有一些学者持有不同的意见，罗振玉与李孝定等皆认为，"麦"与"来"实则同为一字④；张振兴发现甲骨文中的"来"与"麦"从不一起出现，他认为这是因为随着人类思维的发展，"来"字在甲骨卜辞中多被用来指代来往的意思，所以代表谷类作物的"来"逐渐被"麦"字所取代。⑤笔者赞同后一种观点，认为甲骨卜辞中的"麦"与"来"字皆是指小麦，因为从甲骨卜辞中来看，殷商时人们对"麦"的情况显然比对"来"要重视得多，涉及多条"告麦""受麦"与"登麦"的记载，频繁占卜其丰收、向神灵贡献尝新等，实际上大麦由于产量较低及内外稃紧抱籽粒不易脱粒等原因并不受古人的重视，如在给《周礼》中的"一曰三农，生九谷"这句话进行注解时，郑玄就认为"九谷"中不包括大麦与秫，但却应该包括粱与苽，贾公彦给出的解释是因为"大麦所用处少，故亦去之"⑥。由于大麦较小麦更为耐旱，所以仅在干旱、半干旱或地势海拔高的新疆、青海、甘肃等西北地区较为受农民的欢迎，而在中原地区则种植不广。《诗经》中的相关记载也可提供一例佐证，其中记载"麦"的诗句共有7处，譬如"爰采麦矣，沫之北矣"与"我行其野，芃芃其麦"，从中可看出麦生长的地点皆位于河边不远之处，极有可能是麦类作物中对水需求最多的小麦。⑦而书中仅在同时论述大、小麦两种作物的两处"贻我来牟"与"於皇来牟"中，才将"麦"改称其古名"来"，以便与表示大麦的"牟"字相区别。

弄清了"麦"字所指的具体内容后，我们再来梳理先秦时期的相关文献，既往的研究者们认为先秦文献中记载的小麦皆是冬小麦，春小麦出现的时间很晚，他们认为西汉农书《氾胜之书》中"旋麦"一词的出现是春小麦第一次被记载的标志。先秦时期栽培的小麦绝大多数确系冬小麦，这从诸多史料中可以得到证实，如甲骨文中出现了"月一正，曰食麦"的记载（《合集》24440），其中的"月一正"是正月的意思，殷历以大火星昏时南中天的时日

公元１世纪之前中国的冬、春小麦种植

① 于省吾. 商代的谷类作物[J]. 东北人民大学人文科学学报，1957（1）.
② 彭邦炯. 甲骨文农业资料考辨与研究[M]. 长春：吉林文史出版社，1997：548.
③ 宋镇豪. 五谷、六谷与九谷——谈谈甲骨文中的谷类作物[J]. 中国历史文物，2002（4）.
④ 彭邦炯. 甲骨文农业资料考辨与研究[M]. 长春：吉林文史出版社，1997：334-335.
⑤ 张振兴. 先秦秦汉时期小麦问题研究[D]. 重庆：西南大学，2008：7-8.
⑥ 孙诒让. 周礼正义[M]. 北京：中华书局，2013：79，84.
⑦ 张振兴. 先秦秦汉时期小麦问题研究[D]. 重庆：西南大学，2008：4-5.

作为岁首，它的正月相当于夏历的五月①，在农历五月尝新刚收获的小麦无疑为冬小麦，这也是甲骨卜辞中唯一直接反映小麦收获时间的文字。陈梦家对卜辞中的卜年进行了研究，认为卜年的时间当在种植的前后，故而推断卜辞中下季所卜之年的作物对象应该是下半年所种植的冬小麦。②根据《诗经》的相关诗文也能推测出商周时期小麦的播种日期，如《诗经·周颂·臣工》中的"於皇来牟，将受厥明"的情景发生在"维暮之春"，即在暮春时节农田中的大小麦将要成熟，这些麦子显然为冬小麦。值得注意的是，与此同时，《诗经》中也记载了一处反例，《诗经·豳风·七月》中有"九月筑场圃，十月纳禾稼，黍稷重穋，禾麻菽麦"的诗句，表明这些在九月份登场、十月份被纳入囷仓的粮食作物中包括麦，根据相关学者的研究，这首诗与《夏小正》使用的是同一种历法，它是一种将一年划分为十个月份的太阳历，其中所述的九月大致相当于夏历的十月中旬到十一月上旬这段时间③，此时被刈获登场的麦只能是春种秋收的春小麦，如若为冬小麦，断不可能要收割后等待几个月待其他秋粮作物收获后才一起登场、入仓。根据学者的研究，《周颂》与《豳风》皆为记载周朝农事与农业生产活动的篇章，这也就表明西周时冬小麦与春小麦皆有种植。除此之外，还有另一则史料能证明先秦时期就有春小麦的种植，《战国策》里记载了一则"东周欲为稻，西周不下水"的故事，东周洛阳的纵横家苏代自告奋勇去游说西周国君放水，他给出的理由是"今不下水，所以富东周也。今其民皆种麦，无他种矣"。④从这则故事的整体来看，准备种水稻的季节肯定为春季，华北的旱季使得东周缺少雨水而不便种稻，而上游的西周又不放水给他们灌溉农田，所以东周百姓只能退而求其次来种植小麦，此时播种的小麦则确凿无疑是春小麦。值得注意的是，《诗经·鲁颂·閟宫》中有"黍稷重穋，稙稚菽麦"的诗句，所谓"稙"指早播种的作物品种，而"稚"则是晚播的作物品种，这一诗句说明当时已经有适于早播和晚播的不同品种的大豆与小麦，这里有可能是指的冬小麦内部不同播种期的品种，但也很有可能指彼时农民已经分清了冬小麦和春小麦这两种播种期不同的小麦品种。总之，上述史料记载已确凿地表明，在先秦时期特别是在其中的西周和战国时代，春小麦已经在中原

---

① 陈美东.中国科学技术史（天文学卷）[M].北京：科学出版社，2003：28.

② 陈梦家.殷虚卜辞综述[M].北京：中华书局，1988：540-541.

③ 陈久金.中国少数民族天文学史[M].北京：中国科学技术出版社，2013：307，310.

④ 刘向.战国策[M].哈尔滨：哈尔滨出版社，2011：11-12.

地区种植，只是它被记载的次数与频率较低，甚至在迫不得已的情境下才被作为播种的一种备选方案，可见春小麦在当时的农业生产中仅占次要地位。

　　学术界历来普遍认为，小麦最早在新月地带即为典型的冬季作物，这既契合了该地冬季温和多雨的地中海式气候，同时又避开了夏季干旱所造成的威胁。小麦离开了原产地被人为带到其他地区后，随着纬度的升高以及日照时间的变化，在长期自然选择与人工选择结合的基础上，它的生长周期得到了调整，于是从中分化出春小麦这一新的生态适应型。科技考古的研究业已证明，随着大麦与小麦离开西亚在向欧洲北部和西部转移的过程中，它们皆在光照强度变化等情况下发生了基因突变，关闭了控制对白天变长敏感的开花基因，通过春种秋收的季节性调整而适应了欧洲的气候。[1]通过对19世纪末至20世纪初的65份小麦种质进行基因测序，科学家发现对季节性的人为选择确实能在欧洲大麦与小麦的地方品种中留下遗传的痕迹，更加明晰地证实了这一点。[2]早期的相关文献似乎也证明了这一点，韩茂莉认为，古罗马政治家加图在公元前3世纪撰写的《农业志》中第一次提到春小麦这个名词，加图告诉其读者"在不能播种正常作物而很肥沃的土地上，应种春小麦"[3]，韩茂莉指出，加图所在的罗马城附近为典型的地中海气候区，这里种植的春小麦应该是小麦向高纬度或山区传播后的反传播结果，所以可以断定欧洲的春小麦诞生时间应该早于公元前3世纪。她继而认为冬小麦向春小麦的过渡地点绝不可能发生在中国，理由是"汉代以前中高纬度没有种植小麦，也不属于农耕区，自然也不会培育出适应性的种类"，中国的春小麦是在汉代沿着丝绸之路自西方传播而来的。[4]韩茂莉否认中国自身分化出春小麦的理由为汉代以前高纬度地区不属于农耕区，也没有小麦的种植。但另一方面，她又承认除纬度因素外，海拔高度也是导致冬小麦向春小麦过渡的另一种要素。根据考古学者的观点，目前小麦传入中国的两条确凿路径为草原通道与绿洲通道，虽然草原通道经过地区的纬度较高且畜牧业是其主导生业模式，但经由"西亚—中亚—帕米尔高原—塔里木盆

公元1世纪之前中国的冬、春小麦种植

①　IICC-X田梦. 大麦曾沿南亚路线传入中国[EB/OL]. 搜狐网.（2017-12-8）[2020-12-23]. https://www. sohu. com/a/209283568_501362.
②　LISTER D L，THAW S，BOWER M A. Latitudinal Variation in a Photoperiod Response Gene in European Barley：Insight into the Dynamics of Agricultural Spread from 'Atitudinal Variatio' [J]. Journal of Archaeological Science，2009，36：1092-1098.
③　M. P. 加图. 农业志[M]. 北京：商务印书馆，1986：26.
④　韩茂莉. 中国历史农业地理（上）[M]. 北京：北京大学出版社，2012：396-398.

地南北两侧的绿洲—河西走廊—黄土走廊"的绿洲通道，中间却穿梭了诸多高海拔的农耕区，且小麦在中亚西南部的科佩特山脉北麓停滞了数千年的时间才继续往东传入东亚①，在这条通道上东传的小麦随时都有可能被栽种于高海拔地区，在气温和光照时间波动的刺激下引起基因变异，进而转化成为秋播的冬小麦。国内早期出土小麦的遗址如青海大通金禅口、刚察爱情崖等地皆属高海拔地区，先秦时期西北地区广泛种植大小麦，甚至河湟地区在3600年BP左右人骨碳同位素值出现了由粟黍C$_4$信号向麦类C$_3$的转变②，在复杂的海拔地形条件与广泛人工栽培手段的双重因素干预下，极有可能促使冬小麦向春小麦进行过渡。刘歆益关于大麦的相关研究从自然科学上给这种可能性提供了证据，他发现农民先将大麦引种到西藏高原的高山里，等到它传到中部地区时，其基因组成发生了改变，花开不再受到白昼时长的影响，从此可以同时在春秋两季进行栽种。③鉴于《诗经·豳风·七月》中提及的春小麦种植的记载比西方最早记载春小麦的文献《农业志》在时间上要早得多，因而可以合理地假设，春小麦是在小麦从西亚新月地带传至中国的途中，在中亚或中国西北某处海拔较高的地区经过自然选择与人工干预从冬小麦中分化出来的，并非是在欧洲北部分化的春小麦品种再经由丝绸之路二次传入中国。

二、西汉农业结构的调整与小麦名称的分化

另一个需要解决的问题是，既然早在《诗经·豳风·七月》里记载的西周时期就已经有关于春小麦秋季收获的记录，那么为何它"旋麦"的名称却一直到西汉末年才在氾胜之撰写的农书中首次出现？《氾胜之书》第一次提到春小麦的别称"旋麦"："春冻解，耕和土，种旋麦"④，所以许多学者将其视作春小麦在中国出现的标志。但有一个被忽视的情节是，虽然之前关于冬小麦

① 赵志军.小麦传入中国的研究—植物考古资料[J].南方文物，2015（3）.
② MA M M, DONG GH. Dietary Shift after 3600 cal yr BP and Its Influencing Factors in Northwestern China: Evidence From Stable Isotopes[J]. Quaternary Science Reviews，2016，145：57-70.
③ LIU X, LISTER D L, ZHAO Z. Journey to The East: Diverse Routes and Variable Flowering Times for Wheat and Barley en Route to Prehistoric China[J]. PLoS ONE，2017，12（11）：e0187405.
④ 氾胜之.氾胜之书今释（初稿）[M].石声汉释.北京：科学出版社，1956：20.

的记载俯拾皆是，但在这些记录中都仅将它称作"麦"，只是通过对播种收获时间的仔细解读才能辨别其为冬小麦。直至西汉时，冬小麦才被称作宿麦，最早见于《淮南子》"虚中则种宿麦"①，氾胜之在其农书中首次将麦作技术拆分为宿麦与旋麦两种，并说"凡田有六道，麦为首种。种麦得时，无不善。夏至后七十日，可种宿麦。"②也就是说，旋麦这个名称是与宿麦相伴出现的，若想解开有关旋麦名称的秘密，却需要先从汉代的宿麦说起。

《周礼》中记载"青州……其谷宜稻、麦"，《范子计然》中说"东方多麦、稻"，《黄帝内经·素问·金匮真言论篇》中也提到"东方青色，其谷麦"③，从中可知战国、秦汉时期黄河中下游地区是小麦的主要产区。西汉时，随着黄土高原地区植被为移民和农业开发所破坏，水土流失日益严重，黄河多次决溢，河患频发，黄河连绵的灾难甚至影响了史书的撰写，故司马迁开创"河渠书"，班固撰写"沟洫志"，二者皆以讲述黄河为中心。④地处黄河中下游的关东地区降水集中在夏秋季节特别是夏季，夹杂着大量泥沙的黄河水决堤给农业造成重大威胁，春种秋收的粟、黍、稻等作物会被洪水淹没至颗粒无收。与此同时，人们发现冬小麦可以在秋季水灾后播种，来年雨季到来之前即可收刈完毕，它的植物生理特性可完美地避开了河汛，成为黄泛区救荒的最重要作物，所以汉武帝在元狩三年（前120）秋也曾"遣谒者劝（关东）有水灾郡种宿麦"⑤，1996年江苏东海县尹湾出土的西汉简牍1号"集簿"背面记载当时东海郡"□种宿麦十万七千三百[八]十□顷多前千九百廿顷八十二亩"⑥，集簿是汉代郡县向上级政府汇报的文书，作为地方政府掌握的绩效考核资料，该郡集簿中不提粟、黍却专载宿麦，可见它在该地农业生产中的重要性。根据当时东海郡的人口数计算，人均种植约冬小麦达到5亩之多，在当地已居于五谷之首，根据惠富平的研究，这正是关东地区农民在黄河河汛频发的

① 刘安等. 淮南子[M]. 长沙：岳麓书社，2015：82.
② 氾胜之. 氾胜之书今释（初稿）[M]. 石声汉释. 北京：科学出版社，1956：19.
③ 胡锡文. 中国农学遗产选集·甲类第二种·麦（上编）[M]. 北京：农业出版社，1960：17，29，30.
④ 谭其骧. 何以黄河在东汉以后会出现一个长期安流的局面——从历史上论述黄河中游的土地合理利用是消弭下游水害的决定性因素[J]. 学术月刊，1962（2）.
⑤ 汉书 卷6 武帝纪第六[M]. 标点本. 北京：中华书局，1962：177.
⑥ 连云港市博物馆. 尹湾汉墓简牍释文选[J]. 文物，1996（8）.

状况下做出的理性选择。①

　　当时的畿辅地区即关中的情况与之前相比也有了巨大的改变。首先是人口的快速增殖。汉初政府推行"实关中"的政策，该地区变得人烟阜盛；随着大批高訾商人、官吏、豪强等被迁徙到此地，更是造成了空前的人口压力，当时的畿辅包括都城和都城附近的两个郡，人口总计就多达700万②；武帝时当地已是"四方辐凑并至而会，地小人众"③。庞大的人口压力造成严重的粮食危机，不得不依靠外地输入，汉初每年输入的粮食不超过数十万石，但随着时间推移数量在逐年递增，之后寻常年份每年可达四百万石，在元封元年（前110）更是达到六百万石之巨。④激烈的人地矛盾迫使汉政府着力发展关中地区的农业生产，而宿麦很快就进入他们的视野并引起了他们的兴趣。这首先是因为宿麦在秋季播种，可以充分利用以往被视作农业闲季的冬季来生长，它与秋收作物粟、黍、菽等生长季节互相错开，可以搭茬在同一块土地实行连作多熟，从而更加充分地利用地力，氾胜之就建议实行禾（即粟）收获之后在该田地接茬种宿麦的谷麦轮作制。⑤第二是由于当时大规模水利工程的次第修建，客观上为小麦种植提供了良好条件。小麦是除了水稻之外对水的需求量较大的一种作物，其需水量是粟的二倍之多⑥，关中的旱地原来并不很适合小麦的生长。汉武帝时期政府多次兴修水利，在关中先后开凿了龙首渠、六辅渠、白渠、灵轵渠、成国渠、沣渠等大型水利工程，至于其他小渠和陂山通道，更是不可胜计，这些水利工程大大改善了农田的灌溉条件，使许多雨养田变成水浇地，为小麦种植的扩展提供了良好的条件。在激烈人地矛盾和水利灌溉技术进步的双重因素刺激下，宿麦的种植甚至被提升至国家层面的高度，成为西汉时期的一项重要农业政策，董仲舒就上书汉武帝，倡议"幸诏大司农，使关中民益种宿麦，令毋后时"⑦。在汉成帝时期，政府也曾派遣议郎氾胜之去"教田三辅"，因为氾胜之是氾水流域的人，氾水是济水的支流，大约在今天山

① 惠富平.汉代麦作推广因素探讨——以东海郡与关中地区为例[J].南京农业大学学报（社会科学版），2001（4）.

② 许倬云.汉代农业：早期中国农业经济的形成[M].程农，张鸣译.南京：江苏人民出版社，1998：111.

③ 司马迁.史记[M].北京：线装书局，2006：540.

④ 葛剑雄.西汉人口地理[M].北京：人民出版社，1986：59.

⑤ 氾胜之.氾胜之书今释（初稿）[M].石声汉释.北京：科学出版社，1956：47.

⑥ 何炳棣.黄土与中国农业的起源[M].北京：中华书局，2017：123.

⑦ 汉书 卷24　食货志第四上[M].标点本.北京：中华书局，1962：1137.

东的菏泽地区，该地区宿麦种植兴盛，麦作技术发达，史称："济水通和而宜麦"[1]，所以派遣氾胜之的主要目的就是教关中地区的农民种植宿麦，史载"昔汉遣轻车使者氾胜之督三辅种麦，而关中遂穰"。[2]氾胜之由于具有教民种麦的亲身经历，所以在撰写农书时就对宿麦极为重视与留心，影响了其农书的撰写模式，其篇幅超过禾与黍。实际上，在唐以前小麦在北方地区的农业生产中并不算主粮作物，与大豆等一起仅被视作"杂稼"，但它在《氾胜之书》中却成为一种受到重点关注的作物，其文本意义远大于它在当时农业生产中的实际意义，这是由宿麦能避洪救荒和搭茬轮作的两种性质所决定的。

在这种风气的影响下，宿麦在汉代农业中的地位比之前有了极大的提升，所以关于宿麦的种植技术与保存方法就变得甚为重要。氾胜之在书里不厌其烦地叙述了耕麦田、以雪保墒、溲种麦种、播种时间、栽植密度以及田间管理等有关宿麦种植的诸多事项，而对于旋麦的种植方法则阙而不谈，仅写道"莽锄如宿麦"[3]。此时对冬小麦和春小麦进行区分就变得颇为理所当然，且在《诗经》中被称作"牟"的大麦，在战国晚期《吕氏春秋·任地篇》里已被称作大麦[4]，偶尔也会被简称作麦，所以在不同的语境下正确区分这些麦类作物成了一件重要的事情。之前《吕氏春秋》提及政府于仲秋时督农民种冬小麦以弥补粮食青黄不接时仅说"是月也……乃命有司……乃劝种麦，无或失时，行罪无疑"[5]，到了西汉时政府虽然还是在强调同一件事，但是由于此时种麦的目的不仅是为了弥补季节性粮食匮乏，而更是为了通过小麦轮作而充分利用关中地区的地力，以解决畿辅地区的粮食短缺，所以劝农的话语与之前相比也发生了一些变化，董仲舒上书汉武帝："愿陛下幸诏大司农，使关中民益种宿麦，令毋后时"[6]，明确指明推广的是宿麦，这才是宿麦与旋麦在西汉被分开叙述的根本性缘由，而并非是说明在此时才有了旋麦。

① 刘安等. 淮南子[M]. 长沙：岳麓书社，2015：36.
② 晋书[M]. 北京：中华书局，1974：791.
③ 氾胜之. 氾胜之书今释（初稿）[M]. 石声汉释. 北京：科学出版社，1956：20.
④ 之前多将小麦称作麦。而当牟被称作大麦后，民间就会对多用"小麦"二字而不再笼统称为麦，如洛阳金谷园车站11号墓出土的陶仓上就写着"小麦百石""小麦"等文字，西安东郊汉墓出土的陶仓也墨书"小麦囷"的字样，参见：张波，樊志民. 中国农业通史（战国、秦汉卷）[M]. 北京：中国农业出版社，2007：163.
⑤ 吕不韦等. 吕氏春秋[M]. 冀昀主编. 北京：线装书局，2007：145.
⑥ 汉书 卷24 食货志第四上[M]. 标点本. 北京：中华书局，1962：1137.

三、结　语

　　综上所述，根据《诗经》的记载，中国古代至迟在西周时期就已经有了冬小麦和春小麦的区分，且在战国时期也有相关记载的出现。因为冬小麦与传统中国原生作物的生长季节不同，它在夏季即可成熟，弥补此时由于秋粮作物还未成熟所带来的粮食缺口，起到继绝续乏的作用，所以相比之下被记载得更多，而相关文本的匮乏又导致人们对春小麦的种植更为忽略。通过文献中记载春小麦栽培时间的先后顺序以及结合科技考古学的最新发现，笔者合理地推测中国早期所栽培的春小麦应该是小麦从西亚新月地带传入中国的途中独立从冬小麦中分化出来的，分化的地点应为较高海拔的山区地带，植物的地理垂直分布导致了光照时间和温度的改变，从而引发了小麦季节性的调整。

　　西汉末年文献中首次出现旋麦这一概念并不意味着春小麦到那时才出现，只是因为旋麦是和宿麦相对而出现的词语，如果没有旋麦也就不会将冬小麦称为宿麦。实际上，在氾胜之之前的《淮南子》与汉武帝在元狩三年颁布的诏令中都可以看到宿麦的名称，说明与之相对的旋麦至少在那时已经出现。促使宿麦和旋麦名称分化的原因是小麦种植在此时农业中地位的上升。关东地区的频繁洪灾以及关中地区的人地矛盾和水利状况的改善使得冬小麦在当时成为一种重要的作物，其重要程度反映在地方政府上报的集簿、大臣所上的奏折以及皇帝颁布的诏书中，可见在一定程度上种植宿麦已成为一种国家层面的农业政策。政府在劝农时为了将冬、春小麦二者区别开来，才有了文献中宿麦与旋麦的分称，氾胜之作为来自关东麦作之乡的农业专家，被朝廷派遣至关中畿辅地区教当地农民种植冬小麦，所以旋麦的名称第一次出现其所撰的农学典籍中，也是情理之中的。

历史时期华北地区主要豆类作物的嬗替

王保宁　耿雪珽

播厥百谷：中国作物史研究

Sowing Grains: Study on History of Crops in China

长期以来，"大豆主栽，小豆杂植"是人们对历史时期华北地区主要豆类作物种植状况的基本认识。这一认识有充足的史料为证，先秦时期的大量史籍均记载大豆是先民们的重要食物来源，而明清时期的众多史料也显示这一阶段大豆是华北地区农民的主栽作物。事实上，自先秦至明清，华北地区的主要豆类作物曾发生过两次大的更替，一次是魏晋南北朝时期杂豆替代大豆进入轮作体系，另一次则是明清时期大豆替代杂豆重新成为主栽作物。整体而言，这两次豆类作物的嬗替由政治、经济、科技、环境等多方面因素共同促成。鉴于此，本文尝试在长时段历史背景下考察这两次嬗替过程，以期获得对华北地区豆类作物史的新认识。

一、魏晋南北朝时期华北农业的技术变革

东汉末年至三国时期的战乱造成劳动力资源骤降。据葛剑雄估计，三国时期的人口谷底在2 224万～2 361万，相较于东汉6 000万的人口高峰减少了60%，是"中国历史上人口下降幅度最大的几次灾祸之一"①。《三国志》亦记载："今大魏奄有十州之地……计其户口，不如往昔一州之民。"②尽管这一记载颇显夸张，但从中确实可看出当时农业劳动力的损失情况。

作者简介：王保宁（1981—），山东即墨人，科技史博士，山东师范大学历史文化学院副教授，主要研究方向为中国农业史；耿雪斑（1997—），山东青岛人，山东大学儒学高等研究院硕士研究生，主要研究方向为农业史、史学史。

① 葛剑雄.中国人口史 第1卷[M].上海：复旦大学出版社，2005：448.

② 陈寿.三国志 卷16 杜畿传[M].北京：中华书局，2006：301.

人口减少引起的民田分离一定程度导致了农业凋敝。其时中原地区"百里无烟，城邑空虚，道殣相望"①，局部地区出现"民人相食，州里萧条"②的现象。司马朗对此总结道："今承大乱之后，民人分散，土业无主。"③曹魏集团的毛玠认识到当时"生民废业，饥馑流亡，公家无经岁之储，百姓无安固之志，难以持久"的局面，向曹操建议"修耕植，畜军资"④，认为应当恢复农业生产，以达到扩充军备、为战争奠定良好物质基础的目的。

曹操采纳了这一建议。建安元年（196），曹操击败汝南郡、颍川郡黄巾军，利用此役缴获的农具、牲畜等生产资料与未编制为青州兵的俘虏创立了屯田制。《晋书·食货志》曾对屯田的规模加以描述："自钟离而南，横石以西，尽沘水，四百余里。五里置一营，营六十人，且佃且守。"⑤以当时度量衡计，屯田区域的人均土地占有面积为31.25大亩⑥，考虑到此处"五里一营"是对区域面积而非耕地面积的记载，屯田区域内的人均耕地应当略少于31.25大亩，相较于汉代13.76~14.59大亩的人均耕地面积⑦略高。可见，曹魏屯田区域内的人口密度反较此前和平时期更高。

屯田制的内部逻辑是：在人少地多、田地荒芜的背景下，为充分利用劳动力资源，避免粗放式农业生产的不利影响，国家政权以集权的强制力量集中固定区域内的人口，并为其提供农具、牲畜等生产资料，从而建立相对集约化的农业生产区，以达到复产、增产的效果。

在国家的经营之外，地方势力亦通过集中控制人口恢复和发展农业。西晋末年社会秩序混乱，极大地威胁了地方豪族的生命财产安全，他们主动将人口集中以结筑坞堡，维护农业生产秩序。仅并州六郡，张平就控制"垒壁三百余"⑧，淝水之战中，关中地区的坞堡更达3 000余所。可见，这一时期华北地区的农业生产大多以坞堡形式组织和经营。

① 陈寿.三国志 卷56 朱治传[M].北京：中华书局，2006：773.
② 陈寿.三国志 卷1 武帝纪[M].北京：中华书局，2006：9.
③ 陈寿.三国志 卷15 刘司马梁张温贾传第十五[M].北京：中华书局，2006：282.
④ 陈寿.三国志 卷12 魏书十二·崔毛徐何邢鲍司马传第十二[M].北京：中华书局，2006：228.
⑤ 晋书 卷26 食货志[M].北京：中华书局，2000：509.
⑥ 魏晋时期一里为300步，一大亩为240步×1步=240平方步。由此可知，一营所占面积为5里×1里=5×300步×1×300步=450000平方步，即450000÷240=1875大亩，故每营人均占有土地面积为1875÷60=31.25大亩。
⑦ 许倬云.汉代农业：早期中国农业经济的形成[M].程农，张鸣译.邓正来校.南京：江苏人民出版社，2011：19.
⑧ 晋书 卷110 载记第十[M].北京：中华书局，2000：1899.

坞堡内部普遍实行"百室合户,千丁共籍"①的合户制,北魏初期的坞堡中就存在"民多隐冒,五十、三十家方为一户"②的情况。然而,坞堡可支配的土地面积有限,合户制使人口集中程度显著提高。"集诸李数千家于殷州西山,开李鱼川方五六十里居之"③,占地面积五六十里的坞堡内,居住人口达数千户之多,人口集中程度可见一斑。

值得注意的是,人口密度如此之高的坞堡,除了能满足"量力任能,物应其宜"④的自给自足外,又拥有特殊时期"委之州库,以供调外之费"⑤的物资盈余,这是坞堡精耕细作农业生产模式的功效。《晋书》曾记载坞堡内部"计丈尺"⑥的农业生产方式,即精细划分有限耕地,按户分配以精耕细作的方式进行生产。

因战乱而形成的地方对国家的离心力,促使地方豪族取代国家在基层的管理角色,建立人口高度集中的坞堡组织。为解决有限的耕地与不断增加的粮食需求这一矛盾,坞堡就必须采取精耕细作的农业生产模式,以满足其自给自足、聚众以守、稳定发展的基本需求。

由此可见,无论是曹魏时期的屯田制还是十六国时期的坞堡经济,中央和地方均通过将人口集中于固定区域,采取集约化的农业生产方式,而非放任有限的劳动力随意垦荒扩种、粗放生产。割据混战社会中的农业生产需要同时满足民众粮食需求和战争粮食消耗,其对增产的需求是粗放农业无法达到的,只有采取相对集约化的农业生产才能满足。

尽管随着人口增长,普遍精耕细作的社会成本降低,国家无需以高额成本维持相对集约化农业亦可达到预期收益,上述生产方式未能得以延续。不可否认的是,国家和地方以特殊的人口管理模式,保证了精耕细作的质量和农业增产的效益,为生产恢复后的普遍精耕细作奠定了坚实基础。因此,精耕细作仍然是魏晋南北朝时期农业的核心。

"耕—耙—耱"技术是北方旱地农业生产中的一种主要精耕细作方式,自魏晋南北朝成熟以来一直沿用至今。"耕"是指耕地,"耙"是指将土地犁

① 晋书 卷127 载记第二十七[M]. 北京: 中华书局, 2000: 2131.
② 魏书 卷41 李冲传[M]. 北京: 中华书局, 1974: 1180.
③ 北史 卷33 列传第二十一[M]. 北京: 中华书局, 1974: 1202.
④ 晋书 卷88 列传第五十八[M]. 北京: 中华书局, 2000: 1523.
⑤ 魏书 卷110 食货志六第十五[M]. 北京: 中华书局, 1974: 2852.
⑥ 晋书 卷88 列传第五十八[M]. 北京: 中华书局, 2000: 1523.

播厥百谷：中国作物史研究

Sowing Grains: Study on History of Crops in China

出沟垄，"耱"是将表层土壤碾磨成粉末。运用此种方法进行耕作，可以在地面上形成一层松软的土层，切断土壤中的毛细管，尽可能减少水分蒸发，起到"保墒抗旱"的作用。

《齐民要术》中有对"耕—耙—耱"技术的具体描述，其云："凡耕高下田，不问春秋，必须燥湿得所为佳"[①]。华北地区气候干燥，80%左右的降水集中在7—9月，春季少雨，蒸发量大，容易因为干旱影响播种和作物生长，此时以"耕—耙—耱"技术保持土壤水分尤为关键。又载：

> 凡秋耕欲深，春夏欲浅。犁欲廉，劳欲再。再劳地熟，旱亦保泽也。秋耕掩青者为上。初耕欲深，转地欲浅。[②]

对于旱地，多次耙地就可以使其更加细碎，在秋耕时把青草翻进土中，也可以达到保墒的效果。秋收之后，如果没有及时翻耕土地，使得作物根茬留在田地里，极易造成土地失水干瘦，因此要"速锋之，地恒润泽而不坚硬"[③]，用浅耕的方法来保证土地的湿润、松软。这种方式要持续"乃至冬初，常得耕劳，不患枯旱。若牛力少者，但九月、十月一劳之；至春稙种亦得"[④]。在冬初要经常耕地、耢地，可以避免土地干旱。如果缺少牛力，只要在九月、十月之间耙耢一次，直至来年春天点播下种亦可。

"耕—耙—耱"技术的应用使主要粮食作物的收成得以稳定乃至增长，其中得益最多的作物是冬小麦。冬小麦的种植要求农民必须进行夏耕，运用"耕—耙—耱"技术，可以使土壤保存足够水分，达到蓄墒效果，有效增加冬小麦产量。《齐民要术》中介绍了运用"耕—耙—耱"技术的冬小麦种植及其产生的效果：

> 凡麦田，常以五月耕，六月再耕，七月勿耕，谨摩平以待种时……冬雨雪止，辄以蔺之，掩地雪，勿使从风飞去；后雪，复蔺之；则立春保泽，冻虫死，来年宜稼。得时之和，适地之宜，田虽

① 贾思勰. 齐民要术校释[M]. 缪启愉校释. 北京：农业出版社，1982：24.
② 贾思勰. 齐民要术校释[M]. 缪启愉校释. 北京：农业出版社，1982：24.
③ 贾思勰. 齐民要术校释[M]. 缪启愉校释. 北京：农业出版社，1982：24.
④ 贾思勰. 齐民要术校释[M]. 缪启愉校释. 北京：农业出版社，1982：24.

历史时期华北地区主要豆类作物的嬗替

薄恶，收可亩十石。①

种植冬小麦的田地要保证在五月耕一次，六月再耕一次，但在七月不可耕地。耕后要将土块仔细耙平，等待适时播种。冬季下雪后要随即将地面积雪辊压入土，避免积雪被风刮走，此后下雪亦复如此，土中的水分可以保存到立春时节，同时也可以保证害虫被冻死，来年土地更适宜耕种。以此方式种植冬小麦，即便是在贫瘠的土地上也可以达到每亩十石的收成。

在这项技术应用之前，冬小麦的种植规模较小，这与其生长期长、相对不耐旱的特性有关。一般来说，冬小麦的需水量是粟的两倍，在"保墒抗旱"技术尚未成熟前，华北地区冬小麦的主粮作物地位尚未形成②。而"保墒抗旱"技术的普及则有效提高了冬小麦的地位，正如李长年所说："具有'接绝续乏'功能的冬麦，得到了进一步扩展和发挥其增产潜力的机会"③。于是，当时的农业种植结构从粟主麦辅逐渐向粟麦兼种的方向发展，粟麦组合的茬口轮作逐渐稳定。

二、杂豆替代大豆

《氾胜之书》记载："大豆保岁，易为，宜古之所以备荒年也"④，又云："小豆不保岁，难得"⑤。传统农史学界对于"保岁"一词一致解释为不同年景中收成稳定，由此引出大豆是我国传统农业中重要粮食作物，而小豆则处于次要地位的观点。据相关研究，在温度、湿度、微生物环境等指标皆处适宜环境的前提下，大豆抗虫蚀能力强，适宜长期储存；小豆则常受害虫侵染，度夏困难，储藏难度更高。⑥因此，重新解读"保岁"一词颇为必要。其实，氾胜之著书之时正处于寒冷期⑦，降水相对减少，而汉代的农业核心区多位于

---

① 贾思勰. 齐民要术校释[M]. 缪启愉校释. 北京：农业出版社，1982：27.

② 韩茂莉. 论历史时期冬小麦种植空间扩展的地理基础与社会环境[J]. 历史地理，2013（1）.

③ 李长年. 中国历史上的农业技术发展[J]. 自然科学史研究，1982（3）.

④ 氾胜之. 氾胜之书辑释[M]. 万国鼎辑释. 北京：农业出版社，1980：129.

⑤ 氾胜之. 氾胜之书辑释[M]. 万国鼎辑释. 北京：农业出版社，1980：135.

⑥ 曹毅，崔国华. 大豆安全储藏技术综述[J]. 粮食储藏，2005（3）. 武美莲. 绿豆的营养与储藏[J]. 粮油食品科技，2002（6）.

⑦ 张翼，等. 气候变化及其影响[M]. 北京：气象出版社，1993：63.

华北干旱区，所以储备具有长期贮存性质的农作物，应对春旱造成的粟、小麦等主要粮食作物产出不稳定是当时的核心问题。

因此，耐储存的大豆便成为首选备荒作物。相比之下，尽管人们认识到小豆的丰富食用性，但贮存困难却长期制约着小豆在农业种植安排中的比重。面对随机性极强的春旱灾害，农民不能仅据平年的收成情况安排农事，而忽视旱期内的歉收风险。所以，"保岁"应是对作物能否长期贮存以备灾荒的判断。从这个角度而言，大豆之所以受到人们重视，主要就在于其对自然灾害的重要预防作用。

而"保墒抗旱"技术的应用则一定程度上稳定了主要农作物的产量，降低了人们对备荒作物的需求，结果是适口性较差的大豆逐渐退出了主流粮食作物的行列，很大程度成为副食品的重要来源，当时的多份材料对此有明确介绍，认为大豆的重要性相对降低，不再像汉代之前所描述的那样属于主粮作物。直到元代，这种情况依然没有改变，"其大豆黑者，食而充饥，可备凶年；丰年可备牛马食料。黄豆，可作豆腐，可作酱料。白豆，粥饭皆可拌食。"①

与此同时，"粟—麦"主粮组合虽然表面上能够满足粮食增产的需求，但也存在重大隐患。冬小麦与粟均为高耗肥作物，在没有化学肥料供应的情况下，持续种植容易造成地力下降，进而影响粮食产量，此时就需合理安排中作，在粟、麦两茬中间补充地力，以达到可持续增产的效果。

以红小豆和绿豆为代表的杂豆类作物具备这一条件。红小豆根瘤发达，是固氮能力较强的豆科作物，其后茬作物常被称为"油茬"或"肥茬"。现代农业科技证明，中等肥力土壤单作红小豆产量可达100～150千克，后茬增产幅度可达20%左右。②在轮作中有计划地安排一茬红小豆，对用地养地、提高地力、促进增产十分有利。

与红小豆同属豇豆属的绿豆也有较强固氮能力。绿豆根系部位的共生根瘤菌能将空气中的游离态氮固定到土壤中，一个生长期内，一亩绿豆的固氮量可达5.0～7.5千克，被称为氮素的"天然工厂"。通过充分利用时间、空间、光、热、水等生态系统内部资源，绿豆的引入可使每亩增产50～150千克，在

① 王祯.农书译注[M].缪启愉，缪桂龙译注.济南：齐鲁书社，2009：181.
② 牟善积等.红小豆栽培[M].天津：天津科学技术出版社，1992：6.

解决肥料问题的同时，也使得主粮作物的种植可以实现持续、循环发展。[①]

除了调节地力、培肥固氮外，以绿豆和红小豆为代表的杂豆亦极具食用价值。红小豆淀粉含量为46.45%～51.85%、粗蛋白含量为20.36%～23.80%，富含人体所需的多种氨基酸及维生素。[②]绿豆亦含有多种营养成分，如蛋白质、碳水化合物、脂肪、钙、磷、铁等，还有胡萝卜素、硫胺素、核黄素、烟酸、维生素A等。因此，与同时代的大豆相比，以绿豆和红小豆为代表的杂豆食物属性更高。正如王祯所云："北方惟用绿豆最多，农家种之亦广，人俱做豆粥、豆饭或做饵为炙，或磨而为粉。其味甘而不热，颇解药毒，乃济世之良谷也。"[③]由此可见，尽管今天的杂豆地位低于大豆，但在历史时期，他们却一度是重要的粮食作物，农民皆视其为主粮。

魏晋南北朝时期，人们业已认识到小豆具有培肥养地的功效。《齐民要术》记载："地薄者粪之，宜熟粪。无熟粪者，用小豆底亦得。"[④]在魏晋南北朝时期相对集约化的农业生产背景下，通过人工积攒肥料的办法改善农业生态系统有一定的难度，民众便将杂豆作物逐渐应用到"粟—麦"主粮作物组合中，用以肥地，因此才会出现"凡谷田，绿豆、小豆底为上，麻、黍、胡麻次之，芜菁、大豆为下"[⑤]的轮作方式。对此此，贾思勰早有说明："凡美田之法，绿豆为上；小豆、胡麻次之"[⑥]，即杂豆是粟、麦之间协调轮作的最佳选择，可以藉此为下一季作物提供肥料，避免粟麦对土壤肥力的过度消耗，进而达到绿色循环、可持续增产的精耕细作农业生产目标。

或有人问，《齐民要术》中关于稑杀小豆以作绿肥的记载是否证明魏晋南北朝时期杂豆仅作为绿肥作物调剂生产，其实从未以粮食作物身份融入当时的轮作体系？其实，《齐民要术》对小豆的收获有明确记载："叶落尽则刈之，豆角三青两黄，拔而倒竖，笼丛之，生者均熟，不畏严霜，从本至末，全无秕减"[⑦]。意即在豆叶落尽时要全部收割，或者在豆角青黄相间时将植株拔出，扎拢倒置，这样成熟的小豆不受天气影响，颗粒饱满。因此，以绿豆和红

① 程须珍，曹尔臣.绿豆[M].北京：中国农业出版社，1996：8-9.
② 牟善积等.红小豆栽培[M].天津：天津科学技术出版社，1992：3-4.
③ 王祯.王祯农书[M].王毓瑚校.北京：农业出版社，1981：89.
④ 贾思勰.齐民要术校释[M].缪启愉校释.北京：农业出版社，1982：86.
⑤ 贾思勰.齐民要术校释[M].缪启愉校释.北京：农业出版社，1982：43.
⑥ 贾思勰.齐民要术校释[M].缪启愉校释.北京：农业出版社，1982：24.
⑦ 贾思勰.齐民要术校释[M].缪启愉校释.北京：农业出版社，1982：84.

小豆为代表的杂豆是这一时期茬口轮作的重要环节，并非普通绿肥，既可为下茬作物提供氮素，又能为人们提供口粮，与麦、粟一起构成主要的两年三熟制。

三、明清时期江南对华北的大豆需求

肥料是明清时期江南农业增产的核心。明末清初的《沈氏农书》曾记载肥料的重要性，认为："种田地，肥壅最为要紧"[①]。李伯重将人们对肥料的认知转变定义为明清时期"江南农业生产由劳动集约型逐渐转向劳动—资本集约型"[②]，这一转变首先发生于水稻种植业。明人邝璠所著《便民图纂》中"下壅"图载有这样一首竹枝词："稻禾全靠粪浇根，豆饼河泥下得匀，要利还须着本做，多收还是本多人。"[③]水稻生长过程耗肥量极大，增施有机肥是提高水稻产量最主要的途径。明中叶至晚清，在江南地区各种土地经营方式中，水稻种植业的肥料投入占农业成本的比重高达40%~50%。[④]

与此同时，江南地区桑棉产业的快速发展也扩大了肥料需求量。明中叶，松江府属上海县、华亭县至苏州府属嘉定县、太仓州、昆山县、常熟县一带已成为著名的棉作区[⑤]。以桑蚕业与丝织业为传统产业的湖州"桑叶宜蚕，县民以此为恒产，傍水之地，一无旷土，一望郁然"[⑥]，至清初更是"自墙下檐隙以暨田之畔、池之上，虽惰农无弃地者"[⑦]。

农业经营的重心由粮食作物转变为经济作物，而经济作物耗肥量更高。李伯重以《沈氏农书》为数据来源，比较了以水稻为代表的粮食作物和桑蚕为代表的经济作物的肥料支出情况。在数量上，桑树的施肥量是水稻的468.75%；在费用上，桑蚕业肥料支出是水稻的190.91%。[⑧]因此，在经济作物

① 陈恒力.补农书研究[M].北京：中华书局，1958：234.
② 李伯重.江南农业的发展（1620—1850）[M].上海：上海古籍出版社，2007：98.
③ 邝璠.便民图纂 卷1 下壅[M].北京：中华书局，1959：6.
④ 李伯重.江南农业的发展（1620—1850）[M].上海：上海古籍出版社，2007：94.
⑤ 樊树志.明代江南农业经济的新变化[J].历史教学问题，1983（1）.
⑥ 王道隆.荻城文献[M]//（同治）湖州府志 卷32 舆地略·物产上.湖州：31a.
⑦ （乾隆）湖州府志 卷30 桑上[M].湖州：8a.
⑧ 李伯重."桑争稻田"与明清江南农业生产集约程度的提高——明清江南农业经济发展特点探讨之二[J].中国农史，1985（1）.

种植规模扩大的背景下，肥料短缺会极大地限制江南农业发展。

饼肥是重要的肥料投入。根据闵宗殿的研究，这一时期先后出现菜籽饼、乌桕饼、芝麻饼、棉籽饼、豆饼、莱菔子饼、大眼桐饼等饼肥。[①]其中，豆饼是饼肥中的代表性肥料，与其他饼肥相比，氮、钾元素的含量更高（表1），而碳素的含量却较低，铵态氮转化速度快，一周左右就可产生大量氮素。因此，豆饼的施用可以散发自身热量，提高土壤温度，促进植物发芽，非常适宜土壤湿润的江南地区。[②]

表1　饼肥的营养成分（%）

序号	肥料名称	氮	磷	钾
1	大豆饼	7.00	1.32	2.13
2	菜籽饼	4.60	2.48	1.40
3	棉籽饼	3.41	1.63	0.97
4	棉仁饼	5.32	2.50	1.77
5	花生饼	6.32	1.17	1.34
6	葵花籽饼	5.40	2.70	—
7	芝麻饼	5.80	3.00	1.30
8	大米糠饼	2.33	3.01	1.76
9	蓖麻饼	5.00	2.00	1.90

资料来源：牛若峰、刘天福主编：《农业技术经济手册》，农业出版社，1983年，第110页。

1500年左右豆饼肥料价值的发现被珀金斯称为"技术普遍停滞景象中的一个例外"[③]。明中后期，江南农业生产开始较多使用豆饼，有关其记载逐渐见诸农书。从《农政全书》中各种肥料的配比[④]可知，明代江南农业生产者已初步认识豆饼的肥效优势。明末清初的张履祥在介绍嘉湖地区的小麦种植时特别强调"吾乡有壅豆饼屑者，更有力"[⑤]。

① 闵宗殿.中国古代农耕史略[M].石家庄：河北科学技术出版社，1992：73.
② 崔德卿.明末清初豆饼的出现和江南农业的发达[J].农业考古，2014（4）.
③ 珀金斯.中国农业的发展1368—1968[M].宋海文等译.上海：上海译文出版社，1984：90.
④ 徐光启.农政全书校注[M].石声汉校注.上海：上海古籍出版社，1979：143.
⑤ 佚名.沈氏农书[M].陈恒力校点.北京：中华书局，1956：31.

清代，豆饼施用量持续提高。乾隆《震泽县志》载："田高者则先去旧土而壅以新泥，至夏末复市豆饼或麻饼加焉，否则收薄"①。由此可见，购买豆饼以追加土壤肥效已是一种被广泛认同的农业增产方式。乾隆《江阴县志》的描述更为直接，"壅田之本，屑豆饼者十之六，用灰粪者十之三，罱河泥者十之二"②，当地农民施用豆饼的数量已经超过肥料总投入的一半。尽管这一描述稍显夸大，可以肯定的是，豆饼在江南农业生产中发挥了至关重要的作用。

然而，江南地区并非传统豆作区，明代以来始终未见大规模黄豆种植③。因此，外运豆饼成为解决豆饼需求骤增与本地供应不足矛盾的关键途径。据李伯重估算，清代从外地输入的豆饼数量占江南全部肥料施用量的27%。④由此可见，江南农业的增长确实需要豆饼。

值得注意的是，相较于豆饼，豆油在这一时期则处于从属地位。很长一段时间内，豆油并非主要食用油，而是兼具食用之外的多种用途，且消费量不高。不仅如此，大豆的出油率较低。据《天工开物》记载，当时每石黄豆仅能榨油9斤，而同容量的胡麻与蓖麻籽、樟树籽可得油40斤，莱菔子得油27斤，芸薹子得油30斤，茶籽得油15斤，桐籽得油33斤，柏籽得油33斤，冬青子得油15斤，菘菜子得油30斤，苋菜籽得油30斤，亚麻、大麻仁得油20余斤。⑤⑥所以，榨取豆油并不是一项有利可图的工作。不过，豆饼的利润倒是很可观。明末华亭人陈眉公指出：

> 豆饼，榨油之豆渣也。芝麻、菜子，油多饼少。豆子榨油，油少饼多。故云：菜子、芝麻，油为本，饼为利。豆油则饼为本，油为利也。压田油饼，缺则不拘。其豆兢取榨油，以作饼。⑦

① （乾隆）震泽县志 卷25 风俗一[M]. 震泽: 7a.
② （乾隆）江阴县志 卷3 风俗[M]. 江阴: 2b.
③ 王加华. 一年两作制江南地区普及问题再探讨——兼评李伯重先生之明清江南农业经济史研究[J]. 中国经济史研究, 2009（4）.
④ 李伯重. 江南农业的发展（1620-1850）[M]. 上海: 上海古籍出版社, 2007: 126.
⑤ 宋应星. 天工开物[M]. 钟广言注释. 广州: 广东人民出版社, 1976: 309-310.
⑥ 斤, 1斤=500克, 2斤=1千克.
⑦ 陈眉公. 致富奇书广集·杂粮统论[M]//李长年编. 中国农学遗产选集·豆类. 北京: 农业出版社, 1958: 119.

相比于芝麻和菜籽，大豆出油率较低，但豆粕的出产量却高得多，所以江南人认为豆饼是大豆的主要出产物，豆油则是额外收益。如果没有豆饼，会严重影响农业生产，所以人们竞相榨油取饼。总之，这一时期豆油是副产品，其地位和作用远低于豆饼，江南对大豆的需求，绝大多数是对豆饼的需求。

明中叶后，华北地区的大豆经运河输入江南，缓解了江南的肥料短缺危机。大豆是运河贸易中重要的水运货物，直接促进了全国商贸市场的发展。例如，万历二十年（1592），华北地区的"棉花、豆、谷、果品失收"[1]，经运河南下的豆货大幅减少，结果导致这一年未能完成关税征收额，可见大豆贸易的重要性。

雍正、乾隆年间，运河大豆贸易更为繁盛。当时，经淮安关的货物以"豆、麦、枣、棉等件为重，皆自北至南"[2]，其中"豆货数倍他税，其余杂货较之豆税实不及三分之一"[3]。直隶、山东、河南、安徽等地所产大豆构成了淮安关税收的主体，有时甚至出现"所征税钞大半出于豆货"[4]的现象。

至乾隆末期，淮安关和宿迁关"全赖山东、河南等处豆货贩运南来，钱粮始能丰旺"，乾隆五十七年（1792），河南、山东等地大豆减产，"以致豆货船只，到关稀少，盈余短绌"[5]。据此可知，华北大豆贸易决定了两关的基本收入，所以当时"淮、宿两关，钱粮全赖黄河、运河、洪泽湖三路豆货等税，而黄河尤为大宗"[6]。据陈慈玉估计，单是乾隆年间每年经过淮安关南下的华北大豆和豆饼就高达520万石。[7]

近海大豆贸易亦发挥了极大的作用。隆庆年间，每年二至五月，山东、天津等地的商人会从海仓口出发"贩运布匹、米、豆、曲块、鱼虾并临清货

---

① 王樵：《方麓集》卷1，转引自：许檀.明清时期山东商品经济的发展[M].北京：中国社会科学院出版社，1998：364.

② 雍正（无年月日）淮安关监督庆元奏折[M]//宫中档雍正朝奏折 第23辑.台北：台北故宫博物院，1979.

③ 《管理淮安水务伊拉齐乾隆八年二月十七日折》，1743年3月19日，中国第一历史档案馆藏，转引自：许檀.明清时期运河的商品流通[J].历史档案，1992（1）.

④ 《管理淮安水务伊拉齐乾隆七年六月十五日折》，1743年7月13日，中国第一历史档案馆藏，转引自：许檀.明清时期运河的商品流通[J].历史档案，1992（1）.

⑤ 《高宗纯皇帝实录》卷747，乾隆五十八年癸丑五月壬辰朔.

⑥ 淮安关监督全德乾隆四十七年七月二十二日折[M]//宫中档乾隆朝奏折 第52辑.台北：台北故宫博物院，1982.

⑦ 李伯重.江南农业的发展（1620—1850）[M].上海：上海古籍出版社，2007：124.

物"①，这说明大豆近海贸易已然开始。随着海禁政策逐步宽松，这一贸易方式进入新的阶段。万历年间即墨知县许铤曾云：

> 隆庆壬申，议行海运，胶之民因而造舟达淮安，淮商之舟亦因而入胶。胶之民以腌腊、米、豆往博淮之货，而淮之商亦以其货往易胶之腌腊、米、豆，胶西由此稍称殷富。每船输桩木银三两，于州以为常。今虽有防海之禁，而船只往来固自若也。②

万历年间，华北地区的大豆源源不断运往南方。明代民间日用类书《三台万用正宗》将胶州大豆列为诸多豆货之上品③，两地之间也多有为此展开的贸易活动，所获利润颇丰。康熙二十二年（1683），清廷全面开放海禁，准许沿海商民下海贸易、捕鱼④，由此出现"海运渐开，商贾骈至，自此而后有无交易，颇济民用"⑤的景象，华北大豆的近海贸易进一步繁荣。雍正年间，江南商船载货至山东"发卖之后，即买青白二豆带回江省者十居六七"⑥，大豆成为江南商船返航的主要货物。

乾隆二十八年（1763），朝廷"议准山东豆石，由海运赴浙贩卖。山东各属产豆素多，向例许从海口运赴江南，久经奏准遵行"⑦。正是由于大豆产量和输出额较高，清廷才特别准许将山东大豆经海路运往江南出售。这种贸易形式盘活了南北两地的商品交流。例如，清代胶东半岛棉花产量较低，当地人便用豆饼与江南棉商交易，获得织布原料。光绪《文登县志》载：

> 明季尚种草棉做布，今全仰给江南，以豆饼往易棉包，来海商交易，此为常货。昔人竹枝词曰：不识蚕桑但种田，劬劳只得布衣

---

① 梁梦龙.海运新考 卷上[M].明万历刻本：31a.
② 许铤.地方事宜议·海防[M]//（乾隆）即墨县志 卷10 艺文.即墨：7a、b.
③ 《三台万用正宗》卷21《商旅门》，转引自：张海英.日用类书中的"商书"——《析新刻天下四民便览三台万用正宗·商旅门[J].明史研究，2005.
④ 张彩霞.海上山东——山东沿海地区的早期现代化历程[M].南昌：江西高校出版社，2004：28.
⑤ （光绪）日照县志 卷3 食货·物产[M].日照：16b.
⑥ 山东巡抚岳浚雍正十二年八月初八日折[M]//宫中档雍正朝奏折 第23辑.台北：台北故宫博物院，1979.
⑦ 清朝文献通考 卷27 征榷考二[M].清文渊阁四库全书本：49b.

穿。扁舟一叶来沧海，争说江南到草棉。①

清中后期，大豆已成为南北贸易的主要货物，出现"江南北之民，倚以生活。磨之为油，压之为饼，屑之为菽乳，用宏而利薄"②的盛况。需要指出的是，自清中叶开始，华北地区的豆类货品逐渐由大豆为主转变为大豆与豆饼并重。道光二十六年（1846年），上海海关记载："北洋船只运来大量豆饼，即榨过油的大豆残渣，此种大豆榨油后的豆饼作肥料。"③

海运的兴盛促进了华北和江南间大豆贸易的发展。大量豆饼从华北地区搭载北洋船只经近代贸易输送至江南，部分推动了江南农业的增产。同时，豆饼取代一部分大豆成为两地之间的主要货物，进一步促进了大豆的专业化生产与加工。在此背景下，江南与华北的两种农业形态呈现出高度互动的趋势，即江南农业的增长势必会影响华北农业的变迁。

四、大豆代替杂豆

据上文，魏晋时期华北地区已形成"冬小麦—杂豆—粟"的茬口轮作组合，并得以长期延续。而且在这一体系中，杂豆的种植规模和食用价值远超大豆。然而，明清时期夏大豆的普及却赋予这一传统耕作制度新的意义。王象晋曾在《群芳谱》中记载了大豆的种植时间：

> 槐无虫宜豆。夏至前后下种，上旬种则花密荚多，宜甲子、丙子、戊寅、壬午及六月之卯日，忌西南风及申卯日。④

由此可见，明代中后期大豆的播种时间是夏至左右，正所谓"黄豆五月种，众人皆知之时也"⑤，即阴历五月中旬至六月上旬播种最佳。以王氏所处

---

① （光绪）文登县志 卷13 土产[M]. 文登：3a.
② 道光二十三年 饼豆业建神尺堂碑[M]. 上海博物馆编. 上海碑刻资料选辑. 上海：上海人民出版社，1980：282.
③ 聂宝璋. 中国近代航运史资料（1840—1895年）[M]. 上海：上海人民出版社，1983：1251.
④ 王象晋. 群芳谱诠释[M]. 伊钦恒诠释. 北京：农业出版社，1985：24.
⑤ 郭云陞. 救荒简易书 卷一[M]. 清光绪二十二年（1896）郭氏刻本：76b.

的济南地区为例，要等晚春干燥的西南风转变为夏季湿润的东南风后，才能确定具体的播种时间，以防大豆种粒出苗失败。正如《德平县志》所载，"其豆子、黍稷、晚谷则于麦收后布种，白露即熟，秋分后又布种麦矣"①。麦收之后播种大豆，到白露节气时就会成熟，收获后则可以继续安排后茬作物。这种现象说明夏播大豆已经成为当时的主要农作物。

至迟清初，华北夏播大豆的普及业已完成。蒲松龄在《农桑经》中记载了麦后复种大豆的时间，其云："但得雨，且不妨且割且种，勿失时也"，并强调"黄豆单打单"，意即株距不得太过紧凑。②丁宜曾在《农圃便览》中记载"割麦以后……又须趁雨种豆"，并在"刈麦"一条后注明"种黄豆"。③根据李令福的研究，当时华北地区已普遍实行麦后复种黄豆的制度，农民也总结出疏植、深种等耕作方法，因此黄豆"成为豆类作物首席成员"④。

大豆地位的这种转变与明代商品经济的发展密切相关。自明中叶开始，以赋税货币化、力役征银为主要内容的财政改革极大提高了农产品的商品化程度，农民也因此获得了决定农业生产的权力。⑤这种转变为华北农民调整耕作制度，参与商业性农业生产提供了前提条件。

据上文，魏晋南北朝时期大豆的重要性远低于杂豆，它们的食用价值和商用价值均没有获得充分体现。明清时期，江南饼肥的使用则改变了大豆的传统用途，其商品化程度逐步提高，华北地区因此成为江南豆饼的主要供应地。在此背景下，华北地区的大豆种植规模持续扩大，成为全国最重要的大豆产区。所以，清代华北地方志中有关大豆重要性的记载增多，其中道光《重修平度州志》的描述最具概括性和代表性，内云："利藉豆饼，州多种之"⑥。由此不难发现，豆饼成为主要商品后，其丰厚的利润吸引了本地农户大规模种植大豆。

这一转变重塑了原有的生产结构，大豆种植业和豆饼加工业成为区域发展和农家经济的主要驱动力。乾隆年间，汶上县美化庄790亩耕地中复种大豆

历史时期华北地区主要豆类作物的嬗替

---

① （光绪）德平县志 卷1 方舆·气候[M]. 德平：9a.
② 蒲松龄.农桑经校注[M].李长年校注.北京：农业出版社，1982：25-26.
③ 丁宜曾.农圃便览[M].王毓瑚校点.北京：中华书局，1957：46-48.
④ 李令福.明清山东粮食作物结构的时空特征[J].中国历史地理论丛，1994（1）.
⑤ 许檀.明清时期山东商品经济的发展[M].北京：中国社会科学院出版社，1998：15-16.
⑥ （道光）重修平度州志 卷10上 物产[M].平度：1b.

的比例就高达80%①，说明了大豆在作物布局中的重要性。在另一个大豆集中产区平度，嘉庆末年政府曾下文禁止豆饼出境，一时间竟"农商两病"，所以知州周云凤也不得不废弛这一禁令。②以上两则材料足以证明大豆对于区域经济发展和当地民众生活具有重要作用。而光绪《临朐县志》的记载更为直白，其云："黄豆、黑豆最为民利。农民有田十亩者，常五亩种豆，晚秋丰获，输税租、毕婚嫁，皆恃以为资。岁偶不熟，困则重于无禾"③。当时种植大豆的利润较高，是农家经济的最主要组成部分，其丰歉程度深刻影响农民的日常生活，以至于他们会用一半土地种植大豆。

当然，夏大豆融入既有作物体系，除了具有较高经济价值之外，还与其固氮能力更强密切相关。现代科学实验表明，华北地区的夏大豆品种生长期在85~92天④，开花早、喜温喜水，生长适温为21~23℃，营养生长与生殖生长并进时间长，固氮率在8%~10%。⑤因此，相比而言，夏大豆的根瘤固氮能力远高于春大豆。⑥不仅如此，现代实验还表明，土壤内的氮含量与根瘤固氮效果成负相关关系，即土壤内的氮含量越高，根瘤的固氮效果越差，因此麦后复种大豆的耐瘠性远远高过其他作物。⑦而夏大豆由六月至九月的生长时段恰好符合麦后作物的时间节点，相比于其他作物，它们具有用工短、投资少、成本低等优点，能为农民带来更多收益，所以也就会在作物选择中脱颖而出。

由于与红小豆和绿豆等杂豆的种植时间重合，因此夏播大豆种植规模扩大，就意味着杂豆种植面积的大幅缩小。事实上，当时确实发生了这种作物更替现象。据上文，清代以前杂豆是北方重要的粮食作物，直到隆庆年间，绿豆仍然占据重要地位，是仅次于粟米和小麦的税赋来源⑧。清代，杂豆的作物地位已呈明显下降趋势。翻阅这一时期华北地区的地方志，可见大部分方志仅简单罗列杂豆的名称，没有详载其相关情况。至清末，绿豆多用于制作粉条与粉

① 程方.清代山东农业改制述论[J].齐鲁学刊，2010（3）.
② （道光）重修平度州志 卷26上 大事[M].平度：20b.
③ （道光）临朐县志 卷8 物产[M].临朐：8b.
④ 卜慕华.中国大豆栽培区探讨[J].大豆科学，1982（2）.
⑤ 李奇真，孙克用，卢增辉，等.夏大豆施肥生理基础及高产栽培技术研究[J].中国农业科学，1989（4）.
⑥ 李永孝，崔如.夏大豆植株氮、磷、钾含量与水肥的关系[J].作物学报，1992（6）.
⑦ 郎伟.大豆根瘤固氮酶活性与固氮量的研究[D].哈尔滨：东北农业大学，2010：5.
⑧ （万历）兖州府志 卷24 田赋[M].兖州府志（第二册）.济南：齐鲁书社，1984：420.

丝，其作为主食的比例越来越小，最终成为杂粮作物。[①]

以山东为例，至清末，豆类作物播种面积达到总耕地面积的30%，而黄豆占总耕地面积的25%。[②]可见，黄豆在豆类作物中的播种占比高达83.33%。至此，大豆完全替代了红小豆和绿豆，成为华北的主要豆类作物。在这一替代过程中，红小豆和绿豆的种植规模和食用范围逐渐缩小，成为人们眼中的"小杂粮"，反而没有意识到它们曾经是华北地区农家的主要粮食作物。

或有人问，与大豆相比，红小豆和绿豆的固氮作用并不弱，那么为何夏大豆能够取代这些作物，促成以冬小麦—夏大豆—春播作物为核心的新耕作制度？事实上，在外部市场需求的拉动下，大豆的经济价值凸显，不但可以为农家带来更多利润，还可以为后茬作物小麦提供充足养分，因而它们的重要性远超过这些杂豆。在此背景下，农民最终用大豆替代了杂豆，构建了以"冬小麦—夏大豆—春播作物"为核心的新种植制度。

五、结　论

魏晋时期，中国北方连年混战、经济残破、劳力缺乏、大量抛荒，但却并未形成"常理"所谓广种薄收，而是在国家与地方的相互作用下形成了特殊的人口管理模式，将实际数量较少的劳动力集中在固定土地范围内，形成人口相对密集的人地关系，以此支撑集约化农业的形成。这种集约化农业对精耕细作的需求成倍上升，也增加了执行精耕细作农业的难度。

因此，在结合"保墒抗旱"耕作技术以稳定农业生产环境的基础上，民众实行粟、麦双主粮并行的轮作增产结构，以求取粮食产量的提升。一方面，土壤墒情的改善和粮食产量的提升使得原本为备荒而粗放种植的大豆失去了在精耕细作体系存在的意义；另一方面，引入以绿豆和红小豆为代表的杂豆作为土壤生态的自变量，及时补充粟、麦对土壤肥力的消耗以达到可持续增产效果的同时，又丰富了主粮作物的种类。

在看似不具备精耕细作条件的时代背景下，以主动的人口管理模式创造

---

① 彭益泽. 中国近代手工业史资料（1840—1949）第3卷[M]. 北京：生活·读书·新知三联书店，1957：61.

② 李令福. 明清山东粮食作物结构的时空特征[J]. 中国历史地理论丛，1994（1）.

精耕细作的条件，从而达到等同甚至优于一般精耕细作的农业产出。魏晋南北朝时期杂豆对大豆的替换，是中国传统农业中里程碑式的农业技术进步，直至明代早期，杂豆都是华北地区农业轮作中的重要环节。

明代江南农业的变革扩大了肥料需求。在众多肥料中，具有肥效高、质量轻和方便运输优势的豆饼逐渐成为江南地区肥料的重要来源。而江南并非传统的豆作区，因此一条以商业活动为主要形式、以大豆贸易为主要内容、以运河和海洋为主要商路的传导路径自江南至华北展开，江南农业的变革亦由此重塑了华北的农业生产模式。

明代的赋役制度改革为农民获得更多种植选择权提供了便利条件，而市场和技术的内在需求则推动华北地区夏播大豆的种植规模迅速扩大，继而取代红小豆和绿豆成为主要的夏播作物。这种作物替代，改变了传统的轮作体系，塑造了"冬小麦—夏大豆—春播"作物种植制度。而这一转变却有着非常复杂的内部传导机制，是全国市场发展和江南农业变革共同作用下的产物，与人口压力并没有直接关系。

长期以来，学界认为红小豆和绿豆等作物为"小杂粮"，而视大豆为主要农作物，甚至从人口压力的角度系统阐述了大豆种植规模持续扩大的发生机制，获得了启发性的认识。然而，我们却发现中国历史上的豆类作物种植存在一个明显的替代过程。在这一过程中，先是以红小豆和绿豆为主的杂豆种植规模扩大，促成了魏晋时期华北地区的农业技术创新；后来则是商品经济的发展和江南农业的变革重塑了华北的农业生产模式，推动大豆取代杂豆，促成了以"冬小麦—夏大豆—春播作物"为核心的种植制度。如果不详细分析这一替代过程，那么就难以有效厘清华北豆类作物的历史变迁。

历史时期西南地区山地作物的种植分布研究

吴 昊

播厥百谷：中国作物史研究
Sowing Grains: Study on History of Crops in China

山地农业是指人们在山区生存和发展过程中，对可利用的资源进行农业化的活动，包括种植业、园艺、林业、畜牧业及其他涉农产业，具有立体性、多样性、脆弱性和多宜性等特征[①]。西南地区因其地势复杂，有学者就指出"就自然地理而言，云贵高原不是简单的统一高原地貌，而是山地、低丘、宽谷、浅盆相间，河流、湖泊密布，呈现极为复杂多样的地理景观；就人文地理而言，汉唐以来，是多种组别所谓'西南夷'的少数民族所居地"[②]。所以从西南地区开发史的角度来看，元代以前对于西南地区的管理更多是采用"羁縻"的政策，直到元代时期云南建省以及明代贵州、广西建省后，其作为中原王朝对外门户的战略地位开始提升，并且成为解决东部地区"地少人多"的移民之处。于是，元代之前零星的山地作物种植转变成了大规模的开荒垦殖，逐渐形成了西南地区独有的农业生产方式。因此，探讨历史时期西南地区山地作物的种植分布情况，可为讨论西南地区的人们如何依赖与利用自然地理环境，并从自然环境中寻找适宜的生存发展空间，以及对其文化、生活产生何种影响奠定研究基础。

一、零星分布：两汉时期的种植情况

两汉时期，西南地区逐步纳入中原王朝的统治势力范围，中原王朝开始

作者简介：吴昊（1983—），浙江杭州人，历史学博士，科学技术史博士后，南京农业大学中国农业遗产研究室讲师，研究方向为农业史、中国文化史。

① 祁春节. 现代山地农业高质量发展路径[J]. 民主与科学，2019（1）.

② 杨伟兵. 云贵高原的土地利用与生态变迁（1659—1912）[M]. 上海：上海人民出版社，2008：总序3-4.

在西南地区设置郡县，同时派遣军队和官吏进行统治，此外还将中原地区的汉人移民到此，从而加强对西南地区的控制。《史记·平准书》就记载："（元朔三年，前126）悉巴蜀租赋不足以更之，乃募豪民田南夷，入粟县官，而内受钱于都内。东至沧海之郡，人徒之费拟于南夷。"[①]从这条材料可以看到当时汉武帝为了打击地方豪族，将一部分豪族迁徙到西南地区，并在此设立郡县，且在今天滇东和黔西一带进行开垦和屯田，屯田除了民屯之外还有部分军屯，使西汉对西南地区加强控制，开拓了更多疆域。

正是西汉政府加强对西南地区的控制，使得西南地区的山地开始得到初步开发，并且还取得了不错的效果。《后汉书·西南夷传》记载："造起陂池，开通灌溉，垦田二千余顷"[②]，这条文献说明当时益州郡太守文齐在今滇中组织百姓修建大型蓄水池，建立与之配套的水利灌溉系统，并把浇灌的水田扩大2 000余顷，这是西南夷地区的一件大事。另外，值得注意的是文齐是在新莽时期被任命为益州太守的，而且是在当时益州发生农民起义，初战不利的情况下受命征讨，他采取征而不讨、围而不歼的方式成功说服起义军归顺朝廷，于是被任命为益州太守。文齐就如同文献中所指出的那样，组织边民垦荒造地，修筑灌渠，开垦出农田两千多顷，并且修路、练兵、保境，使得当时西南地区成为一方安宁之地。后，抗公孙述归顺东汉，光武帝任命他为镇远将军，并封为成义侯。可见，文齐在西汉和东汉过渡之际稳定西南地区起到了十分重要的作用。与此同时，文齐所造陂池是云南地区最早修建的重要水利工程之一，他将中原地区先进的治水用水经验带到了西南地区，并且因地制宜，有效推动了西南山地地区的农业发展。

另，据《华阳国志·南中志》记载："土地无稻田、蚕桑，多蛇、蛭、虎、狼"。[③]这条文献所述的是汉末时期僰道（今四川宜宾）至朱提（今云南昭通）一带的山区的一些状况，并且在文献中还有对牂柯郡"畲山为田，无蚕桑……寡畜产，虽有僮仆，方诸郡为贫"[④]这类的记载，说明了当时西南山区还是以刀耕火种的方法进行耕种，并利用枯落物的灰烬（草木灰）为肥料。又据《汉书·西南夷传》记载，汉成帝时期，西汉牂柯太守陈立率兵攻

① 史记 卷30 平准书, [M]. 北京：中华书局，1959：1421.
② 后汉书 卷86 西南夷传[M]. 北京：中华书局，1965：2846.
③ 常璩. 华阳国志校补图注[M]. 任乃强校注. 上海：上海古籍出版社，1987：279.
④ 常璩. 华阳国志校补图注[M]. 任乃强校注. 上海：上海古籍出版社，1987：260.

历史时期西南地区山地作物的种植分布研究

陷夜郎国，并诛杀了夜郎王，震惊当地，句町王禹和漏卧侯俞听闻之后，遂有"震恐，入粟千斛，牛羊劳吏士"[1]的记载，由此可见当时开垦的山地作物主要还是一些旱地作物，主要以粟为主。根据汉代的计量单位进行换算之后，我们可以发现当时大约向汉军提供了不少于3万斤的粟作为军粮，来解决汉军的后需补给，同时也从侧面反映了当时这一地区有粟的种植。另外，根据当时夜郎国的地形判断，基本上都是在山地进行种植，且产量还是可以自足的。

前文牂柯郡记载中提到了"无蚕桑"，但是根据《华阳国志·南中志》的记载，永昌郡有"蚕桑、绵、绢、采帛、文绣"，并且"猩猩兽，能言，其血可以染朱罽"，制作出来的布"其华柔如丝，民绩以为布，幅广五尺以还，洁白不受污，俗名曰桐华布"[2]，从中可以看出所谓"无蚕桑"的说法显然是有失真实的，反而说明了永昌郡此时已经开始运用中原地区的纺织技术来进行丰富的纺织活动，其技术水平还颇为高超。另外，《后汉书·西南夷传》记载哀牢地区"土地沃美，宜五谷、蚕桑。知染采文绣，罽毲、帛叠，兰干细布，织成文章如绫锦。有梧桐木华，绩以为布，幅广五尺，洁白不受垢污。先以覆亡人，然后服之"[3]，从而亦印证当时西南地区已经开始种桑养蚕，并且由此而产生的纺织品不仅满足当地的需求，同时还同汉族地区进行了商品交易买卖。那么，文献中提到的"梧桐布"和"木华布"又是由什么原料制成的呢？曾有学者考证指出这些原料是在云南德宏地区被当地傣族称为"达俄磨"（"大棉"之意）[4]的木棉树，这种木棉树树身很高，文献记载其"诚较草棉为强也"[5]，由此可见当时以木棉树为代表的山地作物，不单单是用于食用，与此同时，还具有其他的作用。值得注意的是，这一时期西南地区的山地已出现一些药材的种植。《后汉书·西南夷传》记载"土出长年神药，仙人山图所居焉"，说明在笮都（治今四川汉源东北）就有山中有药材的记录。另，根据《华阳国志·南中志》记载堂狼县有"出杂药，有堂螂附子"[6]，附子是一味温补的中药，具有回阳救逆，补火助阳，散寒止痛的功效，现在主要分布地区

① 汉书 卷95 西南夷传[M]. 北京：中华书局，1962：3845.
② 常璩.华阳国志校补图注[M].任乃强校注.上海：上海古籍出版社，1987：285-286.
③ 后汉书 卷86 西南夷传[M]. 北京：中华书局，1965：2849.
④ 汪宁生.西南访古卅年[M].济南：山东画报出版社，1997：144.
⑤ 罗养儒.云南掌故[M].昆明：云南民族出版社，1996：434.
⑥ 常璩.华阳国志校补图注[M].任乃强校注.上海：上海古籍出版社，1987：241.

也是在西南，可以说附子在西南山地地区的种植可以追溯到汉代。与此同时，《后汉书·郡国五》有"岷山特多药，其椒特多好者，绝异于天下之好者"[①]的记载，说明当时西南地区山地种植的药材具有很高的药用价值，并且在一定程度上来说已经在中原地区得到了广泛的好评，被视为不可多得的好药。

二、开疆拓土：魏晋时期的种植情况

魏晋南北朝时期，西南地区尤其是南中地区得以进一步开发与发展，这一历史时期被称为"南中"的地区，其地理范围大致包括今天云南、贵州全省以及四川西南部。到了东晋南朝时期该地区一分为二，云贵地区设置为宁州，川西南则归属于益州。在这一时期，南中（或宁州）地区山地作物的种植开发，在两汉零星分布的基础上得以进一步发展，并且呈现出与之前不同的特点，即开始在山地地区种植经济作物。

蜀汉时期，因两汉以来不断迁入南中地区的汉族移民，绝大部分都落籍在当地的郡县治地，这些汉族移民带来的先进农业生产方式，不仅为坝区和较平坦的丘陵地区开垦起到促进作用，并且也带动了南中山地地区的农业开发，成为南中在这一时期发展最快的地区之一。蜀汉建兴三年（225），蜀汉在平定南中大姓和夷帅的叛乱以后，把南中的最高统治机构庲降都督从平夷县（在今贵州毕节市境）移到味县（今云南曲靖），并在当地设立屯田。《华阳国志·南中志》就有"建宁郡，治故庲降都督屯也，南人谓之屯下"[②]的相关记载，指出诸葛亮南征以后李恢任庲降都督，在味县率驻军屯垦，屯军退役以后仍在当地从事农业生产，因此有"屯下"之称。蜀汉在味县一带开展屯田主要是为解决驻军的口粮，屯田颇有成效，收成还能积谷贮藏，所以就有了庲降都督张翼对部下言："吾方临战场，当运粮积谷，为灭贼之资，岂可以黜退之故而废公家之务乎？"[③]这就说明蜀汉在南中的屯田，并不仅限于味县所在的建宁郡，看来在一些农业有较好基础的地区，也开展屯田，并且除了军屯之外，民屯亦有较大规模的发展。据《华阳国志·南中志》记载：南征以后，蜀汉分

① 后汉书 志23 郡国五[M]. 北京：中华书局，1965：3509.
② 常璩. 华阳国志校补图注[M]. 任乃强校注. 上海：上海古籍出版社，1987：272.
③ 陈寿. 三国志 卷45 张翼传[M]. 北京：中华书局，1959：1073.

越嶲郡、建宁郡地新置云南郡，为充实和开发这一地区，庲降都督李恢"迁濮民数千落于云南、建宁界，以实二郡"。这是蜀汉在南中进行的规模较大的一次移民活动。《华阳国志》的作者常璩把这一条记载系于永昌郡下，表明所迁徙的濮民应指的是永昌郡内的"闽濮"（今伉族、布朗族和德昂族的先民），这些人被官府迁到云南郡和建宁郡，当是被组织参加当地的屯田，这对发展今滇中的农业生产和加强边疆民族与云南腹地诸族的联系，也都具有积极意义。由于蜀汉的重视和积极经营，南中的畜牧业也有较大进步，尤以马匹和耕牛的畜养发展最为迅速。《三国志·蜀书·李恢传》记载："赋出叟、濮耕牛战马金银犀革，充继军资，于时费用不乏"[1]，而《华阳国志·南中志》亦有南征后南中诸族"出其金银、丹漆、耕牛、战马，以给军国之用"的记载，从中可以看出耕牛、战马在蜀汉于南中征收的物资中属于大宗，由此反映牛耕技术在南中农业地区已逐渐普及，南中饲养牛马不仅比较普遍，而且数量较大，成为蜀汉征收大牲畜的一个重要来源。近年在云南保山汪官营发掘一座刻有"延熙十六年（253）"字样的砖墓，在随葬品中发现牛、鸡、狗和粮仓的陶质模型，表明在比较偏僻的永昌郡，牛也是常见的家畜，已有一些开始承担耕地的工作，说明这里的农业也受到汉族的影响。另外，根据《华阳国志·南中志》记载建宁郡和晋宁郡为"郡土大平敞，有原田"，永昌郡是"土地沃腴"，"有蚕桑"，"宜五谷"，云南郡则"土地有稻田、畜牧，但不蚕桑"[2]，说明这些地方的山区已经被开发。《爨龙颜碑》中记载南朝宋大明二年（458）有"屯兵参军雁门王□文"和"屯兵参军建宁爨孙记"，说明南朝宋时期在建宁郡是有专门负责军屯官员，并且还吸收了当地爨氏大姓参与其中。

　　这一时期，宁州地区山地主要种植的粮食作物是稻谷（包括水稻和旱稻），此外还有黍、稷、麻、粱、豆、芋等。比如《太平御览》引《永昌郡传》就指出越嶲郡"郡特好蚕桑，宜黍、稷、麻、稻、粱"，邛郡亦有"越嶲郡，其郡土地平原，有稻田"[3]说明当时在四川南部已经种植中原地区所称的"五谷"，并且明确指出已经有了种植水稻的水田。值得注意的是，宁州地区的山地广泛种植芋，芋是非常典型的高寒山地作物品种，能在高海拔地区生存，在广大的气候高寒处适应性最强，根据文献记载品种有君芋、车毂芋、旁

---

① 陈寿. 三国志 卷43 李恢传[M]. 北京：中华书局，1959：1046.

② 常璩. 华阳国志校补图注[M]. 任乃强校注. 上海：上海古籍出版社，1987：267，285，295.

③ 李昉. 太平御览 卷791 四夷部十二[M]. 北京：中华书局，1960：3506.

播厥百谷：中国作物史研究　Sowing Grains: Study on History of Crops in China

巨芋、青边芋等，这在当时都被作为优良品种得以推广。比如《太平御览》引《广志》记载："凡十四芋：有君子芋，大如魁；有车毂芋，有旁巨芋，有边芋。此四芋，魁大如瓶，少子，叶如伞盖，绀色，紫茎，长丈余，易熟，长味，芋之最善者也，茎可作羹臛。有蔓芋，缘支生，大者二三升。有鸡子芋，色黄。有百果芋，亩收百斛。有卑芋，七月熟。有九面芋，大不美。有蒙控芋，有青芋，有曹芋，子皆不可食，茎可为菹。又有百子芋，出叶榆县。有魁芋，无旁子，生永昌。"①由此可见，当时山地地区种植的芋不仅品种多，而且产量高，在荒年还能作为灾荒食物，说明当时芋是山地地区主要播种的作物。与此同时，甘薯作为当地重要的粮食作物之一，在这一时期的山区已经得以广泛种植，晋代《南方草木状》记载："甘薯，民家常以二月种之，至十月乃成，卵大者如鹅，小者如鸭；掘食其味甜，经久得风，乃淡泊耳"②，从中可以看出甘薯因其美味而得以广泛种植。芋和甘薯这两种作物对于土地的要求都不是很高，并且均耐瘠薄，种植方式较为粗放，在山地非常适宜生长，这对于山地地区的人们来说可以补充粮食作物，丰富了其多元化的主食习惯，且在荒年的时候作为救荒粮食食用。另外，根据《初学记》引《广志》记载"重小豆，一岁三熟，味甘，白豆粗大可食；刺豆亦可食。稆豆，苗似小豆，紫华，可为面，生朱提、建宁"。③这些豆类主要是在朱提郡与建宁郡进行种植。值得注意的是，这一时期牂柯郡、兴古郡、滇南的梁水郡与交趾等地的人会以桄榔木中的淀粉作为补充食物，《华阳国志·南中志》中明确记载这种树可以产出百斛淀粉，人们以牛羊奶混合桄榔面作为粮食进行食用。

除了粮食作物外，这一时期宁州各地还种植有茶、荔枝等经济作物。《太平御览》引《郡国志》记载："西夷有荔枝园，僰僮施夷中最贤者，古之谓僰僮之富。多以荔枝为业，园植万株，树收一百五十斛。"④这说明当时荔枝的种植已成规模，数量十分巨大，并存在着荔枝商业化的可能性。另外，据《广志》记载："犍为僰道南，荔枝熟时百鸟肥。"这就证实了僰道（今四川宜宾）以南的今滇东北地区是魏晋时期荔枝的重要产地。除此之外，《华阳国志·南中志》记载平夷县（今贵州毕节一带）有"山出茶、蜜"，这说明西南

① 李昉.太平御览 卷975 果部十二[M].北京：中华书局，1960：4321.
② 李昉.太平御览 卷974 果部十一[M].北京：中华书局，1960：4318.
③ 徐坚.初学记 卷27 草部[M]//郭义恭.广志.北京：中华书局，1962：661.
④ 李昉.太平御览 卷197 居处部二五[M].北京：中华书局，1960：950.

地区人工种植茶叶的历史可以从唐代推及魏晋南北朝时期。

综上所述，这一地区的山地作物依然是以人的口粮为主，虽然已经有了部分的开发，但是与中原地区相比来说还是较为落后，这是由于此地经常发生部落之间的战争，正常的生产生活无法得到稳定持续的保障，所以只能将口粮进行多元化的开发。

三、迅速发展：唐宋元时期的种植情况

南诏立国之后，积极发展社会生产，推行了一系列的经济政策，对于山地地区的开发起到了积极的作用。由于南诏依然与中原地区一样，将农业视作立国之本，所以其生产水平大大超越了前代，并且专门还设置了管理农业的官吏。《新唐书·南蛮上·南诏传》中有"专于农，无贵贱皆耕"的记载，至少说明对于农业的重视。同时，根据《蛮书》的记载，曲靖州以南至滇池以西皆"土俗唯业水田""蛮治山田，殊为精好"，说明当时对山地地区进行了拓荒，基本上都是以水田为主的梯田，并且派遣监守和官吏到田间督促生产，并且规定监守不得向农人乞讨酒食，否则将被"杖下捶死"。由此可见，南诏时期的农田水利和农业政策十分发达和完善。另外，根据《太平御览》引《云南志》记载："唐韦齐休聘云南，会川都督刘宽使使致甘蔗。蔗节希似竹许，削去后亦有甜味"[1]，说明唐代时西南地区山区已经开始种植甘蔗这一类的经济作物。

两宋时期，西南地区的山地作物受益于水利设施的进一步建设，其生产方式与产量均比前代有极大进步。根据《宋会要·食货》卷六一记载，熙宁三年至九年（1070—1076），成都府路、梓州路、利州路、夔州路有水利田315处，467 160亩。[2]从而使得西南地区包括山地在内的土地都得到了充分的开发利用，提高了土地利用率。范成大《夔州竹枝歌九首》则充分描写了夔州当地农作物的种植情况，比如以"东屯平田粳米软"来描述稻田，并说明粳米品质非常好，以"百衲畲田青间红，粟茎成穗豆成丛"来描述在山地种植的杂粮。

---

① 李昉. 太平御览 卷974 果部十一[M]. 北京：中华书局，1960：4318.

② 宋会要辑稿 不分卷 食货六十一[M]. 稿本：13a、b.

苏轼的《眉山远景楼记》记载："七月既望，谷藏而草衰。"①说明这一地区种植的是早稻。而陆游《岳池农家》诗云："春深农家耕未足，原头叱叱两黄犊。泥融无块水初浑，雨细有痕秧正绿。"②则说明山地和丘陵地区水稻种植得益于良好的水源供给。另外，在不能种植水稻的山地地区，主要还是种植小麦、粟、芋、豆等旱地作物。南宋范成大《遂宁府始见平川喜成短歌》就有："原田坦若看掌上，沙路净如行镜中。芋区粟垄润食雨，楮林竹径凉生风"③的描述。根据《蜀中广记》记载，宋代蜀芋的种类有10余种之多，以头形长而圆的赤鹓芋最贵，并且可以食用一整年。另外，还有圆形而子蕃多子芋，苏轼就有"朝行犀浦催收芋"的描述。

元代，这一地区延续了之前种植的粮食。如临桂县（今桂林市临桂区）的高山瑶，种植粟、芋、豆和薯类，并以当地出产的蜂蜜、黄蜡、香菌、山笋等向其他地区"货以易食"。④居住边远山区的瑶人，虽然种植粟豆等作物并饲养牛羊，"杂以为饷"，但还不足以果腹，遂赶山猎取野兽之以作为补充。其食俗"燔爨草具，毛血淋漓，虽富者亦然"。其民族擅长酿酒，时时沉醉为乐，"不知世有珍羞之和、醢醯之华也。"⑤所言虽是明朝的情形，但应为元代情况的延续。元代居住全州清湘一带的瑶人，远处深山远谷，但已耕种山地，种豆、薯、芋等作物，同时出产楮皮、厚朴等药材。1322年，广西宣慰使燕牟说：广西瑶人的情况各地不一，居住在深山穷谷者谓之"生瑶"，野处巢居，惯于刀耕火种，"采山射兽，以资口腹，标枪药弩，动辄杀人。"而居住邻近汉民地区者，则称为"熟瑶"，其饮食习俗接近附近地区的汉民，所言的情形，在元代广西的边远地区仍较普遍。

四、全面开花：明清时期的种植情况

明清时期，西南地区的云南、贵州、广西等地的山地得到进一步开发，这就为山地作物在西南地区的利用与推广提供了基础性条件，山地农作物的品

① 苏轼.东坡集 卷22[M].宋刻本：10a.
② 陆游.剑南诗稿 卷3[M].清文渊阁四库全书补配清文津阁四库全书本：4a.
③ 范成大.石湖诗集 卷16[M].四部丛刊景清爱汝堂本：15b.
④ （嘉庆）广西通志 卷278 列传二十三[M].广西：19b.
⑤ 田汝成.炎徼纪闻 卷4[M].清指海本：21b-22a.

种明显增加。清代西南各地的山区和僻地得到较大开发，与传入的玉米、甘薯等适宜瘠地种植的新作物有关。玉米、甘薯在明末种植尚不广泛，至康熙时在西南各地得到普遍种植。除玉米和甘薯外，在各地广为种植的耐瘠作物还有荞与高粱等。玉米、荞和高粱富含蛋白质，除充食粮外还可烤酒和制粉，逐渐成为山区居民的主粮，在一些地区尤其是山区，玉米、甘薯还取代稻米成为酿酒的主要原料。以上作物的普遍种植，为山区人民解决温饱提供有效途径，也使较多的外来人口迁入山区成为可能。

除移民垦殖外，清朝在西南一些地区还实行屯田。如雍正五年（1727），史载："奏开屯田，与民牛，招之耕，教以技勇，每名给水田十亩，一亩为公田；旱田二十亩，二亩为公田；存公田租于社仓。行之数年，辟田数万亩，仓廪亦实"①，这条材料我们可以看到当时的广西布政使金鉷赴任后，因地制宜，向朝廷提出重新进行屯田，并且给予参加屯田的农民每人水田十亩，其中一亩为公田；旱田二十亩，其中二亩为公田，官府还供给屯民耕牛；行之数年后辟田数万亩，并且获得了大丰收。同样的事情在乾隆四十年（1775），贵州巡抚裴宗锡"将箐内平旷之土开垦成田，寓防于屯，安屯养军。丹江雷公院地平衍，可垦四五百亩，欧收、甬荒高箐二地畸零，可垦三四百亩，应令附近震威堡屯军派拨试垦，并于丹江营移拨千总一、兵五十，入箐设卡驻守。"②，从中我们可以看出裴宗锡当时通过派遣军队对古州（今贵州省黔东南苗族侗族自治州榕江县）境内的山地进行开垦，效果非常明显，在丹江垦地四五百亩，在欧收、甬荒二地垦地三四百亩，不仅就地解决了驻军粮食问题，同时对于进一步拓宽西南地区的种植面积起到的良好效果。

但总体来看，较之前代，清朝在西南地区屯田的规模和范围要小得多，而且一些地方的屯田后来还因废弛被改为私田。西南各地原属明卫所管理的屯田，清初大部分已被地主豪强隐占，参加屯田的丁壮大量逃亡。如永昌卫所的屯田明代有1 143余顷，至康熙中期可耕种的屯田仅剩下364顷，其余土地均被隐占或已抛荒。③清廷原想用减少屯田租额的办法维持屯田。康熙二十八年（1689）云南巡抚范承勋奏准朝廷，又将二十一年至二十七年军屯所欠银20万两"尽行豁免"。但减税的效果并不明显，正如后来云南巡抚石文晟在上疏中

---

① 清史稿 卷292 金鉷传[M]. 标点本. 北京：中华书局，1977：10304.

② 清史稿 卷292 裴宗锡传[M]. 标点本. 北京：中华书局，1977：10314-10315.

③ （康熙）永昌府志 卷9 屯赋[M]. 永昌：3a.

播厥百谷：中国作物史研究

Sowing Grains: Study on History of Crops in China

所说："减赋于今日，安知不增赋于将来"。于是，在西南地区进行了诸如继续推行屯田，将庄园土地分给老百姓的措施，对于进一步推广西南地区的山地作物起到了十分重要的作用，具有十分重要的进步意义。

（一）云南地区

云南的山地地区因为梯田的开发，主要还是以种植水稻为主，以种植荞麦、稗、黍、麦、菽、水果、药材为辅，只是在云南各地区表现不同。明代中后期，以玉米、甘薯为代表的美洲作物传入云南地区，因其耐旱、高产、适于山地种植而迅速得以推广开来，这对促进山区经济发展起到积极作用，并具有重要意义。

山地农业的普及，使得山地地区种植的粮食作物大幅度增加，从而带动了西南地区整体粮食产量的提升，云南地区军队粮草供给不足的情况得以改善，甚至出现了盈余。明太祖洪武二十一年（1388），南安侯俞通源奏报云南都司所属储粮为336 007石。宣德六年（1431），总兵官黔国公沐晟奏报，云南都司24卫所去年所收屯军子粒米492 100石余，成书于正德五年（1510）的《云南志》卷一载，都司屯田粮折米806 218石，较宣德时增加63%以上。正统三年（1438），户部奏报云南与广西、四川、浙江四布政司，"递年存留粮米，若尽彼处文武官吏、士卒岁用，会计其中有二三十年支销不绝者，"请移文四省将存粮留下需支用者外，其他依市价卖出，押银至京折作官军俸粮。[①]从中我们可以看出，农业发展的体现主要还是得益于对少数民族所居住的山地地区的开发，从而促进了山地地区的经济发展，如云南景东府（今云南省景东彝族自治县）所居百夷，开始出现"性本驯朴，田旧种秋，今皆为禾稻"[②]的记载，正德时临安府（今云南省建水县）的少数民族尚"土俗质野，采猎为业"，至天启时已是"闾阎比栉，道路摩肩，农骈于野，旅溢于廛"[③]；广西府则是"士知向学，民勤耕织，风化渐行，殊异夙昔"。[④]根据张廷玉所编撰《清朝文献通考》，康熙三年（1664），云南省垦田2 459顷，以后又开地1 200余顷。至乾隆三十一年（1766），云南水陆可耕之地"均已垦辟无

① 　《太祖洪武实录》卷194，《宣宗宣德实录》卷84，《英宗正统实录》卷41。
② 　刘文征.滇志 卷33[M].古永继校点.昆明：云南教育出版社，1991：111.
③ 　刘文征.滇志 卷33[M].古永继校点.昆明：云南教育出版社，1991：110.
④ 　刘文征.滇志 卷33[M].古永继校点.昆明：云南教育出版社，1991：111.

余"，山麓地角成为垦种的对象。乾隆七年（1742），户部议准云南总督张允随奏议，允许新开垦的"山头地角"与"水浜河尾"，在开垦6～10年后再按旱地或水田的标准征收赋税。

除默许移民垦殖外，清朝还在西南地区举办屯田。三藩之乱平定后，昆明知县张瑾奏准于当地屯田，"疆画荒地，招流亡、给牛种，薄其征以济军卫之赋，"一年垦田1 300余亩，三年达10 000余亩。[1]较之前代，清朝在西南地区屯田的规模仍较有限，由于土地私有制的发展，一些屯田还先后被改为纳租的私田。西南各地原属明朝卫所管理的屯田，清初大部分已被地主豪强隐占，参加屯田的丁壮大量逃亡。明代永昌卫所的屯田有1 143余顷，至康熙中期可耕种的屯田仅剩下364顷，其余土地均被隐占或抛荒。清廷原拟用减少屯田租额的办法维持，但实行减税的效果并不明显，正如云南巡抚石文晟在上疏中所说："减赋于今日，安知不增赋于将来"。康熙二十九年（1690），因"屯田科赋十倍于民田"，清廷允许将云南荒芜的军屯田地"照民粮上中起科，听民开垦"；以后又准许各地屯田仿照河阳县（今云南澄江县）的办法，按民田数额上缴田赋，实行后"屯困始苏"。经过这一变革，大批军屯田地化为私田，束缚在军屯土地上的丁壮成为小农。康熙二十四年（1685），云贵总督蔡毓荣又报请朝廷批准，"以吴逆原请沐氏勋庄田地，变价归并附近州县，照民粮起科"[2]，废除明代以来实行的庄田制度，将原来吴三桂的庄园土地分发给百姓进行耕作，从而使得云南地区的农业获得较大发展。当时农业发展的又一表现是一些农业较发达地区的土地所有权屡屡发生变更，土地租佃和买卖的情形大量出现，封建土地所有制逐渐占据主导地位。这一类情形不但多见于滇中等农业发达地区，甚至边远的永胜等地，也出现土地租佃和买卖的情形。据《清宣宗实录》："今据查明，永北厅属北胜土司所管夷地，典卖、折准与汉民者，自乾隆二十年（1755）后，以至于今（按：道光元年，1821）有典出十之七八者，有十之三四者。"[3]可见当地诸民族之间典卖土地已成风气。

（二）贵州地区

明清时期，因西南地区推行"改土归流"的政策，贵州省遂成为开荒垦

① 清史稿 卷476 张瑾传[M]. 标点本. 北京：中华书局，1977：12985.
② 新纂云南通志（七）[M]. 牛鸿斌等点校. 昆明：云南人民出版社，2007：226.
③ 清宣宗实录 卷18[M]. 北京：华文出版社，1985：30-31.

殖的重点地区，尤其是贵州少数民族聚居的山地地区成为开垦活动的重中之重，特别是设于雍正七年（1729）的包括古州、清江、台拱、八寨、丹江、都江等六县在内的"新疆六厅"。清政府当时为了巩固"改土归流"政策的效果，加强对该地区的统治，首先采取军屯方式进行屯田，把古州、八寨、台拱、丹江、清江五厅作为实验地，在当地设置了120堡，8 939屯户，分配给每户上田六亩、中田八亩和下田十亩，并且鼓励他们垦殖未开荒的山地地区，取得显著效果。之后，清政府以"去兵之名，收农之实"①，将军屯改设为民屯，从供养军队补给直接变成赋税予以上缴。之后到了嘉庆年间，清政府将这样的方式推广到了铜仁等地，并且将此办法甚至普及到云南、广西地区。

当时，除了军队驻扎成为当地人之外，清政府还有计划地将东部省份的人迁徙到贵州地区，到了乾隆时期这些移民不仅适应了当地的生活，并且还和当地少数民族融合在一起，有时甚至会造成民族对立的情况。比如乾隆六十年（1795）清朝镇压湖南、贵州山区众苗，起因即是苗民驱赶外来的客民；《乾隆湖贵征苗记》说："初，永绥厅悬苗巢中，环城外寸地皆苗，不数十年尽占为民地。兽穷则啮，于是奸苗倡言逐客民，复故地，而群寨争杀，百户响应矣。"此外，有史料记载："（遵义府）而自改土以来，流移来兹者皆齐、秦、楚、粤诸邦人土著以长子孙，因各从其方之旧相杂成俗，而遗风未远，初亦有所染渍，久之遂忘其自来各有之旧，已多非美俗"②说明当地很多人都是从山东、山西、两湖、两广地区移民过来的。据民国《贵州通志·前事志》的统计，嘉庆年间贵州编入保甲的外来人口有"买当田土客户""租种苗田客户""贸易手艺客户""典当苗产客户并报佃户"等多种，若不计城居客户，移居贵州农村的客户计达5万余户，约有20余万人③。

为尽快恢复受战乱破坏的社会经济，在广西和贵州平定不久，清廷即实行奖励垦荒的政策。顺治十八年（1661），因云贵两省田地荒芜亟待开垦，户部议准"将有主荒田令本主开垦，无主荒田招民垦种"，所开垦的土地，州县官府发给执照视为永业，并允许三年后才征税。康熙四年（1665），贵州巡抚罗绘奏准，对百姓开垦的荒地不立田赋始征年限，既征亦酌量征税。乾隆六年（1741），因贵州山地多且山石搀杂，户部议准凡依山傍岭及瘠薄之地，悉听

① 清史稿 卷120 食货一·田制[M]. 标点本. 北京：中华书局，1977：3506.
② （道光）遵义府志 卷20[M]. 遵义：1a.
③ 葛剑雄，曹树基，吴松弟. 简明中国移民史[M]. 福州：福建人民出版社，1993：426，439.

民垦种，并永免征税。据《大清会典》记载，顺治十八年，贵州垦地1 074 300亩，康熙二十四年垦地599 711亩，雍正二年垦地1 451 569亩，乾隆三十一年垦地2 673 100亩，由此可见随着时间的推移、政策的普及，贵州山地地区的垦田数目逐朝增加，与此同时还带动了农作物产量的提高，史载："产米颇饶，食用之余，尚多盖藏，市价斗米三钱四五分为最贵，三钱一二分为中平，二钱七八分为最贱"[①]。由此可见，山地地区所种的粮食不仅可以自给自足，还出现了剩余，可以用来进行商业贸易往来，效果十分显著。

正是因为效果显著，并且在雍正时期实行了"改土归流"的政策，于是清政府将屯田区域予以扩大，推广到前代人迹罕至的"苗疆六厅"。苗疆六厅设于雍正七年（1729），范围包括古州、清江、台拱、八寨、丹江和都江等地。贵州实行改土归流后，清朝于新辟的"苗疆"设治。雍正年间，清廷在苗疆六厅组织驻军屯田，在台拱厅设二卫，驻屯军1 786户，授田12 450亩；在清江厅亦设二卫，驻屯军1 718户，授田10 748亩；在八寨厅设一卫，驻屯军810户，授苗民遗田且永不征赋；在丹江厅设一卫，驻屯军831户，种苗民遗田亦永不征赋。在古州厅设二卫，驻屯军2 519户，授田18 107亩，"苗田不计亩"。都江厅则未设屯，许苗民自耕自食，永为世业。以后官府又在黎平等地开办军屯。实行数年后，清廷在一些军屯地区"去兵之名，收农之实"，以提供粮食和赋税为驻军的主要任务。在广西清廷亦组织军队屯田。史念祖任广西巡抚时，认为各地荒地可垦，乃"酌简屯兵，督令开熟，任民领耕"，总计开垦荒田14 300余亩，并根据地力厚瘠确定田赋的数额。[②]在其他少数民族聚集地区，也有外来移民垦荒种地。可见，当时人口迁徙对山地开垦有着十分重要的推动作用。

结　语

综上所述，尽管从自然条件上来看，西南地区尤其是其中山地地区的险要地势制约了当地农业的发展，但是从西汉以来不间断的内地移民的大量涌入，不仅增加了该地区人口与劳动力的数量，还在不同的历史时期带来了内地

① 爱必达. 黔南识略 卷30[M]. 清道光二十七年（1847）刻本：20：a.

② 清史稿 卷120 食货一[M]. 标点本. 北京：中华书局，1977：3507.

先进的耕作制度与耕作技术，使得山地农业技术迅速发展，山地作物的种类日益增多，作物产量也不断提升，从而丰富了当地人的日常饮食。与此同时，以棉花、甘蔗、茶叶为代表的经济作物在西南山地地区的普及种植，不仅带动了手工业的发展，还推动了当地的农业商品化，并且对于开发以鸡枞菌、干巴菌、松茸、牛肝菌、青头菌、羊肚菌、猴头菌、蜜环菌、鸡油菌、灵芝、竹荪等为代表的菌类起到了促进作用，使得西南地区整体的农业发展逐渐呈现多元化的趋势。在农业生产技术上，该地区逐步从传统"刀耕火种"的山地原始农法缓慢发展与演进，最终完成了山地农业发展"精耕细作"化的转型。

致谢：此文在撰写过程中，得到了云南大学社会与民族学院方铁教授的悉心指导，在此表示感谢！

历史时期西南地区山地作物的种植分布研究

域外作物在中国：传播与驯化中的
政治融入与文化融合

朱　绯

播厥百谷：中国作物史研究

Sowing Grains: Study on History of Crops in China

古代的交流多为无意识的，食物保障、优化需求促使先民们迈出了跨空间交流、文明等级提振的前进脚步①，但真正的作物种质资源交流与发展，是基于什么样的背景与动因？演进路线是什么样的？域外作物的引入带来了怎样的影响？在技术、经济、社会、文化等多层面是如何与本土融合发展的？能为未来全球发展，消除饥饿、贫困，维护世界和平，构建人类命运共同体，提供哪些参考？

"农为邦本，粮安天下"。中国自古以来就重视农业生产，农业发展也是中华文明赓续传承的重要基础。中国传统社会是农业社会，传统农业以种植业为重，辅以其他产业，作物是种植业的核心资源。中国是农作物的重要起源地之一，拥有丰富的种质资源，种植农作物的历史，可以上溯到一万年以前。历朝历代对农作物种质资源的收集、栽培、改良和驯化，不局限于中国的原产作物，对域外作物的引入也十分重视，不断丰富了农作物的品类，促进了农作物种植结构的改变，助推了中国农业的发展，进而也促进了中国经济社会的发展。

探索中国作物发展图景，既可对中国经济社会的发展历程进行深刻解读，也可对中华农业历史与农耕文化进行深度探析，更可对中国传统文化的独特精神标识进行有效解析。通过作物史研究，与古人对话，启今人之智，拓未来之界。

作者简介：朱绯（1983—），黑龙江拜泉人，中国农业科学技术出版社副编审、经济管理出版中心副主任，从事畜牧兽医史、农业变迁史和农业区域文化与社会研究工作。

① 邹赜韬. 历史之变堪"寻味"：读《食物改变历史》（上、下卷）[N/OL]. 中国食品报.（2022-7-2）[2022-8-20]. https://baijiahao. baidu. com/s?id=1737229836479782151&wfr=spider&for=pc.

一、为什么选择域外作物

植物资源在全球的分布很不平衡，它们与所处的环境条件和地域密切相关。各地区通过驯化选育，形成了各具特色的农业种植品种、种植技艺、农具、管理方式和农业文化，等等，并形成了与环境生态相适应的农业生产系统，逐步促使农业稳固发展。有鲜明的地域特点、民族特点和文化特点。

随着经济社会的发展，贸易、灾害、战争等导致人员频繁流动或异地而居，形成了一些无意识或有意识的农业传播与交流活动。当然，提升产量、提高收入的需求，也会促使农民主动寻找、收集、选育优良品种，改良生产技术。这种交流因交通水平的发展而逐渐扩大，由人与人的交流发展为村落间的交流、国家间的交流，甚至一些作物品种可以传播万里。这些作物在历史中真实存在过，最终是呈现在我们的视野中，还是泯灭在历史的长河里，都有这样或那样的原因，这也正是选择这些作物的理由，它们蕴含着太多的时空信息。它们驯化成功超过千年，辗转万里进入中国，是众多作物中有幸留存的典型代表，丰富了我们的饮食图谱，缔造了舌尖上的百味；改变了中国传统的种植结构，繁荣了社会经济；融入并发展了中国传统文化，延展了国人的审美维度。在全球史层面，它们都是自己的绝对主角，但有的可以全世界驻足，有的只能偏安一隅。这背后的原因很值得探寻。

历史时期中外农业的交流，尤其是作物种质资源的交流，一直以来都为历史学者尤其是农史学者所关注，随着中国"一带一路"倡议的提出，相关研究再次成为领域内的热点问题。因此，回溯域外作物在中国的发展历程，不仅可以洞悉古人在作物选择与开发利用方面物尽其用的多元思维，而且对现代作物品种的引种、推广和改良具有一定的借鉴意义，为现代农业产业的发展提供服务。同时，深入发掘域外作物的文化历史意象，可探析其对中国人精神气质的塑造和文化审美发展的影响。

二、域外作物传播的动因

中国传统哲学有"仰观天文，俯察地理，观照内心"的"天人合一"理念，俯仰天地间，看似微不足道的作物上，同样可以看到古人对于作物、对于自身、对于土地、对于资源、对于环境、对于人与自然关系的良苦用心。它是自然选择和人工选择的产物，更连接着人类的过去、现在与未来。作物种质资源的发掘也体现了中国传统的物尽其用的观念，开发了很多作物的新用途，形成了作物使用的新发展。深入阐发、提炼和展示中华优秀传统文化的精神标识，也彰显了中国海纳百川的博大胸怀和包容思想，是中国智慧、中国方案的集中体现。

粮食保障需求。古人对于作物种质资源的珍视与开发，促进了作物的交流与发展，中国古代有三次较大规模作物引种交流，秦汉时期、宋元时期和明清时期，新作物品种的引入，极大丰富了食物品种、手工业原料，促进了农业种植结构的调整，一部分外来作物成了主栽品种，如小麦在约4000年前从两河流域自西向东传入我国，不仅是农作物的扩散，还伴随着农业技术的传播，它改变了当时的种植结构，[1]成为重要的税收主粮。有些农作物虽然原产于中国，但也从国外引进过一些品种。如占城稻是原产于越南的一个水稻品种，因宋真宗的引种而名声大振。[2]通过引入改良，江南地区水稻品质和产量都有所提升，形成了稻麦两熟和双季稻等生产模式，并因此开启了域外水稻品种的引入路径。汉代至宋元时期引入的高粱，通过丝绸之路和海上丝路多路径传入中国，在中国有超过两千年的栽培史，选育创制形成了大量的高粱新品种，元代以后成为仅次于粟、麦、稻的主粮品种。域外作物中能被驯化流传，都基于它们一些资源优势，如耐旱、耐贫瘠、耐贮藏、种植易于管理等特点，所以像辣椒、花生、南瓜的引入也拓展了种植空间，旱地、山地、沙地等得到充分利用，耕地面积增加，促进了农业的发展。

手工业发展需求。作物种植不仅为人类提供食物，也为其他行业提供原材料，具有较高的经济效益，如制衣、酿酒、榨油、制糖、香料、医药，等等。这些行业随着作物品种的丰富，也会相应发展不同的加工技术、使用方法，极大促进了各行业技术发展，为人类的生产生活提供保障。域外作物除了作为食物，也有其他的一些功用，比如高粱因其淀粉含量高，是酿酒的优质原

---

① 田成方，周立刚.古代中国北方粮食种植的历史变迁：基于人骨稳定同位素分析的视角[J].郑州大学学报（哲学社会科学版），2020，53（5）：102-106.

② 曾雄生，张瑞胜，李伊波，等.中国农业历史、文化、环境与绿色发展——曾雄生研究员访谈[J].鄱阳湖学刊，2021（1）：49-66.

料，中国也培育了专用于酿酒的高粱，一些知名的酒都是以高粱为原料的。①
芝麻、油菜、大豆、花生四种主要油料作物，只有大豆源于中国本土，其余均
为域外传入作物，这几种作物分别构成不同时代油料作物的核心。②花生自明
代崇祯年间传入中国后，逐渐成为重要的经济作物与油料作物，19世纪60年
代，品相更优的大花生种子落地山东，三四十年后，花生已然成为山东极为重
要的经济作物，甚至变成了山东、中国通过海洋接入世界贸易网络的重要一
环。③辣椒于明中后期传入中国，经历了由观赏植物到食用调料的过程，迅速
被纳入中华饮食文化体系中，其影响力在近代以来日益深远，直至成为辛辣饮
食文化的核心要素，直接改变了中国的饮食习惯，促进形成了食辣核心圈中的
湘菜、川菜菜系，而且对淮扬菜、江浙菜、徽菜等地方菜系的形成与发展起到
了至关重要的作用，④辣椒改变了传统香料奢华的形象，成为普通大众可以畅
吃的无阶级食品，在全球史层面，也是影响世界发展的最重要作物之一。

安全保障需求。中国人注重"天人合一""精耕细作"，在生产发展的
同时，也十分注意环境的可持续，这与中国的社会类型密不可分。农业文化的
本质是从环境中获取生活、生产资源，因为靠天吃饭，所以为了提升对灾害、
饥馑、战争、疾病、意外等的抵抗能力，中国人形成了居安思危的理念，注重
在发展的农业的同时，尽可能与环境维持平衡，形成了博采众家之长的中国智
慧，注重与其他国家和地区的交流与贸易，提升农业生产能力和经济发展水
平。域外作物引入与驯化的经验，是"古为今用、洋为中用"的集中体现，作
物引种是古代人保持生物多样性的重要手段与路径，引种的同时，也推进了种
植技艺的改良。中国作物品种的更迭，也是社会选择和经济选择的共同作用，
不断优化、提升农业生产力水平，提高生产效率，整合农业生产系统，形成利
于国家发展的农业生产结构。劳费尔盛赞中国人"采纳许多有用的外国植物以
为己用，并把它们并入自己完整的农业系统中去"，这便是中华农业文明兴旺
发达的原因之一——多元融合、兼容并蓄。

① 赵利杰. 高粱在中国的种植与利用研究[D]. 北京：中国科学院大学，2019：1.
② 韩茂莉. 历史时期油料作物的传播与嬗替[J]. 中国农史，2016（2）：3-14.
③ 邹赜韬. 历史之变堪"寻味"：读《食物改变历史》（上、下卷）[N/OL]. 中国食品报.
  （2022-7-2）[2022-8-20]. https://baijiahao. baidu. com/s?id=1737229836479782151&wfr=spider
  &for=pc.
④ 姚伟钧，杨鹏. 文化交流视域下长江流域饮食文化的历史变迁[J]. 学习与实践，2022（3）：
  104-112.

三、域外作物的政治融入

美国人类学家詹姆斯·斯科特（James C. Scott）著有《反谷》（Against the Grain）一书，书中他提出了"集权主义作物"和"无政府主义作物"两个概念。[①]其中有关于中国历史上作为"征税单位"的谷物论述：这类谷物容易规模化种植，结实肉眼可见，可以直接估算产量，预估税收收益，如稻米、小米、小麦和大麦等被列入"集权主义作物"或称"政治作物"；而马铃薯、甘薯、木薯、玉米等，因结实或存于地下，或被外皮包裹，不容易直接估算产量，无"征税单位"，被称为"无政府主义作物"。

在此基础上，他还深入分析了中国古代重农抑商的原因，与传统儒家思想的伦理道德价值不同，他立足"税收"，认为"中国官方不信任何商人阶层并常加以污名化的原因很简单：商人的财富不像稻农的财富，前者是难以估算，容易隐藏又不固定。官方大可以对市场征税，或者在道路与河流的交汇处收取通行费，因为在那些地方，货物和交易是比较透明的，但是说到课商人的税，那可是税吏的一场梦魇。"他的基本结论就是"谷物造就国家"。

因此，可以很好理解早期传入的小麦和高粱可以传播、发展成为主粮，是因为他们结实可见，容易统计，便于地方治理和课税。而明清时期传入的马铃薯、甘薯、玉米等，产量固然很高，但若不是明清两代调整了课税制度，是否能推广开来也未可知，也许只能是农民自用的口粮作物或田间地头的补充作物，不能作为主要种植品种推广。"无政府主义作物"因其与国家政治关系不够密切，它的种植基本上是农民的自发行为。随着经济、科技的发展，在一定程度上，会促进这类作物的生产发展。[②]

西敏司通过对资本主义社会的解构，探讨了糖与权力的关系，在传统制糖技术欠佳的年代，糖是奢侈品，但是随着工业革命的到来，资本主义通过殖民和工业生产，去除了糖的奢侈品外衣，用这种阶级化消费品传播一种生活方式，完成了资本主义原始积累。[③]同时，也因为工作方式的调整，雇佣制的形

---

① SCOTT J C. Against the Grain: A Deep History Of The Earliest States[M]. New Haven: Yale University Press, 2017: 24.

② 蒙祥忠. 食物的意义、政治与生态：基于薏苡谷物的饮食人类学考察[J]. 原生态民族文化学刊, 2022, 14（3）: 93-101.

③ 西敏司. 甜与权力：糖在近代历史上的地位[M]. 王超, 朱健刚译. 北京: 商务印书馆, 2010.

成，糖成为迅速补充能量的手段，其与权力也逐渐解锁，而与资本更加紧密联结。在全世界范围都能产生如此影响的作物不多，玉米以其耐旱、耐贫瘠、耐贮藏等优势，成为重要的开荒作物，并且因为结实时间处于青黄不接时期，可以缓解饥馑风险，一经传播，迅速成为各个地区的重要作物，但玉米的起点与甘蔗不同，其作为"穷人的食物"，从一开始就是与底层相连的，所以玉米也成为"无政府主义作物"的代表。[①]其在中国的传播也是如此，没有官方的推广，主要是靠农民的自主选择，首先在边疆山区推广开来，后来逐渐推广到中原和东北地区。晚清至民国时期，玉米成为仅次于水稻和小麦的中国第三大作物。玉米虽然没有成为像麦、高粱那样的"集权主义作物"，但是因其遗传多样性、环境适应性而促使中国成为玉米起源的二级中心。[②]玉米也在中国落地生根，成为中国谷物的重要一员。

四、域外作物的文化认同与融入

食物是人类获取外界能量，在环境流动中塑造生理特征的物质承载，也是刻画心理特点的精神附加。概言之，人之所以为人，唯物史观上来看就是"吃出来"的。

人类对农作物的驯化成功，促使农业诞生，同时农作物也影响着人类的历史走向。人类为了能够守住农作物的生长，开始有了农田，为了守住粮食，开始定居。因为定居有了村庄，有了城市，有了国家，自给自足的农耕文明也因此诞生发展。人类在历史长河中创造了璀璨的农耕文明，中华文明根植于农耕文明。无论是农时农事、观念思想、生产生活，还是乡风民俗、乡规民约、精神气质，都镌刻着中华文化的鲜明标签，承载着华夏文明生生不息的基因密码，彰显着中华民族的思想智慧和精神追求。

农作物种植结构也随着社会的发展，不断调整，有些作物退出历史舞台，有些作物在种植业中地位稳步提升。随着中外交流的推进，有很多域外作物被引入中国，逐渐成为较为重要的作物，如小麦、高粱、玉米、马铃薯、辣椒、花生、南瓜、甘薯，等等。这些作物丰富了国人的餐桌，充裕了作物种质资源，也塑造了国人的精神气质，并深度融入了中华文化，形成了一定的标识和符号作用。作物品种不仅承载着物质基因，也附加了文化信息、审美信息和精神气质信息，在引入过程中，因其特征和特点，与中国传统文化和审美深度融合，并在一定程度上，塑造了一些人的独特精神气质。

毛主席曾经说过："我们家乡湖南出辣椒，爱吃辣椒的人也多，所以'出产'的革命者也不少……而在世界上爱吃辛辣食物的国家，往往盛产革命者，如法国、西班牙、俄国等等。"[①]"不吃辣子不革命"，这是他的"辣椒革命论"。南瓜具有抗逆性强、产量高、耐贮运，食用方法多样等特征，迅速成为大众喜欢的蔬菜，并伴有多重文化意义，如其圆圆的、多籽的形象也在文化层面形成多种意象符号，代表吉祥圆满的寄望。在土地革命时期，"红米饭、南瓜汤"代表的南瓜精神开启了中国革命农村包围城市武装夺取政权的模式。高粱是中国古代重要的粮食作物，甚至一度被误读为传统五谷中"稷"的另一个解释，同时也完全融入中国语料环境，成为文化、艺术创作的重要来源，高粱在某种程度上也成为一种文化的代表，如莫言名著《红高粱家族》，红高粱成了一种象征。见微知著，关键时期，食物甚至是影响一个国家前途命运的重要因素。

五、域外作物的未来之意

中国目前是世界第二大经济体，已经成为制造业第一大国、货物贸易第一大国、外汇储备第一大国。从脱贫致富奔小康的小目标，到全面建成富强民主文明和谐绿色的社会主义现代化国家的大计划，中国一路走来，已经摆脱了新中国成立初期的积贫积弱的窘况。在新冠肺炎疫情影响下，全球政治经济格局重塑，我国将面对世界百年未有之大变局，科技发展在综合国力竞争中的地位和作用更加凸显，农业科技的发展更是国家发展的基础保障，我国重农强农氛围进一步增强，农业"压舱石"作用日益提升。

粮食安全是"国之大者"，是国家安全的重要基础，关乎国运民生。随

---

① 盛巽昌.毛泽东的艺术情怀[M].上海：上海人民出版社，2013：311.

着"大食物观"的不断丰富发展，"粮安天下"中的食物不再是传统观念中的"主粮"，而是多维度、多途径生产的多元化食物，保障粮食安全的内涵充分扩展。习近平总书记始终把解决好吃饭问题作为治国理政的头等大事，从政治和战略的高度看待粮食安全，未雨绸缪、警钟常敲，强调"粮食安全是'国之大者'""始终坚持以我为主、立足国内、确保产能、适度进口、科技支撑"。①

域外作物的传播与驯化经验直接影响着作物的选育推广。在现代生物和化学技术可资利用之前，耐瘠、高产的玉米、甘薯、马铃薯等美洲高产作物的引进和推广，使原来贫瘠的山区、沙地等边际土地得以利用，从而显著改善了中国农业生产资源的状况。②进一步开展优质种质资源的研发，利用已有的材料，通过科技手段开展更多功能品种的研发。如马铃薯主粮化战略，拉动了第四次主粮革命。马铃薯的适应性较之玉米、甘薯更强，其重要性在18世纪以后愈发明显。鉴于马铃薯的巨大潜力与广阔前景，联合国将2008年定为"国际马铃薯年"，并确定马铃薯在解决全球粮食危机方面的重要作用。2015年1月7日，农业部召开"马铃薯主粮化战略研讨会"，开启了马铃薯的主粮化之路。③当然，开启多种作物种质资源的自主研发才是保障粮食安全的必由之路。回溯历史上较为知名的农作物种质资源品类，解读种质资源对环境的适应性，可为探索域外作物引进经验、恢复地方特色作物品种、开发环境适应性新品种，提供一定的借鉴，促进现代农业高质量、可持续发展。

文明因交流而多彩，文明因互鉴而丰富。作物的传播与发展，也包含了科技、文化的传播、交流与发展。域外作物作为各民族交往交流交融的物质与文化载体，其栽培、改良、加工技术和文化、美学意象的新发展，能够丰富"铸牢中华民族共同体意识"。在"一带一路"倡议背景下，域外作物可以为全球农业发展，创造更大的价值。有助于中外科技文化交流，作为历史上"一带一路"的传播交流成果，在当下同样可以通过交流，助力其他国家发展农业，尤其是在这些作物的原产地，可以合作构建更多的科技文化研究项目，共

① 新华社. 习近平看望参加政协会议的农业界社会福利和社会保障界委员[EB/OL]. 中国人民政府网. （2022-3-6）[2022-8-20]. http://www. gov. cn/xinwen/2022-03/06/content_5677564. htm.
② 王思明，刘启振. 行走的作物：丝绸之路中外农业交流研究[J]. 中国科技史杂志，2020，41（3）：435-451.
③ 崔思朋. 小作物的大历史：马铃薯在近代以来内蒙古地区传播与利用研究[J]. 中央民族大学学报（哲学社会科学版），2022，49（1）：130-144.

同发掘作物的文化内涵和科技发展。有重要的外交价值，是增进各国人民友谊的桥梁。有助于理解文明、交流互鉴，进而为构建"人类命运共同体"贡献一定力量。

究竟何人传入番薯

——番薯入华问题发覆

李昕升

番薯原产中美洲，学名甘薯（*Ipomoea batatas*），系管状花目旋花科一生年草本植物，别名甚多，常见有红薯、山芋、地瓜、红苕、白薯等，其别名至少在40种以上。

中国长期占据番薯第一大生产国和消费国的地位，今天番薯作为大田作物的重要性不言而喻，实际上历史时期番薯也是颇受王朝国家、地方社会与升斗小民青睐的"救荒第一义"。番薯在传入中国的美洲作物中也颇为特殊，在美洲作物中最早（万历）地发挥了粮食作物功用，也是美洲作物中唯一拥有多部农书、乾隆皇帝亲自三令五申劝种的功勋作物，如此在短时期内受到重视，在传统社会也是比较罕见的。

番薯的学术史，特别是20世纪50年代何炳棣、吴德铎"再发现"番薯之后，后人对番薯推崇备至，对之价值无限扩大，无数人为之背书，甚至诞生了"康乾盛世就是番薯盛世""番薯挽救了中国"等言论，[①]这从一个侧面也反映厘清番薯入华路径的重要性。

因此关于番薯入华三大基本问题：路线、时间、方式，可以说讨论已经比较成熟[②]，但众说纷纭，仍没有达成一致，错误陈陈相因、细节添油加醋。

作者简介：李昕升（1986—），籍贯为山东日照，后居河北秦皇岛，博士，博士后，东南大学人文学院历史学系副教授，硕士生导师，研究方向为科学技术史（农业史）、历史地理、经济史、中外交流史、文献整理与研究。

① 我把这类观点统称为"美洲作物决定论"，没有人否定番薯的重要性，但是番薯的推广并不是人口增长的催化剂而是人口增加后的积极应对措施，不宜倒因为果。概念及观点论述详见李昕升，王思明.清至民国美洲作物生产指标估计[J].清史研究，2017（3）；李昕升.美洲作物与人口增长——兼论"美洲作物决定论的来龙去脉"[J].中国经济史研究，2020（3）.

② 详见：曹玲.明清美洲粮食作物传入中国研究综述[J].古今农业，2004（2）.李昕升，王思明.近十年来美洲作物史研究综述（2004—2015）[J].中国社会经济史研究，2016（1）.

本文对一些流行观点及发生过程一一评述，去伪存真，特别是利用新发现史料、结合田野调查，对究竟何人传入番薯，这一讨论了一个世纪的话题盖棺定论。

一、番薯入华的路线

简单来说，根据已有研究，番薯入华有两大路线：海路与陆路。笔者综述的番薯入华九大路线，其中八条在东南沿海，可见东南海路为主要路线，虽然八条均有差异，但是殊途同归，均是来源于东南亚；陆路则是西南边疆一线，西北陆路、东北陆路目前并未见番薯传入的痕迹。

（一）东南海路

自哥伦布后，1498年达·伽马率葡萄牙船队航达印度。葡萄牙人在发现印度航路后仅仅15年，在1513年，就来到了中国。葡萄牙在1511年征服了马六甲以后，在1513年（正德八年）5月组织了一个以阿尔瓦雷斯（Alvares）为首的所谓的"官方旅行团"，乘中国商船前来中国，一个月后，到达广东珠江口外的屯门，即伶仃岛。①阿尔瓦雷斯在伶仃岛活动了半年多才于1514年初返回马六甲，半年多的活动使他深信，到中国做生意能获得两倍的利润。②

1514年的这次访问，"虽然这些冒险家此次未获准登陆，但他们却卖掉了货物，获利甚丰"③，上述记载见于意大利人安德鲁·科萨利（Andrea Corsali）在公元1515年1月6日写的一封信中，是葡萄牙人对中国最初的访问。

1517年葡萄牙远征队在安德拉德（Andrade）的率领下到达广州④，"船上满载胡椒……抵广东后……葡人所载货物，皆转运上陆，妥为贮藏……总督又遣马斯卡伦阿斯（Mascarenhaso）率领数艘抵达福建"⑤。安德拉德在广州进行了几个月的贸易，获得了巨大利润，1518年初自己退到屯门，留下了皮莱

---

① 严中平.老殖民主义史话选[M].北京：北京出版社，1984：501.
② 考太苏.皮莱斯的远东概览 第二卷[M].伦敦：赫克留亚特丛书，1944：284.
③ 裕尔.东域纪程录丛 古代中国闻见录[M].考迪埃修订.北京：中华书局，2008：141.
④ 裕尔.东域纪程录丛 古代中国闻见录[M].考迪埃修订.北京：中华书局，2008：141.
⑤ 张星烺.中西交通史料汇编 第一册[M].北京：中华书局，1977：354-355.

斯（Peras）等人；马斯卡伦阿斯滞留在泉州大肆走私，他发现，在泉州也能像在广东一样发大财。[①]与此同时，皮莱斯派人回马六甲报告关于葡萄牙人在中国受到很好的接待的消息。从此，葡萄牙远征队便满载商品和必需品一支又一支地闯来中国。即使后来葡萄牙人和其他洋人自广州被驱逐以后的，在中国一些势力的支持下，大量非法的商业活动依然在偷偷摸摸地进行。对此，《明史·卷三二五佛郎机传》载："佛郎机，近满剌加。正德中，据满剌加地，逐其王。十三年（1518）遣使臣加必丹末等贡方物，请封，始知其名。诏给方物之直，遣还。"[②]嘉靖年间葡萄牙人重金贿赂广东地方官员，获允在此贸易，并在广东沿海岛屿进行居住，多时葡萄牙居民达500余人；[③]葡萄牙人在福建漳州与泉州地区也通过重金贿赂地方官员、与中国走私商人勾结等方式，在沿海地区频繁贸易，当时福建与菲律宾之间的商贩数量很多，走私贸易规模大。直到1554年，中葡通商正式恢复，葡萄牙人租居澳门，大批葡萄牙人来华从事各种活动。

此外，1565年，西班牙入侵菲律宾，6月派"圣·巴布洛"号大帆船满载香料从菲律宾运往墨西哥出售，在此后的250年间，西班牙垄断了其殖民地墨西哥阿卡普尔科港与菲律宾马尼拉之间的贸易，称为"大帆船贸易"，过程中贸易双方凭借自然禀赋上的差异，用独有的资源换取没有的资源，从而受益，其中就包括农作物资源，很多美洲作物通过"马尼拉大帆船"传入菲律宾。

通过上述记载可知，欧洲人（葡萄牙人、西班牙人）从16世纪初开始便多次展开对华贸易，而且为了攫取高额利润，往往能交易的物品都用来交易，所以番薯最初由美洲传播到欧洲后，很可能又由欧洲人带来亚洲；后期也可能由欧洲人直接从美洲带入菲律宾。换言之，以番薯为代表的美洲作物可能被多次、经由多批人传入东南亚。虽然上述言论并没有明确的记载，但是国内外学者都对此种观点深信不疑，因为这是非常符合逻辑的，否则又如何解释新航路亚洲航路开辟之后骤然增多的番薯等美洲作物记载呢？欧洲很长时间以来对这些美洲作物都缺乏记载和说明，遑论关于传入亚洲的记载，直到1542年德国人莱昂哈特·福克斯（Leonhart Fuchs）出版的《植物志》才出现第一批美洲作物（包括番薯）的文字记载。

① 张天泽.中葡通商研究[M].北京：华文出版社，2000：38.
② 明史 卷325 佛郎机[M].标点本.北京：中华书局，1974：8430.
③ 张星烺.欧化东渐史[M].北京：商务印书馆，2000：8.

自从郑和以后，中国官方船队很少再到马六甲海峡以西的海域去，但马六甲和中国的私人交往却很频繁。当时，马六甲是东南亚的香料、中国的生丝、瓷器和印度的纺织品的交换中心。每年5月到10月，西南季风把阿拉伯和印度的商船吹到马六甲来，把中国聚集在马六甲的商船吹回广东和福建；11月至次年4月的东北季风又把中国商船吹来马六甲，把阿拉伯和印度的商船吹回去。[①] 如：1509年9月11日，迭戈·洛泼斯（Diego lopes）到达马六甲时发现港里停着三四艘中国帆船；1511年7月1日，阿方索·阿尔布克尔克（Affonsode Albuquerque）的大船队在马六甲抛锚停泊，葡萄牙人发现那里有五艘中国帆船。[②] 所以在中国—东南亚存在密切而广泛的交流的前提下，由华人华侨将番薯引入中国就是很平常的了。毕竟，每年都有大批来自福建漳州、厦门等地的中国商船携带各类中国商品抵达菲律宾。据吴杰伟统计，1580年，到达菲律宾的中国商船有40～50艘，到了17世纪，中国到菲律宾的船只大为增加，并成为西班牙殖民者进口税收的主要来源。[③]

此外，张平真（2006）认为1521年航海家麦哲伦环球航行时将番薯直接带至菲律宾，[④] 笔者以为还是缺乏依据。

（二）西南陆路

葡萄牙人1498年到达印度，1510年葡萄牙攻陷印度西岸港口果阿（Goa），1511年征服了马六甲，部分美洲作物便由欧洲人引种到东南亚，当然还有南亚，何炳棣认为"葡人海上进展如此的快，他们已引进到果阿的美洲作物在印、缅、滇的传播照理不会太慢。"[⑤] 印度与缅甸是葡萄牙人重要的军事与贸易活动地点，葡萄牙人将果阿作为据点在东南亚展开贸易，同时与缅甸有军事合作和贸易关系。在缅甸东海岸的孟族王国以及西海岸的阿拉干王国里有葡萄牙雇佣兵，这些葡萄牙人将特产带入缅甸，缅甸西部的阿拉干向葡萄牙开放贸易，设立通商口岸，在长期的殖民与贸易过程中，包括番薯在内的美洲作物可能逐渐传入印度、缅甸地区。

理论上，云南很有可能从缅甸引种一些美洲作物，滇缅交流向来十分便

① 严中平. 老殖民主义史话选[M]. 北京：北京出版社，1984：478.
② 张天泽. 中葡通商研究[M]. 北京：华文出版社，2000：27.
③ 吴杰伟. 大帆船贸易与跨太平洋文化交流[M]. 北京：昆仑出版社，2012：142.
④ 张平真. 中国蔬菜名称考释[M]. 北京：北京燕山出版社，2006：247.
⑤ 何炳棣. 美洲作物的引进、传播及其对中国粮食生产的影响（二）[J]. 世界农业，1979（5）.

利，滇缅间的通衢大道早在西汉就已被开发，称"蜀身毒道"，这条西南丝绸之路的开创实早于西北丝绸之路。①1381年明政府为了保证军需的供应，在修缮拓宽滇缅古道的基础上又开辟了新的陆路贸易通道，拓展了经大理至缅甸的驿道，完善了"缅甸道"，为两国交流往来提供了便利。南方丝绸之路在云南段东起昭通，曲靖、昆明，中经大理，西越保山、腾冲、古永，可达缅甸、印度。明人谢肇淛《滇略》中描绘了滇缅大道的繁荣景象："永昌、腾越之间，沃野千里，控制缅甸，亦一大都会也……"②清代中缅贸易更加发达。

何炳棣认为明朝重开制度化的、专为西番而设的茶马市是美洲作物向京师和中国输进的可能媒介之一，而茶马市南方的重点是在成都西南的雅安、荥经、汉源一带；或由云南土司向北京进贡，可能大体沿着现在的成昆铁路北上，也可能经过贵州北上。③四川盆地地形平坦、有长江水利之便，南方茶马市中心自然是这里，云南土司北上也很可能经过这里，部分美洲作物通过这样的形式进入国家腹地。

（三）多路线问题

需要注意的是，本节笔者主要介绍美洲作物入华的可能性渠道，美洲作物进入中国各具特性，需要注意以下四点：

首先，外来作物来华在同一时期往往存在着互不相干的多条路径，即使是同一路线一般还会诞生出多条次生传播路线。即几大丝路均存在这种可能性。

其次，即使是同一地区，作物经常要经过多次的引种才会扎根落脚，期间由于多种原因会造成栽培中断，这就是我们常见的文献记载"空窗期"，中间甚至会间隔数个世纪。

再次，初次传入种一直局限于一隅并未产生重大影响，末次新品种由于驯化优势明显，传入后实现了对其的排他竞争。这可以解释一些外来作物长期传播缓慢，突然在某一个段时段内暴发式传播。

最后，即使某一作物确实系中国原产，由于作物的多元起源中心（与作物起源一元论并不矛盾，因为作物往往存在着次生小中心），同样的作物不同的品种可能亦可再传中国，即使仅存中国中心，他国驯化新品种亦能"回流"

---

① 季美林. 中国蚕丝输入印度问题的初步研究[J]. 历史研究, 1955（4）.
② 谢肇淛. 滇略 卷4 俗略[M]. 清文渊阁四库全书本: 15a.
③ 何炳棣. 美洲作物的引进、传播及其对中国粮食生产的影响（二）[J]. 世界农业, 1979（5）.

入华。

　　具体到本文的番薯，番薯进入中国，并不一定同时经由海路与陆路，尽管理论上具有这种可能性。尽管番薯的"西南陆路说"一直很有市场，笔者却认为这种说法是子虚乌有的（见下文）。虽然笔者没有发现或者史料没有记载，也不代表真的没有西南陆路存在的可能。云南边疆各民族与缅甸等地存在长期的经济文化往来，番薯很可能作为物质交流的一部分而进入云南地区，由于民族地区的文献记载，尤其是土司时期资料的缺乏，难以确切证明这一传播过程，联系到西北陆路、东北陆路，一样的道理。

二、番薯入华问题的来龙去脉

　　就番薯传入观点而言，对番薯传入我国的时间，学术界比较一致的意见认为是16世纪末或明万历年间，然在具体年限上，也有人认为在明万历二十一年（1593）福建商人陈振龙从吕宋岛运回薯种之前，番薯已传入我国，陈文华《从番薯引进中得到的启示》（《光明日报》1979年2月27日）指出："早在万历二十一年以前，红薯已传入东莞、电白、泉州、漳州等地。"代表了学界的一般观点。

　　近代以前，对番薯入华还是勉强可以达成基本共识的，虽然通晓人数不多、传播范围有限，依然可以说存在主流观点。

　　万历二十二年（1594）福建大荒，之后番薯第一次载入万历《福州府志》："番薯，皮紫味稍甘于薯、芋，尤易蕃衍。本无此种，自万历甲午荒后，明年都御史金学曾抚闽从外番匄种归，教民种植以当谷食，足果其腹，荒不为灾。"①有时间、有地点、有人物、有过程，万历《福州府志》乃喻政修，林烃、谢肇淛纂，刻于万历四十一年（1613），代表官方话语体系，可以说暂且已经没有疑义。是故，该主流观点入清以来也得到了继承，如乾隆《仙游县志》："番薯，万历中巡抚金学曾始传自外国，因名金薯"②、乾隆《龙溪县志》："闽本无此种，明万历甲午岁荒，巡抚金学曾从外番匄种归"③

---

① （万历）福州府志 卷37 物产[M]. 福州：3a.

② （乾隆）仙游县志 卷7 物产[M]. 仙游：1a.

③ （乾隆）龙溪县志 卷19 物产[M]. 龙溪：3b.

等，至少在福建人看来确系如此。上述写法在近代也得到了部分继承，可能是单纯抄袭，也可能此观点影响过大，一直有人坚信如此。

乾隆以来，叙事内容发生了些许变化，这种变化是由于乾隆四十一年（1776）前陈世元辑录《金薯传习录》激起的涟漪。番薯集大成专书《金薯传习录》详细描述了番薯入华的过程[1]，《金薯传习录》保存了万历二十一年（1593）《元五世祖先献薯藤种法后献番薯禀帖》详细记载了陈世元六世祖侨胞陈振龙万历二十一年从菲律宾引种番薯、并得到福建巡抚金学曾支持推广的经过。

> 纶父振龙，历年贸易吕宋，久驻东夷，目睹彼地土产朱薯被野，生熟可茹，询之夷人，咸称薯有六益八利，功同五谷，乃伊国之宝，民生所赖，但此种禁入中国，未得栽培。纶父时思闽省临山阨海，土瘠民贫，旸雨少愆，饥馑洊至，偶遭歉岁，待食嗷嗷。致厪宪辕，急切民瘼，多方设法，救济情殷。纶父目击朱薯可济民食，捐资阴买，并得岛夷传种法则带归闽地。[2]

事情的来龙去脉非常清楚，又保存了金学曾的批复，证据确凿。这是非常符合逻辑的，毕竟金学曾贵为一省巡抚，不可能亲自将番薯引入，具体由何人具体实施，不可能也没有必要书写，特别陈振龙不过是海外侨商、其子陈经纶仅仅是生员，地位低微，方志不表，意料中事，时过境迁无人知晓，不过归功于金学曾也并无不妥，毕竟金学曾亲自主持推广，"因饬所属如法授种，复取其法，刊为《海外新传》，遍给农民。秋收大获，远近食裕，荒不为害，民德公深，故复名金薯云"[3]，功莫大焉。

据《金薯传习录》存颇有名望缙绅作"九序七跋"及下卷诸家诗赋，可见陈振龙作为番薯传入第一人得到了地方社会的普遍认同。乾隆以后，多数颂扬均是同时献给金学曾与陈振龙，如道光十四年（1834）福州人何泽贤建先薯祠，"上祀先薯（即先稼之意）及万历间巡抚金学曾配以长乐处士陈振龙、振

---

① 首次较为详细的叙述，但并非最早，最早提到陈振龙事迹的见乾隆三十年（1765）至五十一年（1786）举人陈登龙预薯《闽、侯官合志》，已亡佚，《金薯传习录》辑录之。
② 陈世元.金薯传习录 卷上[M].北京：农业出版社，1982：17.
③ 陈世元.金薯传习录 卷上[M].北京：农业出版社，1982：23.

播厥百谷··中国作物史研究

Sowing Grains: Study on History of Crops in China

龙子诸生经纶、国朝闽县太学生陈世元。"①同治《长乐县志》："世人于薯之入中国多不知始于何人，故功郁不彰。如知龙也，黄衣黄冠，报赛歆祀，弥阡匝陌，将接踵不绝矣"②等，一直流传在清至民国福建方志中。

民国以来，番薯影响日增，对其起源与流布问题的讨论提上日程，万幸有人目睹过《金薯传习录》或在方志中发现过蛛丝马迹或通过口口相传了解过基本情况，所以关于番薯入华的基本情况，基本上还是认同陈振龙引入、金学曾推广这样的传统观点，如陈竺同③、蒋彦士④、周性初⑤等。

其他观点并非主流，《辞源》初版就是其中之一，一改往日之旧说（料想并未目睹《金薯传习录》，民国时期此书已近失传），首次提出"其种本出于交趾，吴川人林怀兰尝得其种以归，遍种于粤，因不患凶旱，电白县有怀兰祠，题曰番薯林公庙"⑥的观点，或是撰写条目者为广东人，即使并未目睹确凿文献，但知悉家乡林怀兰引入番薯的传说。梁方仲凭借扎实的文献功底，首次提出番薯从菲律宾引入先登陆福建漳州的观点，同时继承了番薯从越南引入广东电白的观点。⑦吴增发现《朱薯疏》（实为《朱蓣疏》），整理出新的路线，即早于陈振龙近十年到福建晋江的线路。⑧

新中国成立之后，随着学术研究的进步，一些"新史料"的发现，为番薯入华提供了新的路径或厘清了以往尚不清晰的路线，逐渐得到世人认同。胡锡文整合了前人的观点，提出了林怀兰传入说、陈经纶传入说、金学曾传入说，⑨将陈经纶（替代了陈振龙）、金学曾视为两条不同的路线，是未见《金薯传习录》的明证，可见此时《金薯传习录》确已失传。

其实，民国时期萨兆寅就获悉《金薯传习录》这部书的存在，虽然传本甚少，幸而1939年在其友人沈祖牟处发现南台沙合桥升尺堂刻本⑩，即1982年农业出版社影印通行本的底本，此后一直收藏在福建图书馆，但未产生影响。

① （道光）乌石山志 卷4 祠庙[M]. 乌石山：47b.
② （同治）长乐县志 卷16 乡行[M]. 长乐：30a、b.
③ 陈竺同. 南洋输入生产品史考[J]. 南洋研究，1936，6（6）.
④ 蒋彦士. 中国几种农作物之来历[J]. 农报，1937，4（20）.
⑤ 周性初. 甘薯入华史[J]. 科学趣味，1939，1（4）.
⑥ 辞源 午集[M]. 上海：商务印书馆，1915：67.
⑦ 梁方仲. 番薯输入中国考[N]. 昆明中央日报 史学，1939-93.
⑧ 吴增. 番薯杂咏[M]. 泉州：泉山书社，1937：2.
⑨ 胡锡文. 甘薯来源和我们劳动祖先的栽培技术[M]//农业遗产研究集刊（第二册）. 北京：中华书局，1958：21-32.
⑩ 福建省图书馆. 萨兆寅文存[M]. 厦门：鹭江出版社，2012：229.

究竟何人传入番薯——番薯入华问题发覆

直至1960年吴德铎也从方志中获悉《金薯传习录》，求助福建图书馆，果真藏有该书，便在1961年前后大肆介绍该书，取得了效果，证明便是万国鼎1961年出版的《五谷史话》①已经能比较清晰地梳理陈振龙一线的历史了，意外的是，万国鼎不知从何处知晓了一条新的路线，即陈益从越南引入广东东莞。《金薯传习录》也引起了郭沫若的注意，1962年来闽目睹该书，1963年在《人民日报》上高度评价陈振龙的功绩，导致1979年《辞源》修订版都调整了说法，"明万历时由吕宋引进，初仅在广东福建一带种植，后几遍及全国。"②

何炳棣在20世纪50年代又提出番薯等美洲作物独立从印度、缅甸一带引入云南的观点。③至此，番薯入华几大登陆地福州、漳州、泉州、电白、东莞、云南基本定型，后来还有一些其他观点如洪武苏得道从苏禄国引入泉州晋江④、康熙台湾直接从文莱引入⑤、万历浙江普陀从日本引入⑥，均有一定的影响。

值得一提，自番薯初入中国，关于其是否是中国原产的争论就没有停歇，最早或见于谢肇淛《五杂俎》，除了番薯与"本地薯"薯蓣相类外，任何一种外来作物不乏起源于中国的建构，直到丁颖从科学的角度肯定了番薯确系外来⑦，已经解释得非常明白了；但嗣后1961年《文物》上接连刊发四篇文章，又掀起番薯是否为中国原产的大讨论；1983年依然有人认为番薯即古之"甘薯"⑧；或认为番薯在前哥伦布时代已经传入中国，2000年仍有人认为番薯是宋代引入。⑨

三、番薯入华史料辨析

综上所述，我们可以发现番薯入华，并非一人之功劳，而是经过多人、

① 万国鼎.五谷史话[M].北京：中华书局，1961：35-36.万国鼎与胡锡文在同一单位工作，产生分歧的原因就在于1960年《金薯传习录》的再发现。
② 辞源[M].北京：商务印书馆，1979：2122.
③ 何炳棣.美洲作物的引进、传播及其对中国粮食生产的影响（二）[J].世界农业，1979（5）.
④ 李天锡.华侨引种番薯新考[J].中国农史，1998（1）.
⑤ 陈树平.玉米和番薯在中国传播情况研究[J].中国社会科学，1980（3）.
⑥ 郭松义.番薯在浙江的引种和推广[J].浙江学刊，1986（3）.
⑦ 丁颖.作物名实考（九）[J].农声，1929（123）.
⑧ 曹玲.明清美洲粮食作物传入中国研究综述[J].古今农业，2004（2）.
⑨ 王子今.趣味考据 第2辑[M].昆明：云南人民出版社，2005：254-256.

多路径（可能有的人还是多次）引种最终完成的本土化，不同渠道之间的区别仅仅在于影响大小、时间早晚。因此，一般论及番薯入华问题，学界一般博采众长，逐一罗列，至少肯定福州、漳州、泉州、电白、东莞、云南其中的三条乃至更多路线，这样处理是最稳妥和全面的，已经成为金科玉律般的"标准答案"，20世纪还有人对其中的部分路线有不同的观点①，21世纪以来已经趋同般的人云亦云②。

那么看似已经没有讨论的必要了，其实如果仔细思考，便会勾连起强烈的问题意识，作物传播的多路线是一个基本常识③，所以理论上番薯引种路线确实可能存在多条，但是番薯的问题在于路线过多、太过细致、叙述过晚。

首先，番薯入华九条路线，这相对于其他美洲作物来说是一个异类，其他美洲作物并无如此繁多的路线，番薯缘何更为特殊？即使它最为卓越的救荒价值，明代也仅限于闽、粤一带，且并非不能被其他美洲作物如玉米、南瓜所取代。其次，对于番薯入华事件—过程实在描绘得过于详细，简直如同亲眼目睹一般，未闻其他美洲作物乃至外来作物有如此翔实的介绍，一般之阐述多是研究者根据文献蛛丝马迹进行的合理推测。再次，对事件的追溯过于久远，相反记载出现得过晚，都是时序渐近的说辞，难免有层累痕迹；在一个较晚的记载出现之后，后面更晚的记载抄袭的痕迹又很明显，并不能互相印证。

所以针对番薯入华史料一定要加强辨析，此外，如果加强文献之间的比勘，便可发现之间的内在联系。前人往往不加分析地盲目引用史料，将之作为一个新发现，特别涉及谁是番薯传入第一人这种具有一定情感的争论时，往往显得更加盲目。海登·怀特认为历史叙事"在同等程度上既是被发现的，又是被发明的"④，强调了文字记载的历史可能是虚构的，在这种意义上史书与文学并没有本质的区别，都是一种解释和叙事；姑且不论地方文献，即使是正史的生成过程也有来源于道听途说的过程，更不要说史家本身出于自我意识对于

---

① 李德彬. 番薯的引进和早期推广[C]//邓力群等编. 经济理论与经济史论文集. 北京: 北京大学出版社, 1982: 139-171. 章楷. 番薯的引进和传播[M]//农史研究（第二辑）. 北京: 农业出版社, 1982: 112-118.

② 李昕升, 王思明. 近十年来美洲作物史研究综述（2004—2015）[J]. 中国社会经济史研究, 2016（1）.

③ 详见: 李昕升. 近40年以来外来作物来华海路传播研究的回顾与前瞻[J]. 海交史研究, 2019（4）.

④ 海登·怀特. 作为文学虚构的历史文本[M]//彭刚主编.后现代史学理论读本. 北京: 北京大学出版社, 2016: 43.

史权的操控了，这就是史家的主体性。

（一）从菲律宾到福州长乐

即陈振龙一线。学界公认该路线影响最大，因为得到了金学曾全省范围的推广。质疑的声音不是没有，但基本难以成立，如朱维干认为何乔远在《闽书》中未曾记载金学曾此事，因此认为金学曾觅种一事纯属伪造[1]，后有极个别人附和此观点，影响甚微。毕竟有万历《福州府志》等文献相互参照，不容置疑。至于《闽书》失于记载，这是文献学的基本常识，是否方志就要事无巨细地记载一地全部大小事务？答案否定的。《闽书》中未记载的中国本土作物多矣，当然不代表它们就不存在于当地，诚如谢肇淛参与编纂万历《福州府志》，对金学曾颇为推崇，但其《五杂俎》并未提及金氏半点。

唯我们对《金薯传习录》中《元五世祖先献薯藤种法后献番薯禀帖》记载的"此种禁入中国""捐资阴买"持有疑问，未见其他佐证材料，美洲作物多矣，未闻其他有此情形，如果番薯真具有"禁入中国"的价值，可以料想，中间商西班牙早就用来牟利了，况且菲律宾"朱薯被野"，也是无法限制住的，不排除陈家刻意为之抬高自己的可能性。

再者，对于番薯入华的流程，后世也是充满了想象，始作俑者可能是徐光启，徐光启道听途说"此人取薯藤，绞入汲水绳中，遂得渡海"[2]，藏到了汲水绳中，很有创造性，似乎比当事人知道得都清楚，都比较离奇。在不断流传的过程了又滋生了新的想象，步步层累、演变成铁一般的事实。最好笑的是在当下网文流行的年代，在写手的笔下，从菲律宾到福州长乐这样一条的普通的路线，已经充满了玄幻色彩，让人瞠目结舌了，这些，其实基本都是假的。

（二）从菲律宾到泉州晋江

见于苏琰《朱蓣疏》，但早已不存，今人仅靠清人龚显曾《亦园脞牍》辑录得以窥见一斑：

---

① 朱维干.福建史稿 下[M].福州：福建教育出版社，1986：37.
② 朱维铮，李天纲.徐光启全集（五）[M].上海：上海古籍出版社，2010：381.

万历间，侍御苏公琰《朱薯疏》，其略曰：万历甲申、乙酉间，漳、潮之交，有岛曰南澳，温陵洋泊道之，携其种归晋江五都乡曰灵水，种之园斋，苗叶供玩而已。至丁亥、戊子，乃稍及旁乡，然亦置之硗确，视为异物。甲午、乙未间，温陵饥，他谷皆贵，惟薯独稔，乡民活于薯者十之七八，繇是名曰朱薯。[①]

近人对《朱薯疏》的认识都是来源于《亦园脞牍》，但《亦园脞牍》本身就是再加工，"其略曰"已经不言而喻了，能在多大层面上忠实文本，要画一个问号。

幸甚，我们发现中国科学院自然科学史研究所图书馆藏《金薯传习录》，与农业出版社影印福建图书馆藏"丙申本"不同，竟然保存了《朱薯疏》全文，尚无人使用，整理部分内容如下：

先是癸巳之春，有征梦于何氏九仙者，云天下何时太平，仙示之梦曰："寿种万年宝、升平遍地瓜"，觉而大骇，及甲午始验。盖自癸巳冬前，市间贸易用宋宝，是年尽，用万历通宝，而朱薯之无人不种，亦自甲午始也，原其始有此薯。漳潮之交岛曰南澳，温陵洋舶有福州船出海，陈振龙者往吕宋国觅番薯种，挟小篮中而来，同舶洋中泉人闻知乞种携来，种在晋江县五都乡曰灵水，其人种之园斋，苗叶供玩而已。薯仅大于指，丙申、丁酉稍稍及旁乡，然亦仅置之硗确，视为异物。[②]

《金薯传习录》完整还原了《朱薯疏》，对比《亦园脞牍》发现二者引种时间与路线有重大差异，《亦园脞牍》之说是早在万历十二年（1584），番薯就由泉州人从南澳岛携归，与陈振龙毫无干系，且比之提前九年，《金薯传习录》之说则是陈振龙归来船上，泉州人求种携归。对照《金薯传习录》中《朱薯疏》全文，《亦园脞牍》剪裁、拼接了文本的顺序，并大面积缩写，比较而言《金薯传习录》更加可信，在时间、主角问题上孰是孰非？我们倾向于《金薯传习录》，事件过渡更加自然、合理，陈世元有没有可能擅自篡改？我

① 龚显曾.亦园脞牍[M].北京：商务印书馆，2019：243.
② 陈世元.金薯传习录 卷上[M].中国科学院自然科学史研究所图书馆藏乾隆年间刻本：2-3.

究竟何人传入番薯——番薯入华问题发覆

们认为不大可能，因为如果与陈振龙引入番薯之说冲突，陈世元完全可以不收录《朱蓣疏》。退一步讲，即使问题搁置，暂时存疑，菲律宾到泉州晋江一线也显得不那么可信了。

（三）从菲律宾到漳州

万历《惠安县续志》："番薯，是种出自外国。前此五六年间，不知何人从海外带来。初种在漳，今侵泉、兴诸郡，且遍闽矣。"[①]黄士绅修于万历三十九年（1611），万历四十年刻，"前此五六年间"，也就是万历三十三、三十四年，此时距离万历二十一年陈振龙引入，万历二十二年金学曾推广已经过去了十余年，很有可能并非独立引入而是借由金学曾推广。"初种在漳"也并不能说明就是从海外引入漳州，漳州地处闽东南，很可能并不清楚闽东北福州发生之事或漳州确系闽南一带最先从福州引种番薯，方有"初种在漳"之话语。

结合《朱蓣疏》原文，番薯由陈振龙从洋船通商必经之地——漳州、潮州之交的南澳岛引入番薯，既然可以带入泉州，传入毗邻之漳州也在情理之中。从万历《漳州府志》的记载来看，"漳人初得此种，虑人之多种之也。诒曰：食之多病。近年以来，其种遂胜"[②]，番薯在漳州的普及速度也远不及福州，不似福建最早。

持番薯最早登陆漳州的文献，最典型的当属《闽小记》："万历中，闽人得之外国……初种于漳郡，渐及泉州，渐及莆，近则长乐、福清皆种之。"[③]其实，仔细比勘便可发现，关于番薯的记载，周亮工完全抄袭、加工自《闽书》，但何乔远只表"万历中，闽人得之外国"[④]，并无"初种于漳郡"诸语，"初种于漳郡"完全是周亮工想象与建构的，这种谬误又被后世文献继承。

最有趣的是，民国时期已经具体到特定人物张万纪头上了，《东山县志（民国稿本）》："本邑之有番薯，始于明万历初年。据张人龙《番薯赋》其序云：……薯之入闽，盖金公始也，五都之薯，自万历初，铜山寨把总张万纪

---

① （万历）惠安县续志 卷1 物产续纂[M].福州：福建人民出版社，2009：31.

② （万历）漳州府志 卷27 物产[M].漳州：11a.

③ 周亮工.闽小记[M].上海：上海古籍出版社，1985：123-124.

④ 何乔远.闽书 第五册[M].福州：福建人民出版社，1995：4436.

出汛南澳，得于洋船间。"①这与"盖金公始也"明显自相矛盾，但不是没可能漳州之薯在南澳岛来自陈振龙。我们目及2005年修《樟塘村张氏志谱》又将此事写进家谱，可见地方文献创作的微观过程，后来《闽南日报》等媒体干脆称东山岛是番薯首次传入到中国之地、张万纪是番薯传入第一人了。

（四）从苏禄国到泉州晋江

李天锡根据发现民国三年（1914）修《朱里曾氏房谱》，认为洪武二十年（1387）番薯已从菲律宾引入晋江苏厝。②之所以无人附和，因为这是与常识相悖的，美洲作物不能在哥伦布之前就流布旧大陆，持此观点之人与郑和发现美洲诸说一般无二，吊诡的是学术研究发展到今天反而有人天马行空③，这与翻案史学一样，是值得我们警惕的。

除了时间上的硬伤之外，孤立地看《朱里曾氏房谱》其他"史实"，确实很难辩倒。这也是类似家谱这种地方文献不宜轻易相信的原因，根据田野经验，家谱一类多夸大功绩、隐蔽过失，新谱较老谱可信度更低，因此通过区区民国家谱的孤证，当然无法回溯明代之情形，一定要结合其他史料，史料互证，这里所谓的其他史料也需要是直接记载，而非间接描述，如陈振龙一线之记载这般方可。

（五）从印度、缅甸到云南

美洲作物通过"滇缅大道"自西南边疆传入中国确实是一条可行路线，西南土司借此朝贡甚至可以直接将之输送到中原地区，这也是何炳棣最早提出番薯首入云南的根据，后人多有附和，特别是云南学者。但是与东南海路的普遍性不同，只有部分美洲作物如玉米、南瓜等是通过该条路线传入。④旧说认为万历《云南通志》所载临安等四府种植的"红薯"并非番薯，早在20世纪杨

① 东山县志（民国稿本）[M].漳州：东山县地方志编纂委员会，1987：390-391.
② 李天锡.华侨引进番薯新考[J].中国农史，1998（1）.
③ 李兆良.宣德金牌启示录——明代开拓美洲[M].台北：联经出版社，2013.李兆良.谁先发现美洲新大陆——中国地理学西传考证[J].测绘科学，2017（10）.李浩.新大陆发现之前中国与美洲交流的可行性分析[J].中国海洋大学学报（社会科学版），2018（3）等.
④ 李昕升.近40年以来外来作物来华海路传播研究的回顾与前瞻[J].海交史研究，2019（4）.

宝霖、曹树基[1]就已经批判此观点，今天"红薯"多指番薯不假，但在入清之前基本都是薯蓣，苏轼都曾用"红薯与紫芋，远插墙四周"之诗句。21世纪，韩茂莉[2]综合分析之后，该路线的不存在已经盖棺定论了。

我们讨论作物传入路径，除了最初的文献记载之外，还要特别注意作物、作物名称的时空变迁。以云南为例，不仅入清以来对于番薯的记载非常少、晚（贵州比四川还少；而且记载集中在嘉庆以降，如果源自云南，不应如此之晚），对于番薯的称呼也是很晚才采用"红薯"，云南邻省的贵州、四川文献相关记载如"红薯出海上""种出交广""来自南夷""来自日本"等均显示贵州、四川之番薯不是源自云南，我们再看云南的记载，不仅同样少、晚，如乾隆《蒙自县志》说："白薯，倘甸人王琼至坝洒携种归，教乡人栽种"，如果番薯为明代传入，不应有类似记载，坝洒或为中越边境坝洒县，诠释了此时番薯由越南传入。总之，一个明显的结论就呼之欲出了——云南番薯是随着西南移民潮而来，其源头也是东南海路。

（六）从越南到东莞

宣统《东莞县志》引《凤岗陈氏族谱》：

> 万历庚辰，客有泛舟之安南者，陈益偕往，比至，酋长延礼宾馆。每宴会，辄飨土产曰薯，味甚甘，益觊其种，贿于酋奴，获之，未几伺间遁归。以薯非等闲物，栽种花坞，久蕃滋，掘啖美，念来自酋，因名番薯云。[3]

我们并未目睹《凤岗陈氏族谱》原文，但杨宝霖目及族谱原本，肯定为同治八年（1869）刻本，《凤岗陈氏族谱》记载更加曲折，"酋以夹物出境，麾兵逐捕，会风急帆扬，追莫及，壬午夏，乃抵家焉"。[4]因此杨宝霖等坚信陈益为番薯传入第一人的观点一直较有影响力。

即使《凤岗陈氏族谱》真为同治八年刻本（族谱这种地方文献的成书年

---

① 杨宝霖.我国引进番薯的最早之人和引种番薯的最早之地[J].农业考古，1982（2）.曹树基.玉米和番薯传入中国路线新探[J].中国社会经济史研究，1988（4）.

② 韩茂莉.中国历史农业地理（中册）[M].北京：北京大学出版社，2012：558-561.

③ （宣统）东莞县志 卷13 物产[M].东莞：5b.

④ 杨宝霖.我国引进番薯的最早之人和引种番薯的最早之地[J].农业考古，1982（2）.

代比其他文献更易作假），其对万历十年（1582）——距此近三百年前发生之事情节性如此之强本身就颇有问题，通过族谱故事的前续缘起、后世发展历历在目，构建起事件进展的基本链条，可信度不高；再者，即使是明末清初之文献一般叙述番薯传入时间也多是模糊处理，族谱具体到庚辰、壬午夏，疑点颇多。

此外，如同上文我们认为菲律宾禁止外传薯种是无稽之谈一样，越南的禁止输出是一个道理。更何况，越南与云南毗邻，如果越南已经规模栽培，云南当早已引种成功，所以我们证伪番薯西南传入说，恰好可以证明越南当时很可能是没有番薯栽培的。事实上，杨宝霖也是否定番薯自西南边疆传入云南。

但是，陈益一线证伪，不代表后世就没有从越南传入番薯了，物种的引进一直是一个长期的、不间断的过程，即使当地早就引种成功，可能后来亦有再次传入的过程。再次的传入，既可能是原初的品种，也可能是经过驯化的新品种。所以我们看到乾隆《蒙自县志》的记载就是乾隆年间云南又从越南引入了番薯；又如乾隆《开泰县志》说："红薯出海上，粤西船通古州，带有此种"，可见番薯经由海上（当先进入越南）从广西进入贵州。当然，此时已经为清代，并非如明代那样属于番薯传入早期，意义有限，关注人不多。

（七）从越南到电白

道光《电白县志》最早记载此事：

> 相传，番薯出交趾，国人严禁，以种入中国者罪死。吴川人林怀兰善医，薄游交州，医其关将有效，因荐医国王之女，病亦良已。一日赐食熟番薯，林求食生者，怀半截而出，亟辞归中国。过关为关将所诘，林以实对，且求私纵焉。关将曰：今日之事，我食君禄，纵之不忠，然感先生德，背之不义。遂赴水死。林乃归，种遍于粤。今庙祀之，旁以关将配。其真伪固不可辨。[1]

林怀兰之事虽未引自家谱这种信度低的文献，但与它们一样都是出现过晚。但撰者尚比较公允，也知描述过于戏剧化，遂阐明"相传""其真伪固不

---

① （道光）重修电白县志 卷20 杂录[M]. 电白：6a、b.

可辨"，已经很明白了。

但到民国《桂平县志》则说："番薯，自明万历间由高州人林怀兰自外洋挟其种回国，今高州有番薯大王庙以祀怀兰为此事也"[①]。"相传"等词汇不知所终，再冠以"万历间"这样的时间定语，已经以假乱真了，林怀兰是又一番薯传入第一人。其实，无论是福建还是广东，明末番薯就已经推广颇佳，入清以来特别是乾隆之后，已经稳居二者粮食作物之大宗，加之福建的金薯记忆与金公信仰的流传，此时有心者妄图建构所谓的引种功绩是极有可能的，不过这类文献都出现比较晚，完全没有明代的文献佐证。诚如郭沫若所说"林怀兰未详为何时人。其经历颇类小说，疑林实从福建得到薯种，矫为异说，以鼓舞种植之传播耳。"[②]

虽然笔者同样证伪了林怀兰一线，但是有没有可能番薯通过越南或菲律宾进入雷州半岛或吴川，理论上是可行的，不过我们不宜轻易下定结论。万历《雷州府志》记载："（雷郡）八十里曰博（博）袍山，高十五丈，盘围八里。故老传云，昔番船夜泊，见山石岩中有神光射天，乃舣舟寻访，闻有人声就而不见。番商告乡人立祠祀之，名射光岩，方广四丈许，因在博（博）袍村，故名"[③]以及明末清初邑人陈舜系在其笔记《乱离见闻录》中记载："万历间，闽、广商船大集，创铺户百千间，舟岁至数百艘，贩谷米，通洋货，吴川小邑耳，年收税饷万千计，遂为六邑最"[④]，以上记载反映出明万历时广东商船云集，人们与"番船""番商"互通贸易，尤其雷州、吴川等沿海地区更是中外贸易的集中地。

（八）从文莱到台湾

清代以降台湾文献中频繁出现的"文来薯"，顾名思义，认为台湾番薯除了引自福建之外，也有自己直接的线路——文莱。最早的官方记载当是康熙《诸罗县志》："……又有文来薯，皮白肉黄而松，云种自文来国"[⑤]。之后，该说法得到台湾诸多文献的继承。清季之前，从未闻"文来薯"之说法，

---

① （民国）桂平县志 卷19 物产[M]. 桂平：27a.

② 郭沫若. 纪念番薯传入中国三百七十周年[N]. 光明日报，1963-6-25.

③ （万历）雷州府志 卷3 地理志一·山川[M]. 雷州：6b.

④ 中国社会科学院历史研究所明史室. 明史资料丛刊 第三辑[M]. 南京：江苏人民出版社，1983：234.

⑤ （康熙）诸罗县志 卷10 物产[M]. 诸罗：6b.

台湾相对闭塞，私以为"种自文来"很可能是当地人的"想象力工作"，就如同台湾对于"金薯"的想象一样（"金薯"一词能够传播至台湾，也从一个侧面反映福建移民携种而来），《台海采风图》："有金姓者，自文来携回种之，故亦名金薯，闽粤沿海田园栽植甚广。"①金学曾倒成了从文莱带回番薯的主角了，"将在编年中所包含的事实进行编码，使其成为特定种类的情节结构的成分"②，乾隆《台湾通志》引用《台海采风图》后，后世陈陈相因。

所以所谓的文莱传说可信度是比较低的。越是后世文献，对相同事件添油加醋、横生枝节的情况就越明显，今天的学者却不加怀疑地采纳，让人费解。

（九）从日本到舟山普陀

由于日本学者研究认为日本番薯源于琉球（1615）、琉球又源于中国（1605），③因此郭松义认为浙江番薯引自日本或南洋去日本的商船，④其实都比较牵强。其主要依据万历《普陀山志》确有："番苔，种来自日本，味甚甘美"⑤的记载，但是"番苔"一词再未见于其他文献，到底是不是番薯还是两说。郭松义认为《紫桃轩又辍》也是记载番薯的早期文献，恰好证明了普陀先有番薯："蜀僧无边者，赠余一种如萝葡，而色紫，煮食味甚甘，云此普陀岩下番蓣也。世间奇药，山僧野老得尝之，尘埃中何得与耶！"⑥

实际上，"番蓣"不一定是番薯，根据李日华的描写"番蓣"也不似番薯。如果，浙江确系独立引种番薯，对于浙江一直没有推广番薯，郭松义给出的解释是"山僧吝不传种"，这也是解释不通的。此路线存疑，但是相对陈振龙路线之外的其他所有路线，已经有一定可行性了。

---

① 姜亚沙，等.台湾史料汇编（八）[M].北京：全国图书馆文献缩微复制中心，2004：589.
② 海登·怀特.作为文学虚构的历史文本[M]//彭刚主编.后现代史学理论读本.北京：北京大学出版社，2016：45.
③ 星川清亲.栽培植物的起源与传播[M].段传德等译.郑州：河南科学技术出版社，1981：107.
④ 郭松义.番薯在浙江的引种和推广[J].浙江学刊，1986（3）.
⑤ （万历）普陀山志 卷2 物产[M]//中国佛寺史汇刊 第1辑第9册.台北：明文书局，1980：186.
⑥ 李日华.紫桃轩又辍 卷2 茶香室丛钞[M].清光绪二十五年（1899）刻春在堂全书本：12a、b.

四、结　语

自陈振龙将番薯从菲律宾引入福州长乐之后，各方不断抽绎出其中的合理元素，建构了一个又一个全新的路径，最终形成了番薯引种的多元路径观。明人即使不具体知道是陈振龙传入一事，多用"万历中闽人得之外国"这种较为模糊的客观书写方式。清代以降，越是后来，说法越是五花八门，反而描述越来越精准，误导了一代又一代的后人，一批又一批后人为之背书，三人成虎，足以以假乱真了。

番薯与其他美洲作物相比并不特殊，确凿的路线通常就是一两个而已，当然，或许还有文献并未记载、我们并不知悉的路线，可能番薯九条路线中的几条是存在的。但是没有充足的证据之前，我们并不能将数条路线均作肯定之话语，这是极不严谨的。要之，我们应该下这样的客观结论：陈振龙于万历二十一年将番薯从菲律宾带回福建长乐，其他路径均是存疑或证伪，相对而言万历从东南亚传入浙江舟山普陀山的可能性稍高一些。

毫无疑问，不管陈振龙之外还有没有人传入番薯，陈振龙一线都是影响最大的路线，所谓的番薯传入第一人的争论是没有意义的，正是在争第一的虚荣面前才衍生了多元路径，而且随着时间的推移，或许还会有新的路径、新的第一人诞生。

梳理这段历史，我们的研究旨趣在于强调史料辨析、探寻史源的重要性。毕竟史料记载的历史不一定是客观的历史，而是史家理解的历史，史料具有选择性与主观性。本来没有那么复杂的问题，随着学术研究的进步，不断演绎出新的解释，虽然这不是坏事，但是很多情况是没有充分回顾学术史、盲从盲信史料、忽视史料源头、缺乏对校他校，这其中又夹杂着争当番薯传入第一人这样别有用心的目的，最终导致今天番薯入华多元路径说。今天的学术研究不应该人云亦云，重在平衡诸说，彷徨之下选择比较全面的大杂烩，而应大胆假设小心求证，即使是旧史料，也会有不一样的结论。

致谢：内蒙古大学崔思朋研究员在笔者查找资料方面提供了帮助，在此表示衷心感谢！

明代士人礼物交换中的"花草果蔬"

——以日记、书札为中心

葛小寒

一、传统社会"花草果蔬"的三种流动

北魏贾思勰《齐民要术》十卷，其中卷三、卷四、卷五皆为"种葵""种桃""种竹"等介绍蔬菜与花果的种植技术经验；元代司农司《农桑辑要》七卷，其中卷五、六载录的作物可分为"瓜菜""果实""竹木""药草"四个类别；徐光启《农政全书》六十卷，除了"树艺"之下收录了"蓏部""蔬部""果部"与"种植"之下收录了"木部""杂种"之外，又有近三分之一的内容记载了各种"野菜"的种植与食用方法。由此可见，在中国传统农业生产体系中，花果、蔬菜、草木等等"花草果蔬"不可谓不重要。降之明清时期，甚至主要农学知识的生产——即农书的撰写——亦是以"花草果蔬"为中心，如王达所统计的《中国明清时期农书总目》有近三分之一的农书为专门记述"花草果蔬"知识的花谱、茶书。[①]正因如此，学界对于"花草果蔬"的研究，以及相关历史文献的整理，自新中国成立以后不断有优秀的成果诞生。归纳这些研究，笔者认为前人关注的重点主要聚焦在"花草果蔬"生命周期的两端：

一方面是"花草果蔬"的诞生，即回答如何种植、栽培、收获"花草果蔬"的技术史问题。农史学者与技术史专家对此着墨最多，如舒迎澜对于古代花

作者简介：蒿小寒（1990—），江苏南京人，北京师范大学历史学院讲师，主要从事明代历史文献学、日常生活史、自然知识史等方面的教学与研究工作。

① 根据王氏统计，明清时期"竹木茶"类农书约占总数的8.29%，而园艺类书籍则占总数的23.13%。可参见：王达.中国明清时期农书总目[J].中国农史，2000（1）.

卉栽培的介绍、朱自振对于茶叶种植的研究、彭世奖对于荔枝文献与荔枝种植技术的整理与分析、李昕升对于美洲传入的夏季蔬菜南瓜的综合考察，等等。①

另一方面是"花草果蔬"的消亡，②即回答如何品鉴、欣赏、食用"花草果蔬"的文化史问题。除了农史专家之外，文学、文化研究者对该问题也较为关注。例如程杰、何小颜等对于花卉审美的论述、陈文华对于茶文化的研究、王利华对于蔬菜烹饪等中古饮食文化的探讨，等等。③

近年，随着"物质文化史"与"日常生活史"的兴起，④作为"生活世界"中的"物"，"花草果蔬"的生命周期理应不止于诞生与消亡，其在传统社会中的流动亦可作为学者们关注的一个重要切入点。对于"物"本身来说，"花草果蔬"很难仅仅在诞生以后就立刻进入品鉴、品尝的生命结尾，它们生命周期中更多的时段，实际是在人类社会中不停流转。同时，对于人类的生活世界来说，"花草果蔬"与其说是"单数"的生产—食用、生产—鉴赏的线性对应过程，不如说是"复数"的承载了更多人文内涵、功能功效与复杂感情的物品。因此，我们需要对于生产以后、消失以前的"花草果蔬"的流动情况略作梳理。⑤

首先是政治型流动。明人欧阳德在一篇题为《菜户额办》的奏疏中提到："看得菜户吕文等所奏及该寺所查报，一则谓取菜过多，办纳不及；一则恐纳菜减少，供应不敷。"这里的菜户每亩所要上纳的实物为"各样蔬菜一百四十六斤八两，各样瓜五个"。⑥也就是说，明廷实际控制一些农户从事"果蔬"的种植，并通过政治强制力收取贡品，这便造成了"花草果蔬"的政治型流动。同时，除了这种直接征收以供皇室使用之外，各地方政府也需要向

---

① 相关研究参见：舒迎澜. 古代花卉[M]. 北京：农业出版社，1993. 朱自振. 茶史初探[M]. 北京：中国农业出版社，1996. 彭世奖. 历代荔枝谱校注[M]. 北京：中国农业出版社，2008. 李昕升. 中国南瓜史[M]. 北京：中国农业科学技术出版社，2017. 等等。

② 一般"花草果蔬"在被人品类、尝以后，其生命周期便走向完结，故名曰"消亡"。

③ 相关研究参见：程杰. 花卉瓜果蔬菜文史考论[M]. 北京：商务印书馆，2018. 何小颜. 花与中国文化[M]. 北京：人民出版社，1999. 陈文华. 中国茶文化学[M]. 北京：中国农业出版社，2006. 王利华. 中古华北饮食文化的变迁[M]. 北京：生活·读书·新知三联书店，2018. 等等。

④ 关于"物质文化史"的理论方法，可参考：肖文超.西方物质文化研究的兴起及其影响[J]. 史学理论研究，2017（3）. 至于"日常生活史"的论述，由于本文主要涉及明代时段，可参考：常建华.明代日常生活史研究的回顾与展望[J]. 史学集刊，2014（3）.

⑤ 本文主要关注的时段是明代中国，故而以下梳理所用史料基本局限在明代，但并不妨碍"花草果蔬"的流动现象弥漫在整个传统中国时期。

⑥ 欧阳德.欧阳德集[M].陈永革编校整理.南京：凤凰出版社，2007：399-400.

中央朝廷上交相应的"土贡"。如嘉靖《宁国县志》卷二《贡法》载："上之服御饮食祭祀宾客，皆取给于民。然物以土异，则贡亦不同。……宁虽小邑，抑俚谚曰：尺有所短，寸有所长。故所出不一。"[1]而该地上贡的物品中就有不少具有当地特色的"花草果蔬"，如"薄荷七十斤"，卷一《土产》载宁国县薄荷"叶大而尖异于他处"。[2]此外，封建生产关系的存在也保证了地主对于农民所生产的"花草果蔬"的征收，在《祁彪佳日记》中，时常可见其督促奴仆种植各种花卉、草木，如崇祯九年（1636）九月，十二日"督庄奴植花"，十九日"督庄奴种桃堤上"，[3]而奴仆的劳动产品自然归祁彪佳个人所有。

其次是经济型流动。在明代社会商品经济发展的大潮下，"花草果蔬"的很多政治型流动被经济型流动所取代。前面提到的"菜户"即是如此，根据盛承的研究："除领种土地的嘉蔬署菜户办纳实物外，其他菜户的赋役均改折为货币上纳。"[4]而前揭宁国县的"土贡"在嘉靖年间也大多折银征收，像是核桃、木耳、薄荷等九种"花草果蔬"有着明确的折价："以上通共价银一百九十四两四钱五分三厘。"[5]在"花草果蔬"中，经济型流动最具代表性的大概是花卉。早在宋代，中国就形成了较为成熟的花卉市场，"宋代花卉种植已经成为独立的商业性农业，以种花为业的专业户——花户或园户众多，种植规模大，获得经济价值高"。[6]明清时期的花卉市场同样发达，且这一市场所面对的不仅仅是达官贵人，更是一般庶民，"明清江南的鲜花盆景的消费需求是旺盛的，鲜花由原先的奢侈品变成一般大众消费品"。[7]略检明人日记，其中买花、购花的记录亦不在少数，如冯梦祯《快雪堂日记》所载，万历十七年（1589）四月曾"市茉莉三本"，又万历二十三年（1595）四月再次"市茉莉二本"。[8]在《亳州牡丹史》中，薛凤翔更是描绘了这种花卉市场盛况：

① （嘉靖）宁国县志 卷2 贡法 [M].天一阁藏明代方志选刊续编 第36册.影印本.上海：上海书店，1990：632.

② （嘉靖）宁国县志 卷1 土产[M].天一阁藏明代方志选刊续编 第36册.影印本.上海：上海书店，1990：510.

③ 祁彪佳.祁彪佳日记[M].张天杰点校.杭州：浙江古籍出版社，2017：231-232.

④ 盛承.明代菜户考论[J].史学月刊，2018（9）.

⑤ （嘉靖）宁国县志 卷2 贡法[M].天一阁藏明代方志选刊续编 第36册.影印本.上海：上海书店，1990：635.

⑥ 魏华仙.宋代花卉的商品性消费[J].农业考古，2006（1）.

⑦ 宋立中.论明清江南鲜花消费及其社会经济意义[J].云南师范大学学报（哲学社会科学版），2007（3）.

⑧ 冯梦祯.快雪堂日记校注[M].王启元校注.上海：上海人民出版社，2019：73，14

"然一当花期，互相物色，询某家出某花，某可以情求，某可以利得。……若出花户轻儇之客不惜泉布私诸砌上，争相夸耀。"[1]

最后是文化型流动。前面提到的"花草果蔬"的政治型流动，其核心是权力，即当权者通过政治强力把作为"作物"的"花草果蔬"转换为"贡物"进行征收。另一方面，经济型流动的核心则是金钱，这不仅仅指的是货币化了的"贡物"，更是指广大消费市场的"花草果蔬"买卖，而在这一系列活动中，"花草果蔬"又从"作物"转化成了"货物"。除此之外，"花草果蔬"在中国传统社会的流动，还有一种文化型模式，核心是人情，即作为"礼物"在民间社会中流动。最近，张升在讨论明代士大夫的"以书为礼"现象时，[2]引用了两条《金瓶梅》中史料，其中三十六回载："安进士亦是书帕二事、四袋芽茶、四柄杭扇。"又四十九回载："蔡御史令家人具贽见之礼：两端湖绸、一部文集、四袋芽茶、一面端溪砚。"张氏注意到小说中的描写应该代表了明人送礼的实况，即"以书为礼"现象的普遍性。而笔者所关注的则是这两条关于送礼的史料，除了包含书籍之外，还包括了属于"花草果蔬"的茶叶。那么，明代是否存在比较广泛的以"花草果蔬"为礼的现象呢？明人在赠送"花草果蔬"时，除了《金瓶梅》提到的茶叶还有哪些作物呢？作为"礼物"的"花草果蔬"又有何种特点？其交换活动中形成的场域又反映了明人社会交往中的哪些现象？本文即试图通过对于明人日记、书札等史料的整理与研究，初步回答上述提到的若干问题。

二、作为明人社交礼物的"花草果蔬"

笔者对于作为礼物的"花草果蔬"的关注，除了前揭张升论文的启发之外，还来源于自身所研究的《亳州牡丹史》。[3]在考察该书作者薛凤翔的社交网络时，笔者发现他曾广泛地寄送牡丹给外地士大夫。如其自述，薛氏曾寄牡丹名种"娇容三变"给"通侯张公、袁石公过赏"。[4]其友人焦竑——同时也

---

[1] 薛凤翔. 牡丹史[M]. 李冬生点校. 合肥：安徽人民出版社，1983：87.
[2] 张升. 以书为礼：明代士大夫的书籍之交[J]. 北京师范大学学报（社会科学版），2017（5）.
[3] 可参考：蒉小寒. 牡丹、牡丹谱与晚明亳州社会——以《亳州牡丹史》为中心[J]. 安徽史学，2020（1）.
[4] 薛凤翔. 牡丹史[M]. 李冬生点校. 合肥：安徽人民出版社，1983：44.

曾为《亳州牡丹史》作序——还留有感谢薛凤翔赠花的手札："承专使远惠手尺并名花珍玩，物意两重，鄙薄何以承之。"①这就提醒笔者，在明人留下的众多书信、手札、尺牍中，可能藏有记载作为礼物的"花草果蔬"的史料。巧合的是，张升在讨论"以书为礼"的论文中，也主要运用了书札史料，尤其是陈智超先生整理的《明代徽州方氏亲友手札七百通考释》。该书搜集了明人方用彬所收留的他人寄来的信件，其中除了记录了赠书情况之外，也可以此窥视明人的"花草果蔬"赠送情况。如《日册》第十六条，王学曾寄给方氏的手札，便收录了前者所赠之物："外兰香二百、枕顶一副、刘隋州诗一部侑敬，望检入。"再如《月册》第三十三条，邹佐卿寄来书信云："诗扇一握、龙井茶一封、拙书二幅引远意。幸一笑置之。"②以上所录实际生活中的赠礼情况，确与前引《金瓶梅》中的小说虚构完全一致，即明人一般在赠礼活动中，时常会以"花草果蔬"作为礼物搭配中的一种，如这里提到的两种草类植物："兰香"与"龙井茶"。

那么，方氏手札中所反映的"花草果蔬"的赠送现象是否普遍呢？这里不妨以明人日记来进一步考察。表1列出了明人李日华日记中所载万历四十年（1612）所收"花草果蔬"的情况。

表1 万历四十年李日华所收"花草果蔬"情况表③

时间	内容
正月十九日	小雨，盆梅尽开，沈翠水又携一本至
三月十七日	方巢逸从杭州来，贻余漳橘二十颗
四月七日	吴丹麓致惠泉二缶、茉莉一本
六月二十七日	湖僧印南来，贻松罗茶一缶，瀹试有味
九月二十四日	沈翠水饷茶树一盆，缀五十余蕾
十二月十四日	湖人致茶子一龠
十二月二十三日	叶君以昆山短穗水仙贻余

① 焦竑.澹园集[M].李剑雄整理.北京：中华书局，1999：359.
② 陈智超.美国哈佛大学哈佛燕京图书馆藏明代徽州方氏亲友手札七百通考释[M].合肥：安徽大学出版社，2001：73，350.
③ 李日华.味水轩日记[M].叶子卿点校.杭州：浙江人民出版社，2018：239，258，265，280，312，341，346.

上表可见，李日华在万历四十年收到的礼物中，至少7次包含了"花草果蔬"。考虑到日记记载的疏失，实际情况可能更多。而且所收的"花草果蔬"种类亦非《金瓶梅》中所载的仅有茶叶，还有花卉（如茉莉）与水果（如漳橘）。换言之，无论从小说、书札还是日记的记载来看，明代士大夫之间普遍存在着相互赠送"花草果蔬"的习俗，即以"花草果蔬"为礼物的现象。

综合来看，作为社交礼物而在士人社会中流动的"花草果蔬"，在较为正式的送礼活动中往往与其他物品搭配送出。前揭《金瓶梅》中事例即是如此，①再如黄河水寄给方用彬的小札："闻足下还山，无以为将，徐紫山先生集一部、滇菜一种，少宣芹意，幸照入。"②这里的"还山"字面意思是回到黄山，由于方用彬正是徽州府歙县人，实际暗喻方氏返回家乡。作为离别的礼物，自然相对正式，因此黄河水所送便是"滇菜"搭配"徐紫山先生集"。③另一方面，上表李日华所收的"花草果蔬"礼物，很多都是单独赠送的，而这种送礼方式其实相较于搭配赠送更广泛地存在于士人社交活动中。第一，大部分"花草果蔬"的赠送并没有什么特别的深意，往往只是友人间礼尚往来的常态，如在冯梦祯的书札中，曾提到"朱武原先生"曾送他沙果，而冯氏觉得口感"甚佳"，旋即转手送了一部分给一位不具名的友人："朱武原先生见饷沙果，甚佳。似蟠蜱而小，甚堪佐酒，今分送一器。"④第二，很多"花草果蔬"赠送的发生非常偶然，并不是一个送礼者主动的情境，如冯梦祯于万历二十三年（1595）春出游，在某寺庙受到僧人福庵的招待，由于交流之后"意甚笃密"，冯氏在离开时，僧人随即"赠茶一器"。⑤第三，还有一些"花草果蔬"的赠送行为实际上是被动的，即受礼者主动提出来，希望赠礼者相赠，这样就会指明某种特别的"花草果蔬"，例如归有光得知友人吴三泉家中种有建兰，于是特意写信相求："建兰遗种，公固以弃之，并以赐仆，何如？"⑥

至于士大夫在赠送"花草果蔬"时候的偏好，笔者以《快雪堂日记》中

---

① 茶叶在明代正式的送礼活动中非常重要，如男女订婚之礼"下小茶"，即指的是男方在聘娶女方之前，需要赠送相应礼物，而其中必须有茶叶，故而名之。

② 陈智超. 美国哈佛大学哈佛燕京图书馆藏明代徽州方氏亲友手札七百通考释[M]. 合肥：安徽大学出版社，2001：363.

③ 这里需要注意的是，很多正式的送礼活动，赠礼方都是别具礼单的，因此在书札中往往对于礼物种类语焉不详，而这些礼单又相对保存较少。

④ 冯梦祯. 快雪堂尺牍[M]. 邹定霞校注. 成都：四川大学出版社，2017：185.

⑤ 冯梦祯. 快雪堂日记校注[M]. 王启元校注. 上海：上海人民出版社，2019：143.

⑥ 归有光. 震川先生别集 卷8 小简[M]//归有光全集 第7册. 上海：上海人民出版社，2015：978.

冯梦祯所收的礼物为例制作了表2。

表2 《快雪堂日记》记载冯梦祯所收"花草果蔬"表①

类别	内容	数量
观赏性花草	白瑞香、秋兰、桂花、兰（3）、万年松、珊瑚树、腊梅	9
食用性花草	白甘菊、天池茶、龙井茶（3）、茶（7）、岕茶（3）	15
蔬菜	莼菜、莲藕、扁豆（2）、白扁豆	5
瓜果	瓜、梨、佛手柑、橘、福瓜	5

上表大体反映了以冯梦祯为代表的明代士人在接受"花草果蔬"赠礼时候的种类，同时也就体现了当时士人社交活动中赠送"花草果蔬"的偏好。在冯梦祯所收的34种"花草果蔬"中，以花卉为代表的观赏性草木与以茶叶为代表的食用性草木占据了大多数，蔬菜与瓜果相对较少。同时，表2也说明了赠送"花草果蔬"的具体功用，即观赏与食用。从观赏角度来看，花卉是这方面礼物的代表。而士人之间花卉的赠送主要呈现出两种形式。②

第一，即盆花赠送，这是以花为礼的主流，像是以兰花为主的草本花卉就非常适合这种赠送形式，除了一般秋兰、建兰之外，冯梦祯还收到过吊兰，亦称挂兰，其形容为"挂兰以绳挂着檐端或树格间，开花甚多"。③此外，由于明代盆景、盆玩的发达，很多木本花卉也被做成盆景式样赠送，如《味水轩日记》中提到的盆梅，"小雨，盆梅尽开。沈翠水又携一本至，作樱桃花色，名照水玉蝶，嫩红繁萼，梅之老格几变，正是绮疏中物耳。"④同时，观赏性的草木盆景也常作为赠礼，文震亨在《长物志》中提到彼时江南流行的盆栽有"天目松""菖蒲"，等等，⑤李日华便曾收到沈潋水所赠的"虎须菖

---

① 这里引用内容较多，为了行文简洁，不再给出具体页码，可参考《快雪堂日记校注》（冯梦祯著，王启元校注）。同时，由于日记内容简略，有些"瓜""茶"不能具体判断品种，本表一以实录，若某物受赠多次则在括号内标注。

② 除了以下两种赠送形式之外，在明人日记或手札中，也有极少是赠送花草种子或赠送树木的，因此这里不再作为赠送观赏性"花草果蔬"的主要形式进行说明。

③ 冯梦祯.快雪堂日记校注[M].王启元校注.上海：上海人民出版社，2019：243.

④ 李日华.味水轩日记[M].叶子卿点校.杭州：浙江人民出版社，2018：239.除了盆梅之外，李日华还收到诸如"盆荷""百合一盆""小盆水仙"，等等，不赘引。

⑤ 文氏形容"天目松"为"最古者以天目松为第一"，而所谓"九节菖蒲"，则更是"神仙所珍"。参见：文震亨.长物志[M].胡天寿译注.重庆：重庆出版社，2017：61.

播厥百谷：中国作物史研究
Sowing Grains: Study on History of Crops in China

蒲"，①而祁彪佳则是为了得到"天目松"直接乞求岳父赠送："遣奴子向妻家乞天目松一株。"②

第二，则是切花赠送，从花卉市场来看，明代社会的切花买卖应该也比较发达，如虎丘的花市："和本卖者，举其器；折枝者，女子于帘下投钱折之。"③这里的"折枝者"即是切花，其在买卖市场与"和本卖者"是并列的。出现这一现象的社会背景，大概是明人有着比较突出的簪花习俗，即便男子簪花也是屡见不鲜。④不过花卉作为礼物折枝赠人的情况并不多见于史料记载，冯梦祯的日记中倒是记载了他遇到的"山民"种有桂花，交流以后，"折赠数枝"，⑤方用彬所收的信件中，也有一处记载了切花的赠送："适采兰得十数枝，遣竖子驰献，聊供清燕之一玩耳。"⑥但是，笔者认为这种切花赠送的现象应该远比史料记载的要普遍，正如上文所举的两个例子，基本都是偶然性或随意性的花卉赠送，而这种非正式的切花相赠行为相对不为士人所重视，故而没有认真记录下来。

此外，食用也是赠送"花草果蔬"的重要目的。但是这种赠送并非单纯为了食用而食用，而是与观赏相同，有着很重要的品鉴取向，正如刘志琴所总结的明代饮食特征之一为"以品尝美食为生活情趣，宣扬'真乐'人生"。⑦因此，在赠送供给食用的"花草果蔬"之时，特别需要注意所赠礼物是否值得品尝与品鉴：

第一，赠礼者要关注草蔬作为食物的时效性。上文提到茶叶是明人较为偏爱赠送的"花草果蔬"，但是与花卉一年四季各有品种可供赠送不同，茶叶一年只有春季制成的为好，明代士大夫尤其重视所谓"雨前"（谷雨前）与"明前"（清明前）所采摘制成的茶叶，因此彼时士人的赠茶活动基本集中在农历五月之前，这期间采摘制成的茶叶即为"新茶"，祁彪佳在日记中常记载收到"新茶"为礼，崇祯五年（1632）三月"张君继盛饷以新茶"、崇祯十一

① 李日华.味水轩日记[M].叶子卿点校.杭州：浙江人民出版社，2018：110.
② 祁彪佳.祁彪佳日记[M].张天杰点校.杭州：浙江古籍出版社，2017：426.
③ （正德）姑苏志 卷13 风俗[M].天一阁藏明代方志选刊续编 第11册.影印本.上海：上海书店，1990：911.
④ 赵连赏.明代男子簪花习俗考[J].社会科学战线，2016（9）.
⑤ 冯梦祯.快雪堂日记校注[M].王启元校注.上海：上海人民出版社，2019：82.
⑥ 陈智超.美国哈佛大学哈佛燕京图书馆藏明代徽州方氏亲友手札七百通考释[M].合肥：安徽大学出版社，2001：540.
⑦ 刘志琴.明代饮食思想与文化思潮[J].史学集刊，1999（4）.

年（1638）四月"得义兴任生玉衡书饷以新茶"、崇祯十三年（1640）二月"马友即饷予新茶"。①此外，水果也是受季节性支配而需要当季食用的，因此夏季则适合赠送西瓜，《快雪堂日记》万历十七年（1589）七月初五日载："四弟饷瓜八枚。"②

第二，在观赏性花草的赠送中，很少看到强调地名或某一品种，但是在茶叶、瓜果赠送之时无论是赠礼者还是受赠者都比较在意其产地，即对名品、特产的重视。在江浙地区，茶叶品种繁多，其中龙井无疑是佼佼者，前揭冯梦祯日记所载，其所收茶叶亦以龙井为多。其实冯氏也常赠友人以龙井，如其寄给孙世行的尺牍中写道："真龙井雨前茶一瓶，弟妇寄奉嫂氏者，乞为转致。"而假如所采收的龙井质量欠佳，冯氏甚至不敢作为礼物寄出，如其在与周元孚的信中说："此日方从茂吴采茶龙井，难得真者，故不敢寄。"③而士人对于作为礼物的蔬果的产地也比较在意，沈自邠寄送给友人的"香蕈"，特别强调了产地的特殊性："从倒马关来，甘脆异常蕈，偶得少许，容再致。"④

第三，明人所赠的食用性蔬果很多是已经做过料理的再加工食品。这些加工产品有些写得比较明确，如前揭沈自邠的书牍："外寄豆豉一坛，辣菜一坛。"⑤前者即一种豆制品，后者则由芥菜与椒、盐等调料腌制而成。⑥不过，在明人尺牍中，更多加工后的蔬果介绍非常模糊，往往用"酒果""茶果""小菜"等词语概括之，如侯恂寄给友人的礼物为："小菜四缸固不佳，聊申野人之意耳。"⑦而这些小菜未必都是蔬果制成，也有可能是腌制的肉类，如《金瓶梅词话》第三十五回载："西门庆见他不去，只得唤琴童儿厢房内放桌儿，拿了四碟小菜，牵荤连素，一碟煎面筋、一碟烧肉。"⑧这里自然由于明代江浙地区小菜、茶果等种类繁多，笔者很难确切知道这些士人所赠是由哪种蔬果制成。

① 祁彪佳.祁彪佳日记[M].张天杰点校.杭州：浙江古籍出版社，2017：50，329，435.
② 冯梦祯.快雪堂日记校注[M].王启元校注.上海：上海人民出版社，2019：80.
③ 冯梦祯.快雪堂尺牍[M].邹定霞校注.成都：四川大学出版社，2017：165，211.
④ 上海图书馆.上海图书馆藏明代尺牍 第5册[M].上海：上海科学技术文献出版社，2002：164.
⑤ 上海图书馆.上海图书馆藏明代尺牍 第5册[M].上海：上海科学技术文献出版社，2002：164.
⑥ 相关辣菜的做法可参考：丁宜曾.农圃便览[J].续修四库全书.影印本 第976册.上海：上海古籍出版社，2002：74.
⑦ 上海图书馆.上海图书馆藏明代尺牍 第4册[M].上海：上海科学技术文献出版社，2002：89.
⑧ 兰陵笑笑生.梦梅馆校本金瓶梅词话[M].梅节校订.台北：里仁书局，2009：509.

第四，何予明在讨论书籍的"物质性"功用时，曾提醒我们注意"人们对书籍的误用和滥用"。①而我们对于"花草果蔬"一般的功用性理解基本被限定在了上文提到的观赏与食用这两个方面。其实，抛开这种固定思维，"花草果蔬"作为礼物在士人社会中流转的时候，还可以继续作为礼物进一步在不同社交圈中流转。这里不妨以下面这条书札来进一步说明："家雁两掌，豚肩一方，山果二合，官酝一尊，专人驰上司空许大人行轩，聊用奉犒从者，万万麾纳为幸。"②在这封信中，送礼者（谢迁）所试图赠送的礼物并非为了让"司空许大人行轩"观赏或食用，而是希望包括"山果"在内礼物能够继续作为礼物，经过许大人的恩赐行为到达其随从手中。换言之，在这一过程中，"山果"等礼物做了两次礼物，一次即谢迁赠送给许大人，其功用是保持山果等礼物的礼物属性，第二次才是将山果等礼物的食用功效作为礼物送给许大人的随从。如此一来，我们就有必要思考，"花草果蔬"在礼物流转活动中可能存在着二次乃至多次流动的可能。有时，这种二次流动赠礼者是知道甚至是希望的，如上面谢迁的所为，而更多时候，赠礼者可能难以知晓这种二次流动的发生，如祁彪佳在日记中记录了张继盛所赠的茶叶，而他收到后不多日便转手送给了姚次白，因为他觉得姚氏比自己更需要喝茶："蒲团苦坐时，须此爽透一襟也。"③

三、赠礼者、受赠者与社交场域中的"花草果蔬"

以上，笔者揭示了明人在社交活动中以"花草果蔬"作为礼物的现象，同时说明了这种赠礼的形式、偏好与实际功用。而作为礼物的某一种类，"花草果蔬"的流通自然受制于礼物交换过程中的若干原则，比如强制性原则、礼尚往来原则，等等。④简言之，在一定程度上，我们不应该视"花草果蔬"为

---

① 何予明.家园与天下——明代书文化与寻常阅读[M].北京：中华书局，2019：15.
② 上海图书馆.上海图书馆藏明代尺牍 第1册[M].上海：上海科学技术文献出版社，2002：164.
③ 祁彪佳.祁彪佳日记[M].张天杰点校.杭州：浙江古籍出版社，2017：50.
④ 相关内容可参考：莫斯.礼物：古式社会中交换的形式与理由[M].汲喆译.上海：上海人民出版社，2002.不过莫斯主要考察的是原始社会礼物交换的问题，并不能完全将其对应于传统中国社会，书中有较为明显的礼物交换—商品交换的线性思维，这一点同样不适用于传统中国社会。

某一种特殊的礼物——尽管它确实具有特殊的一面（详见下文）——这样无助于我们分析其与一般礼物之间的共性。

前文曾提到"花草果蔬"的另外两种流通方式，即政治型流通与经济型流通。而从流通的对象上来看，政治型流通的路径毫无疑问是上层与下层的流通，作为"贡物"的"花草果蔬"，从下层民众、下级政府不断向上纳贡，当然，上层也会以"恩赐"的形式部分返还一些"贡物"。①经济型流通的路径则是内与外的交流，尤其是商品化、市场化明显的区域，这里面的流通对象不再是固定的菜户或地方政府，而是不断变换的潜在消费者与商人，那么，"花草果蔬"作为"货物"的流通，毋宁说是一种陌生人之间的往来，即通过金钱交易，将属于士人圈子外部的"花草果蔬"购入，从而进入士人社交网络中，供给赏玩。②本文所叙述的文化型流通则是一种熟人社会的"花草果蔬"流通，没有引荐，贸然的送礼行为，在明代社会是不受欢迎的。③因此，在考察"花草果蔬"的文化型流通之时，我们关注的重点既明确又模糊。明确的一面在于，赠礼者必定是受赠者社交圈子中的人；模糊的一面在于，受赠者的社交圈子可能无穷大。尽管如此，正如笔者前节所说，礼物交换的一般原则能够指导我们对作为礼物的"花草果蔬"的流通进行研究。这里不妨以常与"花草果蔬"搭配作为礼物的书籍为例，张升对"以书为礼"中的赠礼者有过总结：

赠书者主要就是两类：其一为在任官员。例如，上述的书帕赠

① 如明廷曾赐予朝鲜国王李芳远草药，据载："（李芳远使者）求市龙脑、沉香、苏合、香油诸物和药。上命太医院悉赐所需药。"参见：李国祥. 明实录类纂·涉外史料卷[M]. 湖北：武汉出版社，1991：112. 而太医院所有药材即来自地方的贡输，前揭《欧阳德集》中，便有多篇奏疏关于减征药材，而这些药材则是供"内府供应之物"，参见：欧阳德. 欧阳德集[M]. 陈永革编校整理. 南京：凤凰出版社，2007：397.

② 这种购买行为，就迫使士人离开熟人社会去寻找"花草果蔬"，像是身处嘉兴的李日华，便时常前往虎丘购买花卉，如其日记中载万历四十年（1612）四月"至虎丘，购得赣蕙二本、珍珠兰一本、茉莉高七尺者二本"，有万历四十三年（1615）四月"泊虎丘，买得建兰二丛，茉莉二本，夹竹桃、珍珠兰各一本"。具体参见：李日华. 味水轩日记[M]. 叶子卿点校. 杭州：浙江人民出版社，2018：268，548.

③ 明代士大夫拜谒送礼须要有拜帖通问，如无人引荐，即便呈上拜帖，受赠方也未必会搭理。如华锡在任"邓川州幕官"时，便曾托名士都穆给彼时"执事司宪外台"送礼，信中云："帕二方、书四册，因无锡门生华锡之便，附将远意。锡新选邓川州幕官，适当治下，望以区区之故俯赐青目，幸甚幸甚。"由此可见，如无都氏引荐，华锡未必能见到所谓"执事司宪外台"。参见：上海图书馆. 上海图书馆藏明代尺牍 第1册[M]. 上海：上海科学技术文献出版社，2002：170. 有关明代名帖制度，可考参：潘建国.《金瓶梅》名帖考[J]. 上海师范大学学报，1994（1）.

送多发生在官员之间，而历日赠送也发生在官员之间或官员与其他士绅之间。其二为民间士绅。例如，前述的"老童、低秀"者。这些士绅往往都有一定的财力，否则无法刻印自己的书籍以为赠礼。因此，综合起来看，赠书者主要为社会上的中上层士人，而较少下层、贫困的士人。①

大体上说，以上关于赠书者身份的论述也符合"花草果蔬"的赠送者形象，但是这里有三点特殊之处须要补充：

第一，从官员赠礼来看，地方官员赠送"花草果蔬"的情况远远大于在京官僚。这主要是由于"花草果蔬"有着很强的季节性与地域性特点。换言之，地方官员由于地理位置的流动，可以获得不同地域的"土产"，由此作为礼物赠送。如李日华的友人曾"司教新城（今浙江省新登镇）"，该地距离分水县较近，且志书载"茶为多"，②故而李氏收到友人所寄"茶三裹"。③有时，明人在得知友人官任某地时，也会特地去信以求赠特产，钱谦益就曾向官任洛阳的友人寻求花卉："闻洛阳名花，多出贵治。而蜡梅之绝佳者，至十余种，安得多致数本，输我山中，佐老农老圃花时一笑乎？"④另一方面，在京官员相互赠送"花草果蔬"的现象倒也不是完全没有，只是在京官员的相互赠送更适合用接济来形容，尤其是蔬菜、茶叶等江南士人的生活必需品。从现存史料来看，大部分在京官员的生活其实都较为困顿，如徐光启家书中写道："只是米粮已尽。粮穿又未至，日逐在此借米吃，甚悬望耳。"⑤归有光更是形容北京物价为"珠米桂薪"，因此很多时候士人只能靠借债或友人的赠米来度日，"到京，体不甚佳，欲食新米，已得翔甫子钦来分惠。"⑥在这样的情况下，蔬果等食用性"花草果蔬"的相赠便不是为了品鉴，而是为了维持生命，如祁彪佳在京期间，曾受到他人接济蔬菜，"午后得贾道乾札慰，见饷以白葡萄、鸡蹤菜"，等到自己宽裕后，又会接济他人，"以手札与商八兄，馈

---

① 张升.以书为礼：明代士大夫的书籍之交[J].北京师范大学学报（社会科学版），2017（5）.
② （万历）新城县志 卷1 风土志[M]//中国地方志集成·善本方志辑 第1编第63册.影印本.南京：凤凰出版社，2014：77.
③ 李日华.味水轩日记[M].叶子卿点校.杭州：浙江人民出版社，2018：555.
④ 钱谦益.牧斋先生尺牍 卷1 至王符乾[M]//钱牧斋全集 第7册.上海：上海古籍出版社，2003：219.
⑤ 徐光启.徐光启诗文集 卷8 书牍[M]//徐光启全集 第9册.上海：上海古籍出版社，2010：300.
⑥ 归有光.归震川先生未刻稿 卷23 书[M]//归有光全集 第8册.上海：上海人民出版社，2015：453.

之蔬米"。①

第二，民间士人确实是相互赠送"花草果蔬"的主流，但是与书籍有较强的文化属性，从而限制了赠书行为只可能发生在士人圈不同，"花草果蔬"的赠送情况则亦可见到若干士人与下层百姓交流的情况。这主要是由于士人本身并不会过多参与"花草果蔬"的种植、栽培与收获，正如张岱所言"余生钟鼎家，向不知稼穑"，②相反，下层民众往往具有更为高超的花果种植技术，正所谓孔子语"吾不如老农""吾不如老圃"。那么，士人获取"花草果蔬"便必须经过与下层民众的交流。这些交流，部分是政治型的"花草果蔬"流动，即作为士人的园丁、花户，下层民众在封建权力的压迫下，必须将自己培育的花卉、蔬果等上交给士人，"园丁以杂花进，得红栀、水樨、紫鹃、石竹、翦春罗、十样眉、柳串鱼诸种"。③还有一些则通过经济型流通发生，如前面提到的花市虎丘，"虎丘人善于盆中植奇花异卉……春日卖百花，更晨代变，五色鲜浓，照映市中"。④此外，笔者亦在明人日记中偶见下层农户向士人赠送"花草果蔬"的情况，略举两例：《快雪堂日记》载"将至，遇一山民，吴姓，引至其家，云早桂已谢，此再发者尚未盛，过三四日始盛。三发为晚桂，在中秋前。折赠数枝而出"；⑤又《味水轩日记》载"圃人馈菊黄、白、紫、灿然列槛际。今岁夏潦甚，苗尽淹死，市中绝无担卖者"。⑥一般而言，这种下层农户向士人赠花的情况并不多见，而且具有相当的偶然性，很大程度上难以形成礼物的双向流动，即赠礼方（下层农户）并未通过赠礼行为进入士人的社交圈，这与普通士人间的赠礼行为完全不同，故而士人在日记中甚至未明确记下"山民""圃人"的姓名。⑦

第三，如果以与受赠者的关系来看，张升以方用彬为例，将赠书者的身份

① 祁彪佳.祁彪佳日记[M].张天杰点校.杭州：浙江古籍出版社，2017：12，29.

② 张岱.张岱诗文集（增订本）卷2 五言古诗[M].夏咸淳辑校.上海：上海古籍出版社，2014：43.

③ 李日华.味水轩日记[M].叶子卿点校.杭州：浙江人民出版社，2018：111.

④ （正德）姑苏志 卷13 风俗[M].天一阁藏明代方志选刊续编 第11册.影印本.上海：上海书店，1990：911.

⑤ 冯梦祯.快雪堂日记校注[M].王启元校注.上海：上海人民出版社，2019：82.

⑥ 李日华.味水轩日记[M].叶子卿点校.杭州：浙江人民出版社，2018：218.

⑦ 这种不具名现象也广泛存在于士大夫所撰写的农书、花谱中，尽管下层民众给士人提供了众多撰写这些文献的实物与技术手段，但是在士人撰写中却有意无意地忽略这些园丁、花户的名字，最多保留一个姓氏，这一行为亦体现了士人阶层的文化霸权，相关讨论可参考拙文：《牡丹、牡丹谱与晚明亳州社会——以〈亳州牡丹史〉为中心》。

分为族人、乡人、官员、友人、身份不明五类，这确实也囊括了"花草果蔬"
赠送者身份的绝大多数。[①]不过，在具体文献阅读中，笔者发现还有一类特殊
的人群其实在"花草果蔬"的赠送活动中也占有非常显著的位置，那就是僧
人。在明人日记与书札中，记载僧人赠送礼物的情况亦颇为常见，其中主要便
以茶叶为主，偶有花卉赠送的情况，这里以《味水轩日记》为例，略以下表3。

表3　《味水轩日记》所载僧人赠礼情况表[②]

时间	内容
万历三十七年三月二十七日	昭庆云山老僧寄余火前新芽一瓶
万历三十七年四月六日	昭庆寺僧云如送茶至
万历三十七年七月二十二日	海上僧量虚来，以普陀茶一裹贻余
万历三十七年十二月十三日	主僧古亭出迎，茶话久之，剪其庭中天竺一穗
万历三十八年五月十七日	普光寺僧一慈以盆荷四本来饷
万历四十年六月二十七日	湖僧印南来，贻松罗茶一缸
万历四十三年三月九日	老僧灯公来乞余书偈，贻余细蒲草、菊苗、稚松
万历四十四年四月二十三日	主僧云山贻手焙茶二小缶

　　理解这一现象，首先要了解明代士人与僧人之间的交流确实非常频繁，
尤其明朝中后期，陈垣先生形容为："万历而后，禅风浸盛，士夫无不谈禅，
僧亦无不欲与士夫结纳。"[③]而除了"谈禅"这种佛理交流之外，僧人想要结
交处于权力优势地位的士人，则必须通过必要的"物"作为中介，这个时候
"花草果蔬"，尤其是茶叶便充当了这种社交性工具。当时，佛寺僧人从事茶
叶生产的实例屡见不鲜，如冯时可《茶录》所载：

　　　　徽郡向无茶，近出松萝茶，最为时尚。是茶始比丘大方。大方

---

① 在《以书为礼：明代士大夫的书籍之交》中，张升的分类应该是具有普遍性的，如徐雁平利
　　用清代《管庭芬日记》考察"作为礼物的书籍"时，也认为："以管庭芬为中心的群体，内
　　部有多重脉络，如家族成员、亲戚、师友等，书籍大致依循这些脉络流动。"参见：徐雁
　　平.《管庭芬日记》与道咸两朝江南书籍社会[J].文献，2014（6）.
② 李日华.味水轩日记[M].叶子卿点校.杭州：浙江人民出版社，2018：13，14，29，66，
　　111，280，542，640.
③ 陈垣.明季滇黔佛教考（外宗教史论著八种）[M].石家庄：河北教育出版社，2000：334.

明代士人礼物交换中的"花草果蔬"——以日记、书札为中心

居虎丘最久，得采造法，其于徽之松萝结庵，采诸山茶于庵焙，远
迩争市，价倏翔涌，人因称松萝茶，实非松萝所出也。①

　　而这种松萝茶很快就进入了明人的礼物世界中，前引表3即有"湖僧印南
来，贻松罗茶一缶"，除了僧人之外，一般士人也会赠送这种出自僧人之手的
茶叶，如余德夫就以此茶送给李日华为礼："过余德夫，德夫从黄山回，极谈
峰岭之盛，因贻余松罗茶一瓶。"②

　　以上，笔者从赠礼者角度考察了赠送"花草果蔬"的身份特点。而从受
赠者角度来看，其身份是不言而喻的，即士大夫阶层。这主要是由于只有掌握
书写权力与能力的士大夫，才会留下较为丰富日记、文集、尺牍等材料，供我
们研究当时的礼物交换情况。因此，我们对于受赠者的考察，没有太多纠缠其
身份的必要，反而应该关注的是，在赠礼—受赠的社交场域中，受赠者的反应
如何，并且这一场域形成了何种权力与利益的变化。

　　根据一般的礼物理论，不仅赠礼行为是社会交往活动中所必需的，甚至
回礼——即礼尚往来——也是一种强制性行为，即莫斯所言："送礼和回礼都
是义务性的。"③首先，受赠者在赠礼行为发生之后，几乎必须接受礼物，任
何不接受礼物的行为都会被看作是不友好、不信任的讯号，尤其这种礼物赠送
发生在熟人社会中时更是这样。而一旦接受礼物的事实成立，社会交往的场域
便自然形成，在此场域之中，赠礼者与受赠者所具有的文化资本与经济资本
便会如多米诺骨牌一般产生交换活动。④最终，这种交换活动所造成的权力分
化，同样会由于受赠者的反应与赠礼者、受赠者的进一步交流而走向动态平衡
的局面，并等待下一次赠礼活动的发生。⑤

　　作为明人礼物中的一种，"花草果蔬"的赠礼活动自然无法逃脱上述理

---

① 郑培凯，朱自振.中国历代茶书汇编校注本[M].香港：商务印书馆，2014：336.
② 李日华.味水轩日记[M].叶子卿点校.杭州：浙江人民出版社，2018：102.
③ 莫斯.礼物：古式社会中交换的形式与理由[M].汲喆译.上海：上海人民出版社，2002：3.
④ 所谓场域，即社交行为发生后，所形成的权力斗争、交换与权力主体再塑造的过程与空间，
　　可参考：戴维·斯沃茨.文化与权力：布尔迪厄的社会学[M].陶东风译.上海：上海译文出版
　　社，2006：136-162.
⑤ 正如社会学家布劳所言："社会交换势必导致地位和权力的分化。……尽管交换中的相互性
　　概念意味着平衡力量——这种力量创造了一种趋向于均衡的张力——的存在，但各种平衡力
　　量的同时运作又不断地在社会生活中引起不平衡。"参见：布劳.社会生活中的交换与权力
　　[M].李国武译.北京：商务印书馆，2012：51.

论的制约。那么，受赠者要从事何种反应才能保证社交网络的持续呢？笔者认为可以分为以下两个角度讨论。

其一，一般性反应。正如第二节笔者所言，"花草果蔬"本身并不是什么价值连城的礼物，士人选择赠送花卉、蔬果给友人、亲人，大多情况下并无特殊的利益诉求，那么，受赠者在这一状况下，可以选择礼尚往来的赠礼行为，甚至很多"花草果蔬"的赠送，本身就是后发的赠礼活动。除此之外，最为简单的反应即回信札表示感谢，如冯梦祯回给赠送给他兰花的林尚㷫即短短一行："承饷兰，芬香郁然，映夺一室，此大惠也。"①当然，作为文人的士大夫偶尔也会在回信中略展文采，形容赠礼的品质优越，如王世贞收到黄淳夫所赠蔬果而写的回信："僮回启篋则柑香袭人，一遗仲蔚，一自供。至今鼻端拂拂有天际真人，想瓹菜色真如蓝天绿玉，啮之令水液流在齿牙，酒色肠子自洗涤，真大快也。恨乏曹子恒手笔形容之，使二妙沉郁耳。"②虽然王氏自谦没有文采形容，但是当时的士人其实很热衷给所收到的"花草果蔬"写诗题词，如文徵明即曾为友人送赠"闽兰"赋诗（题为《寄赠闽兰秋来忽发两丛清香可爱》）云："灵根珍重自瓯东，绀碧吹香玉两丛。"③

其二，专门性反应。当然也有一些"花草果蔬"的赠送，赠礼者有着较为明确的目的，他们希望受赠者可以给出符合自身期待的反应与回馈。上文提到，名士焦竑曾收到薛凤祥所寄送的牡丹，从焦竑的回信来看，薛凤翔并不是毫无目的地送礼，"读令器之言，弥生感奋，承命漫为传草，以往札中，直书原语。以令器超诣之言，自足不朽，不佞不欲没其实事。"④原来，薛氏试图请焦竑为其早逝的儿子作传，那么其所赠"名花珍玩"自然在一定程度上充当了经济资本，在赠礼形成的场域中，与焦竑所持有的文化资本进行了交换。又如前面所提到的沈自邠赠送给友人诸多"花草蔬果"（豆豉、辣菜、橙丁、茶叶、香蕈、风菱，等等），其目的乃是希望友人能给自己所附素扇的扇面上题字，"兹具二扇，奉乞妙笔"。⑤除了这种资本交换之外，赠礼者还希望受赠者能够通过赠礼进一步扩展社交网络，即"花草果蔬"作为礼物的第二次流

① 冯梦祯.快雪堂尺牍[M].邹定霞校注.成都：四川大学出版社，2017：28.
② 屠隆.国朝七名公尺牍 卷1 王凤洲先生前集[M].中国国家图书馆藏明万历文斐堂刻本：65.
③ 文徵明.文徵明集 卷10 七律四[M].周道振辑校.上海：上海古籍出版社，1987：267.
④ 焦竑.澹园集[M].李剑雄整理.北京：中华书局，1999：359.焦竑确实也在随后写了一篇薛凤翔儿子的传记，题为《薛童子传》。
⑤ 上海图书馆.上海图书馆藏明代尺牍 第5册[M].上海：上海科学技术文献出版社，2002：107.

转，这些流转部分是赠礼者希望受赠者所做的，因为这样的行为，可以使一种礼物承担了连接多个友人的任务，如冯梦祯曾寄送茶叶给周叔宗，同时，他又写了一份信给另一个友人黄贞甫："周叔宗书一缄，乞致之。寄彼庙后新芥一盏，如不损味，足下必共啜也。"①也就是说，冯氏希望黄氏也能品尝其送给周氏的茶叶。

以上可以说是礼物交换活动中受赠者的普遍行为，这种行为发生的背后逻辑，即认同礼物交换本身是一种利益/资本的交换，而这种交换在一定程度上来说，只是商业性行为的初级阶段，即以物易物。但是在明代中国的社交活动中，单纯从利益角度考量稍欠妥当，柯律格在分析文徵明社交圈中字画与礼物的交换时，认为："在这些历史情境中，礼物的逻辑与商品的逻辑同时并存。身处其间的社会行为者远比我们熟谙其中逻辑……"因此，文氏所持的文化资本并不能简单地用经济资本来衡量，礼物其实更多的只是交换活动中的习俗性表现，真正促成文徵明愿意写字作画的，还是与赠礼者的感情，"文徵明的作品并非无偿，但也不代表付得起价钱的人便可以轻易获得。"②这样来看，赠礼者所赠的礼物，在社交场域中实际交换的并不是某种"物"或利益，而是赠礼者与受赠者之间的感情。也正是在这一视角下，我们能够发现作为礼物的"花草果蔬"的独特一面，即相比于其他礼物（比如书籍），"花草果蔬"的赠送更适合表达、维系、深化、扩展士大夫之间的感情。

一方面，"花草果蔬"的赠送可以表达士人之间的一种关心情绪。上文提到，在京士大夫之间的蔬菜、茶叶赠送，更多的是接济性质，即是如此。除此之外，士人生病之时，赠送菜品改善伙食质量，也可算作接济行为，冯梦祯在给马龙河的信中写道："彼此卧病，不能晤对，怀哉伤哉！腊菜一坛奉上，谓不可无此味尔。"部分食用性"花草果蔬"具有"食疗"的保健功能，针对受赠者的身体状况，赠送合适的礼物，也是士人表达感情的一种方式，如冯梦祯赠送给周绳甫的枣："饷枣一盏，药草所煮，饵之已血疾，良验，惟试之。"③

另一方面，"花草果蔬"具有宽域分享性。书籍虽然是最符合士人身份

---

① 冯梦祯.快雪堂尺牍[M].邹定霞校注.成都：四川大学出版社，2017：291.

② 柯律格.雅债：文徵明的社交性艺术[M].刘宇珍译.北京：生活·读书·新知三联书店，2012：142，149.

③ 冯梦祯.快雪堂尺牍[M].邹定霞校注.成都：四川大学出版社，2017：34，123.

的礼物，但是考虑到明代民众识字水平较低，该礼物更多的是点到点的情感流动，几乎不能波及士人家中不识字的亲人与女性。相反，"花草果蔬"则没有这种"门槛"，文化层次较低的人也能够欣赏与享用。冯梦祯尺牍中便记录一则其妻子送给冯氏友人茶叶的例子："真龙井雨前茶一瓶，弟妇寄奉嫂氏者，乞为转致。"①而水果、蔬菜作为礼物赠送，不可能单单只有受赠者一人食用，往往是举家就食，如王世贞所收柑橘："使者以书及筐柑至，即分尝之，风味殊绝。得示收藏至三月间更佳，儿辈馋口，恐不能待也。"②这样一来，本来个人对个人的情感交流，就变成家庭甚至家族之间的羁绊。

因此，正是这种代表感情的特殊性，使得"花草果蔬"成为士人之间交往的礼物的重要原因。同时，根据一般的礼物理论，"物"能成为礼物的一个条件，其实还在于其稀缺性。根据已有的研究来看，至少明代花卉市场相对较为发达，根据邱仲麟的研究显示。

> 江南城市的花卉的市场，自十六世纪初起日趋蓬勃，交易圈由原来城郊供应城市，进而一百公里内的花卉也输入较大城市（如杭州）。而通过四通八达的水运交通，城市与城市之间形成花卉的交易网络……③

但就笔者实际的阅读经验来看，至少在日记中，士人表明自己通过商业途径购买花卉的情况仍然不多见。例如表1记载了万历四十年李日华所收"花草果蔬"的情况，共有七例，而当年李日华购买花卉的记载只有两处，分别是正月初一"买得杭兰"，四月二十一日"至虎丘，购得赣蕙二本、珍珠兰一本、茉莉高七尺者二本。"④相反，在一些士人日记中，反而大量记载他们向友人求要花卉的情况，例如祁彪佳在崇祯十三年（1640）分别向"山民""妻家""沈丈""沈友""金乳生""刘迅侯""外父"等等乞求各种各样的花

---

① 冯梦祯.快雪堂尺牍[M].邹定霞校注.成都：四川大学出版社，2017：93-94.
② 屠隆.国朝七名公尺牍 卷2 王凤洲先生续集[M].中国国家图书馆藏明万历文斐堂刻本：36.
③ 邱仲麟.花园子与花树店——明清江南的花卉种植与园艺市场[J]."中央研究院"历史语言研究所集刊，2007，78（3）.
④ 李日华.味水轩日记[M].叶子卿点校.杭州：浙江人民出版社，2018：237，268.

草。①另外，从徐光启的一封家信，可以看出当时想通过市场获取种种"花草果蔬"（包括药材），其实远非易事，如下。

　　乌白不知曾来否？亦可向浙种多讨几样种来，种出接之。但此意不可对浙中接白人说，恐他不肯拿来，毕竟移得一两株来为妙耳。……如麦门冬已自种，闻顾会浦家有鲜天门冬，种在西门观音堂内，可托人往觅其种。宿海有弟号俞心谷者，每常到怀庆买药材，可央宿海说，要他带些鲜生地及鲜何首乌、鲜牛膝、鲜山药，回来种之。来年薪蒉入南京，可托他向宁国王朋官讨贝母种。白术自种了，不消说，若要亦可到绍兴买的，易得也。山茱萸、酸枣仁、甘枸杞之类的，亦可用子自种之，川芎亦可用根就种，只要寻取当归、远志之类，可问人觅其种，我此中亦多方觅之也。又各种要用之药，凡成熟时，便可取了露，各种收藏。……江阴人来卖牡丹者，常有根带来，卖亦甚贱也，可寻买之。②

　　上文可见，明代士大夫的植物购买往往还会牵扯到技术的保密、人际关系的有无、地域的远近以及价格的高低，等等。因此，笔者认为，尽管"花草果蔬"的商品化与市场化已经逐步在明代发展起来，但是就明代士人的一般生活世界而言，他们通过市场购买到"花草果蔬"的途径仍然有限且受制繁多，这就造成了它们的相对稀缺性，同时也就为"花草果蔬"的礼物化提供了基础。我们可以说，"花草果蔬"在士人社会的流动，更多的是通过作为礼物的交换而发生的。

四、余　论

　　毫无疑问，"花草果蔬"属于重要的经济作物，因此对花卉、草木、蔬

---

① 祁彪佳. 祁彪佳日记[M]. 张天杰点校. 杭州：浙江古籍出版社，2017：422，426，433-435，454.

② 徐光启. 徐光启诗文集 卷8 书牍[M]//徐光启全集 第9册. 上海：上海古籍出版社，2010：308-309.

果的研究自然可以归类为"作物史"的研究之下。李昕升在一篇书评里曾经提到"未来作物史研究"应该逐步从粮食史向蔬菜史、果树史转移，而李氏在此问题上也身体力行地对南瓜史进行了详细的研究。①同时，在一篇学术综述中，他又从方法论的角度，指出现有的作物史研究过多侧重于"内史"（即技术史），而忽略了作物与政治、经济、文化、社会方面的互动。②陈明在评价李昕升著《中国南瓜史》时，可以说呼应了后者的见解："作物的引种不仅是自然形成的，还具有强烈的社会互动性。"③进一步来看，这种作物的"社会互动性"研究不应该仅仅停留在"引种"阶段，换言之，目前的作物史研究不是不重视作物的传播，相反，如南瓜、花生、西瓜等作物的引种传播路线已经取得了相当的成绩，④而是农业史学者过于将眼观放在作物的诞生时期（即引种路线、种植技术），文化史学者又过多看重作物的品鉴、品尝所形成的文化氛围（即作物的消亡），这在一定程度上造成了对作物研究的"生命链断裂"，⑤即前文所说的，忽略了作物收获后至人类品尝、品鉴前的过程。

本文即以"花草果蔬"为例，首先讨论了这些经济作物在人类社会的三种流动形式，为了更直观地表达，笔者制作了表4，仅供参考：

表4　"花草果蔬"的三种流动模式表

模式	流动动力	作物身份	流动路径
政治型流动	权力	贡物	上级—下级
经济型流动	金钱	货物	购买者—消费者
文化型流动	人情	礼物	赠礼者—受赠者

---

① 李昕升，王思明. 评《中国古代粟作史》——兼及作物史研究展望[J]. 农业考古，2015（6）.

② 李昕升，王思明. 近十年来美洲作物史研究综述（2004—2015）[J]. 中国经济史研究，2016（1）.

③ 陈明. 作物史研究的历时性与共时性分析——评《中国南瓜史》[J]. 农业考古，2017（4）.

④ 南京农业大学中国农业遗产研究室的大量博硕论文基本都涉及若干作物的引种路线与种植技术的研究，这里碍于篇幅不繁引。

⑤ 这里的"生命链断裂"问题，笔者主要受到张升对于"藏书链"关注的启发，张升提到："藏书链是我们研究藏书的重要一环。我们可以通过藏书链了解藏书主体的变化，书的传递、易手经过及书的散佚情况。"当然，我们不可能如同书籍一般去还原"花草果蔬"的收藏链条，但是可以以此为思路，去考察它们的流传情况，本文提到的赠礼即一种，此外，还有如继承、偷窃，等等，都值得进一步研究。参见: 张升. 历史文献学[M]. 北京: 北京师范大学出版社，2016: 127.

相对于政治型流动牵扯到的封建关系与经济性流动涉及的商品贸易，目前对于作物的文化型流动的讨论则较为欠缺。而从上文的讨论来看，作为作物的"花草果蔬"在明人的生活世界中，很大程度上是作为礼物在社交场域中流动的。那么，这里触及的问题便是，来源于自然界的作物是如何完成自身的"礼物化"呢？

笔者在上文的讨论里，其实从两个层面回答了这一问题：其一，赠礼者对于"花草果蔬"的加工，这里既有比较深度的食用性蔬果的制作，也有相对轻度的采摘活动，例如，明人赠送茶叶时往往会强调这些茶叶乃是自己"手摘"，如《味水轩日记》载："沈心江住吴兴山中，寄手摘茶一裹。"[①]而亲自种植之物，无论是个人感情还是他人感情都会寄托于其上，如文徵明曾对祖母所种梅树赋诗："百年佳树未凋零，手泽聊存阿母灵。"[②]其二，在彼时的文化氛围中，某些"花草果蔬"本身就有特殊的符号内涵，这些符号内涵甚至不用在所寄信件中明说，受赠者便能领会其意，如茶叶之于禅理，兰花之于君子，皆是如此，王世贞在收到鲁长洲的茶叶后，回信便以佛理喻之："承损饷新茗领讫。论及出处具见超脱，仆尝与陈甫亭银台言有应迹而无住心，则居士之与宰官何别？"[③]而冒辟疆的小姬亦能以兰花譬喻情感，在其所赠兰花的书信中，她写道："见兰之受露，感人之离思"。[④]由此可见，作为自然之物的"花草果蔬"在经过人类的实体加工与符号赋予之后，便从单纯的作物走向了可以进入士人社交网络中流转的礼物。有趣的是，士大夫往往赠送"花草果蔬"为了表明一种对自然的亲近与模仿，除了花草品鉴所带来的"雅适"之外，[⑤]明人在饮食方面的野味倾向，也表明了这一点。[⑥]但是，悖论之处正在于制造人类所谓自然感觉的自然之物（花草果蔬）实际在流通过程中已经被人类"去自然化"了。

因此，我们可以说相较于作物在各地的引种传播来说，作物作为礼物而在人类社会的社交网络中流动具有更为复杂的面向。尤其是考虑明代与当代社

---

① 李日华. 味水轩日记[M]. 叶子卿点校. 杭州：浙江人民出版社，2018：365.

② 文徵明. 文徵明集 卷8 七律二[M]. 周道振辑校. 上海：上海古籍出版社，1987：177.

③ 屠隆. 国朝七名公尺牍 卷2 王凤洲先生续集[M]. 中国国家图书馆藏明万历文斐堂刻本：72.

④ 冒辟疆. 冒辟疆全集[M]. 南京：凤凰出版社，2014：570.

⑤ 如陈宝良所言："明代士大夫的托物寄志，大抵以竹木、花草、动物三类为主。"参见：陈宝良. 雅俗兼备：明代士大夫的生活观念[J]. 社会科学季刊，2013（2）.

⑥ 即刘志琴所言的，明代士人对于"淡味""清味"的再发现，具体参见：刘志琴. 明代饮食思想与文化思潮[J]. 史学集刊，1999（4）.

会都存在着"物"的崛起的现象，①似乎研究者更应该也更可能把握"物"的生命周期，正如鲍德里亚所言："在都市文明里，一代一代的产品，机器或新奇无用的玩意儿，层层袭来，前赴后继，相互取代的节奏不断加快；相形之下，人反而变成一个特别稳定的种属。"②其实，这并不是现代社会的特例，在明代，"花草果树"也在较短的时间段里不断翻新自己，例如亳州牡丹，"永叔记洛中牡丹三十四种，邱道源三十九种，钱思公谱浙江九十余种，陆务观与熙宁中沈杭州牡丹记各不下数十种，往严郡伯于万历己卯谱亳州牡丹多至一百一种矣，今且得二百七十四种。"作者薛凤翔对于这一现象，写下了一个很好的形容："虽人因花而系情，花亦因人而幻出。"③而在这不断"幻出"的背后，究竟是人控制了"物"，还是"物"幻化了人类的思维世界，这就要求我们在破除学科（技术史、社会史、文化史）藩篱的基础上，去还原"花草果蔬"，乃至一切作物、植物的生命历程。它们的生命周期，不仅仅是单纯的开花、结果、凋谢，而是复调的，它们可能曾经作为"贡物"上贡，也可能被胥吏偷盗作为"货物"倒卖，最后又被士人购买并作为"礼物"送出。因此，研究者需要注意的是，"花草果蔬"的生命史不是只有一种生命史，而是具有"很多的"生命史。

明代士人礼物交换中的『花草果蔬』——以日记、书札为中心

① 赵强，王确. "物"的崛起：晚明社会的生活转型[J]. 史林，2013（5）.

② 鲍德里亚. 物体系[M]. 林志朋译. 上海：上海人民出版社，2018：1.

③ 薛凤翔. 牡丹史[M]. 李冬生点校. 合肥：安徽人民出版社，1983：18，86.

从图画资料看中国结球大白菜的性状演化

龚　珍　王思明

　　大白菜是中国本土培育出来的独具创造性和代表性的蔬菜。学界对大白菜演化过程的研究已经取得了一定的进展与共识，但也因为缺少足够的史料，在大白菜起源与演化等问题上尚存争议，尤其是大白菜培育史上具有标志性意义的结球大白菜的出现时间。李家文认为结球大白菜迟至清代才有正式的记载。[①]刘宜生则是推断结球大白菜培育而成的时间大约为13世纪左右。[②]叶静渊则凭借《戒庵漫笔》（1505—1593）的记载将结球大白菜出现的时间推到了明中叶——15世纪或16世纪初。[③]

　　由此，判断结球大白菜出现时间的依据就聚焦在了《戒庵漫笔》的这条记载上："杭州俗呼黄矮菜为花交菜，谓近诸菜多变成异种，民间常以此詈人"。据此，叶静渊认为"诸菜多变成异种"指的是相近种之间的"串种"现象。换言之，黄芽菜与相近的白菜品种天然杂交，从而发生了变异。产生这种现象的前提是黄芽菜（即黄矮菜）已经天然形成了一个品种，从而也就标志着结球大白菜的诞生。

　　但是，这条材料作为证据来倒推黄芽菜已然形成的说服力还稍显不够。"变"是杂交的痕迹不太明显，白菜因在当时已很常见，故又常被直呼为

　　作者简介：龚珍（1986—），四川成都人，中国史博士、农业史博士后，西华大学文学与新闻传播学院讲师，研究方向为农业图像史、作物栽培史。王思明（1961—2022），湖南株洲人，生前为南京农业大学中华农业文明研究院院长、教授、博士生导师，主要从事农业史和农业文化遗产保护研究。

① 李家文. 中国的白菜[M]. 北京：农业出版社，1984：6，32-33.

② 刘宜生. 大白菜史话[J]. 世界农业，1984（6）.

③ 叶静渊. 从杭州历史上的名产"黄芽菜"看我国白菜的起源、演化与发展[M]//华南农业大学农业历史遗产研究室. 农史研究 第9辑. 北京：农业出版社，1990：1-83. 叶静渊. 明清时期白菜的演化与发展[J]. 中国农史，1991（1）.

"菜"。①所以，"诸菜多变成异种"还存在着一层可能性：传统白菜品种变为"异种"（黄芽菜）。因为同时期软化栽培而来的黄芽菜也被当时人称为"白菜别种"，但这并非天然杂交而成的。②并且，与《戒庵漫笔》同时期关于黄芽菜的史料也都只是软化栽培技术的记载，所以旁证也显得不够。③这条孤证立或不立，均需新材料来推进。

众所周知，遗传性状向来是分类法判别植物品种的重要依据。目前关于大白菜性状判断的依据大多来自文字描述，但是文字记录天然地具有一定的模糊性，不同的人容易导向不同的评判。而在另一方面，有一些植物凭借在传统文化中较高的出现频率，在文字描述外还留下了一些历史图画材料，而这些较为直观的资料对于研究性状来说是非常有益的。罗桂环对《图经本草》中的白菜配图仔细研究，认为图画含有两点信息："一是心叶向内翻转；二是叶柄有翼，不是小白菜。"④这种以图证史的方式给了我们启示。这篇小文即是聚焦于此，希望图画材料能为结球大白菜的演变研究提供一些材料支撑。

一、本草与农书所见白菜性状

关于白菜的记载可上溯至汉末六朝时期的"菘"。《南齐书》记载："武陵王晔性清简，尚书令王俭诣晔，留俭设食，盘中菘菜、鲍鱼而已。"⑤同书还记："周颙清贫寡欲，终日长蔬……文惠太子问颙：菜食何味最胜？颙曰：春初早韭，秋末晚菘。"⑥可见菘菜在当时的南方已经很常见，才能成为

---

① 方以智.通雅 卷44 植物[M].北京：中国书店，1990：535a."古谓菜为葵，晋以来曰菘。"
② 王象晋纂辑.群芳谱诠释[M].伊钦恒诠释.北京：农业出版社，1985：48."黄芽菜，白菜别种，叶茎俱扁，叶绿茎白，惟心带微黄，以初吐有黄色，故名黄芽。燕京圃人以马粪壅培，不见风日，苗叶皆嫩黄色，脆美无滓，佳品也。"
③ 李时珍.本草纲目[M].北京：人民卫生出版社，1975：1605."燕京圃人又以马粪入窖壅培，不见风日，长出苗叶皆嫩黄色。脆美无滓，谓之黄芽菜，豪家以为嘉品，盖亦仿韭黄之法也。"谢肇淛.五杂组[M].傅成校点.上海：上海古籍出版社，2012：203."京师隆冬有黄芽菜、韭黄，盖富室地窖火炕中所成，贫民不能办也。今大内御膳，每以非时之物为珍，元旦有牡丹花，有新瓜，古人所谓二月中旬进瓜，不足道也。其他花果无时无之，盖置炕中，温火逼之使然。"
④ 罗桂环.大白菜产生时间和地点的史料分析[J].自然科学史研究，1992（2）.
⑤ 萧子显.南齐书 卷35 武陵昭王传[M].乾隆武英殿刻本：5b.
⑥ 萧子显.南齐书 卷41 周颙传[M].乾隆武英殿刻本：11a，12b.

代表"清简""清贫"的食物。当时菘菜的分布范围还大致限于南方,《齐民要术》的"蔓菁"条下才附有菘,属于简略带过。这种情况与唐《新修本草》后不断流传"菘菜不生北土,有人将子北种,初一年半为芜菁,二年菘种都绝;将芜菁子南种,亦二年都变,土地所宜,颇有此例"的记载相互印证。[①]

宋代郑樵说:"古之学者为学有要,置图于左,置书于右,索象于图,索理于书。"[②]图、书相配,实为常态。《齐民要术》与《新修本草》虽未留下菘菜的插图,却开启了农书与本草记载菘菜的传统(图1至图3)。

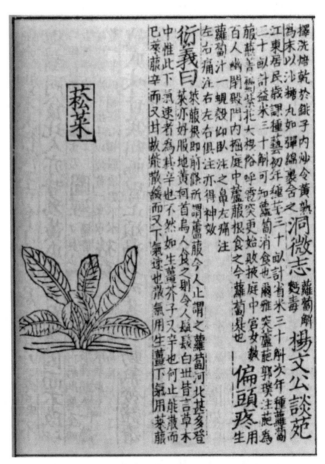

图1 菘菜,(宋)唐慎微《重修政和经史证类备用本草》,
蒙古定宗四年(1249)张存惠晦明轩刻本

① 尚志钧辑校. 新修本草 辑复本[M]. 第2版. 合肥: 安徽科学技术出版社, 2004: 267.
② 郑樵. 通志二十略[M]. 王树民点校. 北京: 中华书局, 1995: 1825.

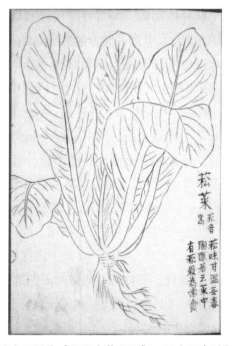

图2　菘菜，（宋）王继先《绍兴本草图画》，日本江户时期（1830）写本

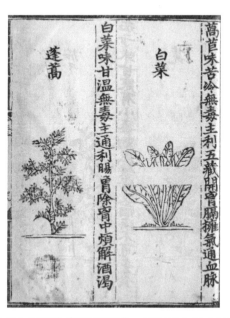

图3　白菜，（元）忽思慧《饮膳正要》，明景泰七年（1456）内府刊本

"菘"是对白菜早期种的称谓。经过世世代代的培育，"菘"的名称虽然还在使用，但实际内涵已大大丰富，成为包括小白菜、大白菜诸多品种的一个总称。北宋时，苏颂奉命考订旧籍，四年而成《图经本草》（1061），记"菘"时说："旧不载所出州土。今南北皆有之……而今京都种菘类南种，但肥厚差不及耳。扬州一种菘，叶圆而大，或若箑，啖之无滓，绝胜他土者，此所谓白菘也。又有牛肚菘，叶最大厚，味甘，疑今扬州菘。近之紫菘，叶薄细，味小苦，北土无有。菘比芜菁有小毒不宜多食，能杀鱼腥，最相宜也。多食过度，惟生姜可解其性。"[①]唐《新修本草》菜部就曾介绍过三种菘的性状："菘有三种，有牛肚菘，叶最大厚，味甘；紫菘叶薄细，味少苦；白菘似蔓菁。"《图经本草》似是对此三品种进一步描述。而"今南北皆有之"，还透露出白菜已经向北方扩张。此外，《图经本草》还提供了白菜的配图（收录于《证类本草》，图1），据此，罗桂环认为散叶大白菜已经出现了。[②]

宋元时期《绍兴本草》（1157，图2）和《饮膳正要》（1330，图3）配图中的白菜已不再是塌地而生的形态，开始了外叶向上拢起，往抱合方向发展的趋势。这种趋势在明中期的《本草纲目》（1552—1578）中还能看到。李时珍的白菘图（图4）描绘的是普通白菜的形态，与宋元时期相比差别不大，依旧保持收束的趋势但未结球。同一时期，明王世懋《学圃杂疏》（1587）记载："大都今之东菜，如郡城箭杆菜之类皆可称菘，箭杆虽佳，然终不敌燕地黄芽菜，可名菜中神品。其种亦可传，但彼中经冰霜以蓬庐覆之，叶脱色改黄而后成，此却不宜耳。"[③]除了覆盖遮挡物，谢肇淛（1567—1624）还介绍了成本高昂的火坑温室："京师隆冬有黄芽菜、韭黄，盖富室地窖火炕中所成，贫民不能办也。今大内进御，每以非时之物为珍，元旦有牡丹花，有新瓜，古人所谓二月中旬进瓜，不足道也。其他花果无时无之，盖置炕中，温火逼之使然。"[④]可见，黄芽菜只限于北方，且此时的黄芽菜是经人工黄化处理的成果，与图片资料所示的一般情况相符合。这就与叶静渊对于结球大白菜出现的时段判断出现了抵牾。

① 胡乃长，等辑注. 图经本草 卷17 菜部[M]. 福州：福建科学技术出版社，1988：507-508.
② 罗桂环. 大白菜产生时间和地点的史料分析[J]. 自然科学史研究，1992（2）.
③ 王世懋. 学圃杂疏[M]. 北京：中华书局，1985：11.
④ 谢肇淛. 五杂俎[M]. 傅成校点. 上海：上海古籍出版社，2012：203.

图4　白菘，《本草纲目》，明万历二十四年（1596）金陵胡承龙刻本

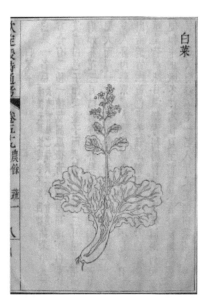

图5　白菜，《授时通考》，清乾隆七年（1742）武英殿刊本

到了明末，《农政全书》（1628）关于菘菜的记载只有寥寥几句："乌菘菜，八月下种。九月下旬，治畦分栽。夏菘菜，五月上旬撒子，粪水频浇，密则芟之。"[1]乌菘菜和夏菘菜均为新的不结球大白菜的类型和品种。[2]《农政全书》的作者徐光启是一个具有科学实验精神的农学家，他不仅肯定了人力在农业生产中的主体性地位，还特别执着于高产作物的改良和推广。[3]作为上海人，徐光启万不能不知《戒庵漫笔》（1505—1593）所记的杭州名菜"黄矮菜"，《农政全书》不书此菜的最大可能是结球大白菜尚未培育成功。

清时，乾隆钦定鄂尔泰等人修纂《授时通考》（1737），汇编农业资料，其中"白菜"条记载颇为详细：

> 燕、赵、辽阳、淮、扬所种者最肥大而厚，一本有重十余斤者。南方者畦内过冬，北方多入窖内。燕京圃人又以马粪入窖壅培，不见风日，长出苗叶皆嫩黄色，脆美无滓，谓之黄芽菜，乃白菜别种。[4]

提到黄化处理而来的"黄芽菜"乃"白菜别种"。当然，《授时通考》虽是官修农书，质量却不甚可靠。与《本草纲目》对比，其白菜的配图（图5）可能是通过想象或自他书转绘得来，与实际情况出入极大，游修龄认为此书质量远逊于清末吴其濬的《植物名实图考》。[5]

稍晚于《授时通考》的《农圃便览》（1755），作者是山东日照人丁宜曾，他在科举失败后留在了家乡经营田地，种植白菜、黄瓜、水芦菔、茼蒿、蔓菁、瓢儿菜、菠菜等蔬菜。并且，他还在九月"糟白菜"，十月立冬日"草束窝心白菜"，十月小雪又"刨窝心白菜""腌白菜""脆白菜"，并且用窝心白菜做菜齑等。[6]那么，山东出现的这种"窝心白菜"是否为结球大白菜？

① 徐光启.农政全书[M].石声汉点校.上海：上海古籍出版社，2020：579-580.
② 中国农业科学院，南京农业大学中国农业遗产研究室太湖地区农业史研究课题组编.太湖地区农业史稿[M].北京：农业出版社，1990：275.
③ 王士良.天时、地利、物性、人力的四位一体——论徐光启《农政全书》中的农业生态观及其思想史意义[J].自然辩证法研究，2017（7）.
④ 马宗申校注.授时通考校注 第3册[M].北京：农业出版社，1993：416.
⑤ 游修龄.评《授时通考》校注[M]//游修龄.农史研究文集.北京：中国农业出版社，1999：182-188.
⑥ 丁宜曾.农圃便览[M].王毓瑚校点.北京：中华书局，1957：58，80，94-96.

遗憾的是，该农书并未配图。

约一个世纪后，备受赞誉的《植物名实图考》修成（1841—1846）。作者吴其濬酷爱植物，宦游四方，收集标本，亲自培育野生植物，七年而成此书，故质量颇高。其中，关于白菜的"菘"条记载："又菘以心实为贵，其覆地者，北人谓之穷汉菜，亦曰帽缨子，诚贱之也。"然而，北方常见的这种"实心"大白菜的图画（图6）却显然不够紧实，且并未结球。这种画法不可能是艺术处理方式造成的不准确，因为同书"葵花白菜"条还记载："葵花白菜生山西，大叶青蓝如劈蓝，四面披离，中心叶白，如黄芽白菜，层层紧抱覆碗，肥厚可爱。"①这种"层层紧抱覆碗"的葵花白菜的图画（图7）与文字记载相一致。据此可知，《农圃便览》至《植物名实图考》的一百来年，所谓的"窝心""实心"的大白菜的"心"是指这一时间段的白菜发育出来的菜心，但是这个时期的大白菜普遍未能完整结球。

图6　菘，小野职悫重修《植物名实图考》，日本明治十六至二十年（1883—1887）刊本

---

① 吴其濬.植物名实图考[M].北京：商务印书馆，1957：68-69.

图7　葵花白菜，小野职悫重修《植物名实图考》，
日本明治十六至二十年（1883—1887）刊本

二、文人果蔬图所见白菜性状

　　古代文人晴耕雨读的志向与灌园学农的隐士情状，使得日常生活中的果蔬也成为文人画常见的题材。"菘菜北种，初年，半为芜菁，二年，菘种都绝，芜菁南种亦然"。[①]这种性状难辨的情况，在当时的文人画中也有表现（图8）。芜菁作为根茎类蔬菜的代表，根茎非常发达（图9），与图9显示为叶菜形态颇有不同，图8的"芜菁"更可能是菘菜。

---

①　陆佃. 埤雅 卷16 菘[M]. 北京：中华书局，1985：400.

图8　《萝卜芜菁图》（局部），传（南宋）牧溪，日本三の丸尚藏馆藏

图9　芜菁，（明）文俶《金石昆虫草木状》，明万历年间彩绘稿本

　　宋代初年，《清异录》记载："江右多菘菜，斸笋者恶之，骂曰'心子菜盖笋奴菌妾也'。"到了清代大白菜开始结球的时候，吴其濬猜测《清异录》的记载："詈曰'心子菜'，盖笋虚而菘实中也。"罗桂环等人也认为"心子菜"即为包心大白菜已经出现了。[①]

　　反观前文的脉络梳理，结球大白菜在宋代不太可能培育成功。江右（江西）出现白菜的记载可以追溯至南宋时杨万里的《进贤初食白菜因名之以水精

————————

①　罗桂环.大白菜产生时间和地点的史料分析[J].自然科学史研究，1992（2）.

菜云二首》："新春云子滑流匙，更嚼冰蔬与雪薤。灵隐山前水精菜，近来种子到江西。""江西菜甲要霜栽，逗到炎天总不佳。浪说水菘水芦菔，硬根瘦叶似生柴。"①这是文献中"白菜"名字的第一次出现。"江西菜甲要霜栽"，这时白菜种植季节已经被固定为霜后，霜降是秋季向冬季过渡的日子。一般来说，越冬的结球大白菜种植于八月底九月初，才能保证营养生长和生殖生长的顺利进行。与大白菜相比，小白菜的生长周期则缩短了近一半，故种植时间会更加自由，杨万里笔下的"水精菜"的种植时间明显地过于靠后了。而此菜"硬根瘦叶似生柴"的性状与结球大白菜发达的叶片形态也存在明显的冲突，所以这里的"水精菜"是小白菜的可能性更大。所以，《清异录》这种"心子菜"应该与《农圃便览》的"窝心""实心"白菜一样，指的是白菜中部正在发育的菜心，这可以在《野蔬草虫》（图10）中看出一些眉目。

晚一点的还有美国弗利尔美术馆藏的《水墨白菜图》（图11）。《水墨白菜图》旧题为北宋高怀宝的作品，但经过美国弗利尔美术馆考证，实为元末明初14—15世纪的作品。如图所示，图中所绘的白菜外叶拢起，与《图经本草》菘菜图相比，茎叶成束，形态与小白菜相似，但是茎干部分已经明显发育出了叶翅。同样在元末明初的还有《菜蝶图》（图12），顾瑛（1310—1369）笔下的白菜叶子在拢起的基础上已经出现了叶肥茎阔的形态。

图10 《野蔬草虫》，（南宋）许迪，台北故宫博物院藏

---

① 杨万里. 杨万里集笺校[M]. 辛更儒笺校. 北京：中华书局，2007：1334.

图11　《水墨白菜图》（元末明初）　　　图12　《菜蝶图》，（元）顾瑛，
　　　佚名，美国弗利尔美术馆藏　　　　　　　　香港萧寿民藏

　　明代文人继承了画白菜的传统，尤以江南地区为盛。例如沈周（1427—1509）的《辛夷墨菜图》（图13），陈淳（1483—1544）的《白阳水墨花卉册》（图14），文俶（1595—1634）的白菜图（图15）、菘菜图（图16），展现的均旧是不结球的小白菜的形态。在元末明初《水墨白菜图》的基础上，叶片进一步发育变大。在文俶工笔白菜图（图15）的右上角提有"年末小春日"，与当代结球大白菜的培育时间相一致。文俶是文徵明玄孙女，长成后嫁给赵宧光之子赵均（字灵筠）。钱谦益曾在赵灵筠墓志铭中记载文俶其人："所见幽花异草，小虫怪蝶，信笔渲染，皆能模写性情，鲜妍生动。"[1]可见，文俶是一位基于日常观察的写实画家。值得我们注意的是，文俶的两张图所示的茎叶有明显的不同，白菜图粗壮，白菘图颇细，这应该展示的是白菜在漫长的分化演进阶段中展现出来的性状多样性。

---

①　钱谦益. 牧斋初学集 卷55 墓志铭六[M]. 上海：上海古籍出版社，1985：1382.

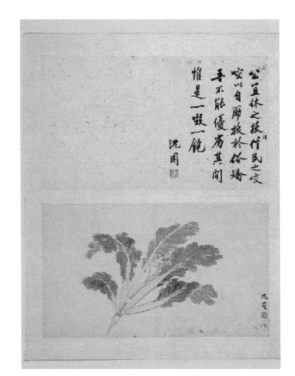

图13 《辛夷墨菜图》，（明）沈周，台北故宫博物院藏

图14 《花卉册》，（明）陈淳，上海博物馆藏

图15 白菜，（明）文俶，安徽东方2014迎春古今书画拍卖会

图16 菘菜，（明）文俶《金石昆虫草木状》，明万历年间彩绘稿本

  与文俶一样，八大山人朱耷也是一位颇具观察力的果蔬画家，他在"钝汉"之外，还有一方"灌园长老"印自表。朱耷（1626—1705）于康熙三十八年（1699）所作的《传綮写生》白菜（图17），寥寥数笔勾勒中菜心的所在位置，与文俶所绘的白菜的分化阶段相似，均在结球大白菜的前一阶段。

从图画资料看中国结球大白菜的性状演化

图17　《传綮写生》（白菜），（清）八大山人，台北故宫博物院藏

图18　《花卉册页》之白菜，（清）恽寿平[①]

　　同时期，还有恽寿平（1633—1690），江苏武进（常州）人，创常州派，为清朝"一代之冠"。恽寿平笔下的白菜茎叶（图18）进一步发展，与文俶的菘菜图很相似。到王武（1632—1690）的笔下，白菜茎叶（图19）已经聚合在了一起。但是要到清代"扬州八怪"李鱓（1686—1756）的花果册中（图

---

① 杨建峰.中国历代书画名家经典大系 第1辑 恽寿平[M].南昌：江西美术出版社，2009：331.

20），才真正演化出了结球大白菜，开启了结球大白菜的文人画时代。

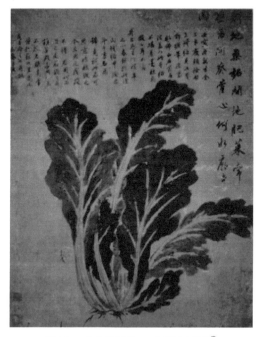

图19　《白菜图》，（清）王武①

图20　《花果册》（局部），（清）李鱓，美国弗利尔美术馆藏

从图画资料看中国结球大白菜的性状演化

三、小结与余论

不可否认，图画材料与一般的文献材料一样，相较于历史事件具有一定的滞后性。但是，明末清初的大白菜图画序列脉络清晰，此外还有准确度较高的《植物名实图考》作为参照，据此，我们可以合理推测结球大白菜出现的时间当在李鱓的花果册前不久的17世纪中叶。

《植物名实图考》的成书年代（约1841—1846）比李鱓（1686—1756）晚了一个多世纪，所画的白菜却与王武（1632—1690）的白菜画更相近，远不及李鱓笔下的结球大白菜分化的程度。吴其濬其人，宦游四方，那么他所记的就当是普通大白菜的模样，从这个层面来说，李鱓笔下的大白菜就应该是扬州的地方品种。即便江南地区存在悠长的画白菜的传统，但都未在李鱓之前出现结球大白菜的文人画，这或许是扬州为白菜分化和结球大白菜发源地的旁证。[①]

明代陆容（1436—1494）《菽园杂记》记载："菘菜即白菜，今京师每秋末比屋腌藏以御冬，其名箭杆者，不亚苏州所产。闻之老者云：永乐间（1403—1424），南方花木蔬菜种之皆不发生，发生者亦不盛。近来南方蔬菜，无一不有，非复昔时矣……今吴菘之盛生于燕，不复变而为芜菁，岂在昔未得种艺之法，而今得之邪？抑亦气运之变，物类随之而美邪？"[②]认为菘菜在北方的推广是永乐之后的事情。此后，菘菜在北方发展十分迅速，栽培区不断扩大，到了16世纪初宁夏也有了白菜栽培。[③]这一切都要得益于陆容所说的"种艺之法"。但是地域范围的扩大给散叶大白菜带来了新的挑战，谢肇淛（1567—1624）在《五杂俎》中记载："大率北方花木，过九月霜降后，即掘坑堑深四尺，置花其中，周以草秸而密壅之，春分乃发，不然即槁死矣。"[④]正是由于天气寒冷，北方群众开始使用地窖火坑保存"黄芽菜"，大白菜耐寒品种的选育已势在必行。

扬州历来盛产优良的大白菜。宋时苏颂《图经本草》记载："扬州一种菘，叶圆而大或若箕，啖之无滓，绝胜它土者，此所谓白菘也。又有牛肚菘，

---

① 罗桂环.大白菜产生时间和地点的史料分析[J].自然科学史研究，1992（2）.
② 陆容.菽园杂记[M].北京：中华书局，1985：77.
③ 范宗兴签注.弘治宁夏新志[M].银川：宁夏人民出版社，2010：20.
④ 谢肇淛.五杂俎[M].傅成校点.上海：上海古籍出版社，2012：188.

叶最大厚，味甘。疑今扬州菘近之。"①元末明初陶宗仪《南村辍耕录》续记："扬州至正丙申、丁酉间，兵燹之余，城中屋址遍生白菜，大者重十五斤，小者亦不下八九斤，有膂力人，所负才四五窠耳。"②扬州所产白菜的品质与数量都超绝于当时，这与当地的地理环境不无关系。一直延续到了新中国成立后，"东乡萝卜西乡菜，北乡葱、蒜、韭，南乡瓜、茄、豆"，西乡农民利用瘦西湖的土质和水质精耕细作，种植出来的叶菜堪称一绝。③此外，扬州处江淮亚热带季风性湿润气候向温带季风气候的过渡区，兼具南北地理气候特点。并且扬州东沿运河，水陆交通的便利招致南北商贾云集，商业、文化的高度融合易于推动文化创新，从而具备了回应南、北需求的能力。

依据状态的不同，大白菜拥有过多种不同的称呼，诸如《潮连乡志》记载："白菜一名菘……中出一枝，割取弃其旁叶，名菜心。旁复生芽，名菜耳，以盐腌之，名咸菜；以滚水浇之，屡蒸屡晒，名霉菜；或曝之使干，名菜干，味俱佳，乡间处处有之。"④依据传统的命名方式，"黄芽菜"因人工软化的状态而得名，后因袭成为了结球大白菜的品种名，同一称呼掩盖了品种变迁的事实。

模糊理论告诫我们，对事物进行绝对精确的描述和规定实际上是不可能实现的，这造成了史学研究循名责实的困境。对此，图画材料或可提供一些证据进行校正。当然，图画材料也会囿于作者的主观认知水平而存在不足，例如上文所述《授时通考》所画的白菜图。然而不可否认，这种情况在文献材料中也存在，甚至有可能更多，却并未妨碍长久以来以文本为中心的史料研究方法。图画具有独特的功能与价值，正确利用或有利于当前研究。

① 胡乃长，等辑注.图经本草 卷17 菜部[M].福州：福建科学技术出版社，1988：507-508.
② 陶宗仪.南村辍耕录[M].上海：上海古籍出版社，2012：253.
③ 程裕祥.建国后扬州城郊的蔬菜生产[M].江苏省政协文史资料委员会，扬州市政协文史资料委员会.扬州建国后史料专辑 万象更新.南京：江苏文史资料编辑部，1997：178-193.
④ 卢子骏.潮连乡志[M].香港：香港林瑞英印务局铅印本，1946.

从图画资料看中国结球大白菜的性状演化

水磨与北宋茶叶的加工消费

方万鹏

唐代画家阎立本（约601—673）绘有《水磨图》，是有文字记载可循的中国历史上最早的水力磨坊图卷，但因失传今人已不得见。元人胡行简（生卒年不详，1342年中进士）有诗《题笃御史所藏阎立本〈水磨图〉》云："混沌昔初辟，玄黄奠两仪。大化自摩荡，万古常如兹。往圣大有作，妙斡天地机。观象斯制器，饮食恒所资。双轮砾山石，激水相推移。阴阳分动静，元枢系坤维。神功邈不测，画手能传之。绣斧下霄汉，披图慰所思。愿言运亭毒，庶拯斯民饥。"①这首兼具哲思意味与写实关照的题画诗道出了一个基本事实——"观象斯制器，饮食恒所资"，即水磨乃饮、食恒资之器。所谓"食"者不难理解，是讲水磨加工谷物的功用，而"饮"者则当是指水磨与茶叶加工的密切联系，二者在胡氏生活的时代都是正常的社会经济现象，而这一现象的滥觞则起于唐"画"、元"诗"之间的北宋时期。

关于水磨与茶叶加工的关系探讨，前人关于北宋水磨茶法的研究已有不少成果。②综观前贤诸论，应当说问题的基本面向都有揭示，其不足是在以往的研究中，研究者重点阐发的是水磨相关的社会经济问题，缺少对水磨的正面考察，对技术工具本身的关注和论述并不够，以致忽视了问题的若干历史面向，甚至有认知偏差和错误的产生。比如，研究者对水磨茶法的梳理非常清

作者简介：方万鹏（1986—），河南唐河人，南开大学历史学院副教授，研究方向为环境史、科学技术史。

① 胡行简.樗隐集 卷1 五言古诗[M].清文渊阁四库全书本：1b-2a.
② 华山.从茶叶经济看宋代社会（上）[J].文史哲，1957（2）.古林森広.北宋の水磨茶専売について[J].明石工業高等専門学校研究紀要，1969，3（6）：17-30.周荔.宋代的茶叶生产[J].历史研究，1985（6）.黄纯艳.宋代茶法研究[M].昆明：云南大学出版社，2002：206-216.粘振和.论北宋水磨茶法[J].成大历史学报，2014，12（47）：1-28.

晰，但加工茶叶之水磨的技术形态如何？这些问题，都需要在前辈学者努力的基础上作出新的考察。

一

晚唐杨晔《膳夫经手录》称"茶，古不闻食之。近晋、宋以降，吴人采其叶煮，是为茗粥。至开元、天宝之间，稍稍有茶，至德、大历遂多，建中以后盛矣。"①论者多据此条材料，认为茶饮在中国北方地区的流行是在唐代中后期。陆羽在《茶经》中称"饮有觕茶、散茶、末茶、饼茶者。"②明人丘濬梳理了唐宋以降成品茶叶形态之演变，称"唐宋用茶，皆为细末，制为饼片，临用而辗之。唐卢全诗所谓'首阅月团'、宋范仲淹诗所谓'辗畔尘飞'者是也。《元志》犹有末茶之说，今世惟闽广间用末茶，而叶茶之用遍于中国，而外夷亦然，世不复知有末茶矣。"③

基于相近的茶饮习俗，唐宋制茶的基本工序亦颇多重合之处。唐代的工序是"采之、蒸之、捣之、拍之、焙之"，尔后将茶饼"穿""封"完成包装，宋代在唐代五道工序的基础上变为六道，是为"采茶、拣茶、蒸茶、研茶、造茶、焙茶"。④而茶饼作为成品茶叶，在具体饮用时又需再次碾磨，宋蔡襄《新刻茶录》记称"碾茶先以净纸密裹捶碎，然后孰碾。"⑤由此可见，所谓饼茶与末茶，两者在一定程度上可称互为一体，即制作茶饼时需要先将茶叶捣烂、研磨成末，而饮用时又需再将茶饼捣烂、细细碾磨，方可供煮饮用，可示意如下。

蒸、捣、研   拍、造、焙   捣、碾、磨
（采摘、挑拣）茶叶 ——————→ 茶末Ⅰ ——————→ 茶饼 ——————→ 茶末Ⅱ
臼、碾、磨Ⅰ   茶臼、茶碾、茶磨Ⅱ

---

① 杨晔. 膳夫经手录[M]. 清初毛氏汲古阁抄本：3a.
② 陆羽. 茶经 卷下 六之饮[M]. 沈冬梅校注. 北京：中国农业出版社，2006：40.
③ 丘濬. 大学衍义补 卷29 治国平天下·制国用·山泽之利下[M]. 清文渊阁四库全书本：7a、b.
④ 沈冬梅. 茶与宋代社会生活[M]. 北京：中国社会科学出版社，2007：9.
⑤ 蔡襄. 新刻茶录[M]//中国古代茶道秘本五十种 第1册. 北京：全国图书馆文献缩微复制中心，2003：242.

从以上可以看到，将茶制成"茶末"分别存在于茶叶生产环节和消费环节，两者对于"茶末"的制成要求及其所利用的工具也是不一样的。在第Ⅰ阶段，也就是生产阶段，需要处理的茶叶量是大宗的，使用的捣臼、碾、磨等工具尺寸也一定比较大；第Ⅱ阶段，消费饮用阶段，是一种比较精致的处理方式，所使用的茶臼、茶碾、茶磨体型较小，多为风雅之物。关于这些工具的研究，以往论者[①]聚焦的多是社会上层，其技术形态常以袖珍、精致著称，如图1至图3所示，[②]而民间食茶则不可能如此讲究，家家自备茶碾、茶砣，是故其加工制粉环节多是由售茶铺户来磨制完成，磨盘尺寸较大，动力有人力、畜力，如果是为满足大宗消费，亦可能使用水力。

图1　木待制（茶臼）　　　图2　茶知晓（茶碾）　　　图3　石转运（茶磨）

那么，水磨茶所使用的水磨形态如何？与一般加工粮食的水磨有无区别？其加工环节的介入究竟是生产环节还是消费环节？由于直接材料的缺乏，研究者多引用《王祯农书》中"水转连磨"（图4）条来论述水磨与磨茶的关系，因为王祯提到水转连磨系其在江西所见，专供磨茶之用，也就是说从字面关联来看，将水磨与磨茶明确结合起来的材料仅此一条，故为学者讨论所重。兹征引如下：

> 水转连磨，其制与陆转连磨不同，此磨须用急流大水，以凑水轮。其轮高阔，轮轴围至合抱，长则随宜，中列三轮，各打大磨一盘。磨之周匝，俱列木齿，磨在轴上，阁以板木，磨傍留一狭空，透出轮辐，以打上磨木齿。此磨既转，其齿复旁打带齿二磨，则三

①　相关研究有：青木正儿.中华名物考（外一种）[M].北京：中华书局，2005：107-108.沈冬梅.茶与宋代社会生活[M].北京：中国社会科学出版社，2007：52-77.类似研究颇多，兹不尽举。

②　审安老人编绘.茶具图赞（外三种）[M].杭州：浙江人民美术出版社，2013：8，10，12.

轮之力互拨九磨，其轴首一轮，既上打磨齿，复下打碓轴，可兼数碓。或遇天旱，旋于大轮一周列置水筒，昼夜溉田数顷。此一水轮可供数事，其利甚博。尝到江西等处见此制度，俱系茶磨，所兼碓具用捣茶叶，然后上磨。若他处地分间有溪港大水，仿此轮磨，或作碓碾，日得谷食可给千家，诚济世之奇术也。①

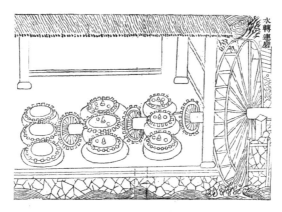

图4 水转连磨图

王祯所描述的这种水转连磨，是一种高度复杂的机械结构。于制茶而言，其巧妙之处不仅在于三轮互拨九磨、加工效率很高，还在于轴首一轮可兼拨碓具，先由碓具捣茶叶，然后再将捣好的茶叶上磨，磨成末茶。从技术实现的可能性上来讲，水转连磨既可以参与茶叶的生产环节，亦可能出现在消费环节。但是，江西作为茶叶在南方的重要产地之一，王祯此处的描述显然更接近于青茶"采""蒸"之后的研磨环节，所以，将其界定到生产环节当更为准确。

那么，能否用元人的水力茶磨来推演宋人的水力茶磨？关于这个问题，既往研究不乏探讨。华山提出"宋代的水磨究竟是怎么个样子？在史料中没有记载，14世纪初王祯在他的《农书》中曾提到'水转连磨'，说是他'尝至江西等处，见此制度，俱系茶磨'，但宋代所用的水磨是否即是王祯所看见的'水转连磨'，还是问题，王祯著作《农书》的时候，上距北宋末年已有二百多年，在这样长的岁月里，水磨可能有所改进。"②王家琦则明确地将水转连

① 王祯.东鲁王氏农书[M].缪启愉，缪桂龙译注.上海：上海古籍出版社，2008：612.
② 华山.从茶叶经济看宋代社会（上）[J].文史哲，1957（2）.

磨与北宋的水磨茶之水磨联系起来，并称"那时期制茶，都是把茶叶捣碎，碾成末，压制成饼（例如当时名贵的茶有'龙团''凤饼'的名称）然后饮用，所以使用水磨。水转连磨是一件很重要的发明，虽然古书没有详明的记载，可以推断是和那时期的制茶手工业工人有关。"①周荔与王家琦的看法比较接近，他认为"用水力为动力的碾磨磨出的茶叶，叫'水磨茶'。水磨用于茶叶加工，是茶叶焙制工序中，生产工具的重大革新，凡有江、河之处，均可置水磨。用水磨碎茶，较之用杵臼的人工捣茶，可以提高劳动效率、节约人力。茶叶的成本必然降低而质量更有保证。……王祯所见江西等处茶磨当与宋之茶磨相承。"②

要之，三位学者对于水磨参与制茶的工序和功用的认知是一致的，即水磨用于碾碎茶叶，将其定位在生产环节。至于王祯的水转连磨与北宋的水力茶磨是什么关系？华山保持审慎的态度，而王家琦和周荔则认为两者是沿袭相承的关系。笔者比较赞同华山的意见，水磨固然可以参与茶叶的生产环节，但是北宋水磨茶所用之水磨当多是单轮磨，而非这种复杂的水转九磨。王祯特意强调在江西等处见此转磨，就说明即使到王祯的时代，这种磨仍未到普及、习以为常的程度，此处的水转九磨、兼及碓具的设施是一种高度复合装置，从设计的角度，具备实现的技术可能性，但具体到社会实践，绝大部分水磨应该还是一个水轮驱动一扇磨盘。

二

但是，水磨磨茶的问题并非就此得以解决，还有一个重要的悖论在于，如果水磨设在产茶区，其参与茶叶生产是完全可行的，但是北宋的水磨茶法始于京师，茶商怎可能千里迢迢将半成品茶叶从南方送至京师来完成生产环节？所以，问题的关键在于，水磨既然可以参与到茶叶的生产和消费两个环节，那么官方所谓的水磨茶法当是在消费环节用于磨制末茶才合乎情理。

水磨茶兴起于元丰中，《宋史·食货志下》称：

① 王家琦. 水转连磨、水排和秧马[J]. 文物参考资料，1958（7）.
② 周荔. 宋代的茶叶生产[J]. 历史研究，1985（6）.

元丰中，宋用臣都提举汴河堤岸，创奏修置水磨，凡在京茶户擅磨末茶者有禁，并许赴官请买，而茶铺入米豆杂物搅和者募人告，一两赏三千，及一斤十千，至五十千止。商贾贩茶应往府界及在京，须令产茶山场州军给引，并赴京场中卖，犯者依私贩腊茶法。诸路末茶入府界者，复严为之禁。①

这条材料可谓是元丰水磨茶法的基本纲领，其核心要义有三：其一，要求茶商贩茶入京中卖，保证生产末茶的原材料；其二，禁止其他诸路末茶进入京师及府界，在京茶户禁置私磨末茶，官方垄断末茶市场的货源；其三，严格规范茶铺的销售行为，如有掺杂米、豆杂物的情况，募人告赏，从而保证官茶的质量和信誉。除此之外，这段材料也传递了另外两个信息：其一，水磨茶实施以前，在京及府界的茶户本来就是置私磨磨制末茶出售；其二，除京师府界外，全国其他诸路应有多处均可生产末茶。

如前所论，与上层达官权贵、文人雅士"吟诗不厌捣香茗""黄金碾畔绿尘飞"等闲情逸致不同，社会上的绝大多数食茶者不可能人人坐拥精致的碾磨茶具，所消费之末茶多由茶户、茶铺加工完成，是故茶铺才有掺杂米豆粉末的机会。所谓元丰水磨茶法，其实是把茶叶在消费环节的碾磨加工工序收归官方，进而划定地分，利用水磨这一高效率的制粉工具来大宗生产末茶并售卖给销茶散户，以达到垄断市场、谋取利润的目的。②当然，有一点必须明了，京师的官府可以使用水磨，京师的铺户自然也可以，其他诸路同样如此，只是其可行与否要视官方的政策而定。

元丰七年（1084），都提举汴河堤岸司奏称："近日据府界诸县茶铺等人户赴司陈状，为见在京茶铺之家请买水磨末茶货卖，别无头畜之费，坐获厚利。其府界茶铺系与在京铺户事体一般，乞依在京茶铺人户例，赴水磨请输，归逐县货卖，及依在京茶法，禁止私磨茶货。"都提举汴河堤岸司上奏的主要目的就是要扩大水磨茶的市场份额。水磨茶的既定实施范围仅限于京师，但是不久之后，开封府界诸县的铺户看到京师铺户营销官水磨茶获利颇多，便要求

① 宋史 卷184 食货志下[M]. 北京：中华书局，1977：4507.
② 关于水磨在茶叶生产、消费环节的定位问题，吴茂祺等在《宋代的水磨茶生产》（《茶叶》2014年第1期）一文中亦主张将其放在消费环节，但该文关于水磨的起源时间、水磨茶起源时间的推论、宋代水磨的形制、水磨茶的规模和实际市场份额、水磨茶与《闸口盘车图》的关系等基本问题的认识，存在较多明显的史实判断错误，这是本文所不能苟同的。

水磨与北宋茶叶的加工消费

将水磨茶的实施范围扩大至府界诸县。为了劝说神宗准允扩大地分,堤岸司还详细分析了个中好处,比如,对于售茶铺户和社会大众来讲,"其内外茶铺人户各家,免雇召人工、养饲头口诸般浮费,及不入末豆、荷叶杂物之类和茶,委有利息。其民间皆得真茶食用,若比自来所买铺户私磨绞和伪茶,其价亦贱。"①由此可见,在官营水磨茶实施之前,各铺户大多自行磨茶,所用多为畜力磨,自然有"头畜之费",改为赴官买茶,"头畜之费"自可省却,即使不再掺和"末豆""荷叶"杂物,仍有"利息"。当然,对于食茶大众来讲,不仅可得真茶食用,而且价格也要更低一些。

官方实行水磨茶法,即便仅限京师及府界一地,但由于人口众多,消费需求量亦可称巨,需要设置水磨的数量自然也很多。神宗元丰六年(1083)二月,都提举汴河堤岸司奏称"丁字河水磨,近为浚蔡河开断水口,妨关茶磨。本司相度通津门外汴河去自盟河咫尺,自盟河下流入淮,于公私无害,欲置水磨百盘,放退水入自盟河。"②修置水磨以百盘计,可见其规模之大。而此后,水磨茶法虽有兴废,但在绍圣、崇宁、政和等年间历有更置,其规模甚至一度扩大至京师府界诸路,其规模之大在文首已有史料征引,兹不赘述。

至于民间磨茶户所使用的加工工具,应该是既有畜力磨,如前文所提到的"头畜之费",亦有水磨。如崇宁四年(1105)正月,罢官营水磨茶,"召磨户六十户,承认岁课三十万缗,每月均纳。一切条禁,并依酒户纳曲钱法。磨户卖茶,并以旧茶场地分为界。水磨应均节水势,令汴河都大使臣依旧主管,任满无阻滞者,减磨勘三年;住滞者科罪。"③虽然招募民户磨茶的办法实行时间并不长,但从"水磨茶应均节水势"的要求来看,此处所谓的六十户磨户,至少有相当部分应该是使用水磨磨茶的。

三

此外,关于水磨在茶叶生产环节的应用情况,因史籍阙如,很难作出翔实分析。不过,近年来学界有一种意见值得重视、讨论。2004年,陈文华先生

---

① 李焘. 续资治通鉴长编 卷346 神宗元丰七年六月[M]. 北京: 中华书局,1983: 8303-8304.
② 李焘. 续资治通鉴长编 卷333 神宗元丰六年二月[M]. 北京: 中华书局,1983: 8027.
③ 杨仲良. 宋通鉴长编纪事本末 卷137 徽宗皇帝·水磨茶[M]. 宛委别藏本: 2308.

在江西婺源上晓起村发现了一个制造于20世纪50年代的水力捻茶机，《农业考古》专门刊文介绍了水力捻茶机的工作原理：

> 从流经村中的大溪边开一小渠，小渠修有用木板制成的简易两道闸门，平时闸门关上，当要制茶时，开启第一道闸门，溪水进入小渠，形成有冲力的水流，流经一段距离后再打开第二道闸门，湍急的渠水落入一个地势更低进水口，具有很大冲力的渠水进入作坊的水道后，驱动涡轮、带动皮带、传动室内炒茶锅中的铁铲翻炒茶叶，完成杀青过程。经过杀青的茶叶再放入同样是用水力驱动的捻茶机中揉捻。捻茶机是四个用木头做成的圆桶，上面用木砧镇压茶叶以形成压力，下面的木板上刻有磨齿，当四个木桶转动时茶叶会和下面的木齿摩擦而将茶叶揉捻成形，比手工捻茶工效提高了几十倍。揉捻完的茶叶再放入炒茶锅中炒干，再放入水力带动的烘茶机中烘焙，毛茶就制作好了。[1]

文章征引了王祯关于"水转连磨"的记载，认为"在元代王祯的记述中，我们已可以看到上晓起水力捻茶机的踪影……王祯在江西广丰山区亲眼见利用水力推动木质联磨，碾磨茶叶，制作饼茶。由此可知，利用水力带动机器制茶的历史悠久，这是中国农业文明的智慧成果。"[2]

无独有偶，其实李约瑟在《中国科学技术史》中已经记载过一个展出于1958年北京农业机械展的水力捻茶机，与婺源上晓起的实物遗存颇为类似，图注称"利用和改进中国传统风格的手工技艺和工程技术来适应当前的需要，1958年北京全国农具展览会展示了一些结构设计。图5为一台由小型立式水轮带动的茶叶卷揉机[Anon.（18），第5部分，第50号]。4个扁圆形的滚轮共同固定在一个长方形的框架上，经盘形凸轮的传动使它们在栅栏上旋转，垂直的主传动杆偏心地安装在凸轮中心。茶叶由斜槽供入，落进栅栏中。"[3]

---

[1] 农考. 论婺源县上晓起村水力捻茶机的遗产价值[J]. 农业考古，2012（2）.

[2] 农考. 论婺源县上晓起村水力捻茶机的遗产价值[J]. 农业考古，2012（2）.

[3] 李约瑟. 中国科学技术史 第4卷 物理学及相关技术 第2分册 机械工程[M]. 北京：科学出版社，上海：上海古籍出版社，1999：186.

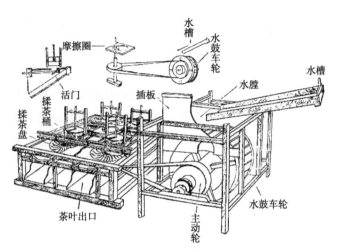

图5　水力捻茶机

　　由是观之，水力捻茶机和水转连磨虽然同为利用水力加工茶叶的机械，但是两者的传动装置和工具机则有明显不同。前者的传动装置是凸轮和皮带，后者则是木质轮轴和齿轮，但是这并不是问题的关键，核心问题在于水转连磨的工具机应是石质磨盘，目的是制粉，而水力捻茶机的工具机则是木质的砧和圆桶，目的是揉捻。所以，前引文字为了建立水转连磨与水力捻茶机的联系，将王祯所见水磨解释为"木质联磨"似有不妥。

　　诚然，在王祯的记载中，水轮、轮轴包括磨盘周匝之轮齿均为木质，但作为工具机的磨盘不太可能是木质。王祯之所以反复强调要用"急流大水""溪港大水"来驱动水轮，就是因为水转连磨较之普通水磨、水转二磨，驱动了更多的石磨盘，驱动力自然要大大增强，若为木质，九盘之重恐不及石质一、二盘，即使加上数个齿轮传动中的动力消耗，又何须异于常态之水流水力呢？如前所论，基于加工目的的明显差异，从水转连磨到水力捻茶机的机械形态变化，其实是中国茶饮自北宋以降至明清以来由末茶到叶茶转变的一个缩影，两者在机械原理和设计思路上或有所传承，但并非一物。

四

　　宋人嗜茶，茶叶消费在北宋已经是上至帝王将相、文人士子，下至市井百姓、僧道游人日常生活的重要组成部分。北宋时期的茶树栽培、茶叶生产、贩运、加工、售卖等问题，已不单是一种普通经济作物的经济或技术问题，而是与政治、社会风尚、文化等诸层面密切相关。而水磨作为古人制造大型机械与利用自然力相结合的典型技术成就，与茶叶的加工消费发生关联也成为一个颇有意味的历史现象。北宋水磨磨茶是一个富于时代特征的技术现象，宋元以降，随着茶叶成品形态的变化，相应的水力加工机械技术形态亦在变化，已不能相提并论，这其中的种种历史细节和缘由还有待于进一步的探索和呈现。

后　记 Postscript

　　本书得以顺利问世，首先要感谢中国科学院青年创新促进会的大力支持。2020年初，编者有幸入选中国科学院青年创新促进会，并以"作物历史与中国社会"为题获得该会为期4年的会员项目资助。同年10月，为加强学术交流、共同推进作物史研究，特在北京组织召开"作物史工作坊"，得到学界同仁的大力支持，来自中国科学院自然科学史研究所、中国农业博物馆、南京农业大学、华南农业大学、北京科技大学等科研机构与高校的多位学者畅叙己见，带来了多场精彩的学术报告。会后，为进一步推进作物史相关研究，决计将与会学者的参会报告结集出版。又鉴于作物史研究对象之多元化，故而编者随后在多个场合另向数位深耕作物史研究的师友邀稿，幸蒙诸位师友鼎力相助，本书方得以顺利付梓。

　　本书的两位副主编王宇丰副教授、宋元明博士在工作坊组织、撰者邀请以及文章修改等方面做了大量工作，王吉辰、葛小寒、蔡伟杰三位博士协助核实了部分文献出处，研究生王申奥同学对全书的参考文献做了一些技术性处理，特致谢忱。另外，还要感谢本书责编朱绯博士的辛勤付出，她出色高效的编辑工作，亦为本书增色不少。

　　本项目启动以来，业师曾雄生研究员一直给予全力支持，时常分享他在作物史研究方面的治学经验，并亲自协助修订关于东北近代作物史研究的写作提纲。"作物史工作坊"召开之际，他不但拨冗赴会，担任点评专家，与徐旺生研究员一起认真评阅和讨论会议论文，会后，他还不惮其烦为部分初稿提出修改建议，并为论集贡献大作一篇。壬寅虎年，恰逢业师六十华诞，谨借此集，以志师恩。

编　者

2022.6.1